U0052941

初 級 會 計 學
(下)

洪 國 賜 著

學歷：國立政治大學會統系畢業
　　　美國伊利諾州羅斯福大學會計碩士
　　　美國紐約州紐約市立大學會計超碩士
　　　美國俄亥俄州肯特大學會計博士班
經歷：國立中興大學法商學院(現臺北大學)、文
　　　化大學、東吳大學、銘傳管理學院(現銘傳
　　　大學)及淡水工商管理學院(現真理大學)
　　　講師、副教授
　　　美國 DLM 成本分析專員
　　　美國紐約州會計師考試及格

三 民 書 局 印 行

國家圖書館出版品預行編目資料

初級會計學／洪國賜著. －－初版四刷. －－臺北市；
三民，2002
　　面；　　公分

ISBN 957–14–0486–1　（上冊：平裝）
ISBN 957–14–0487–X　（下冊：平裝）

1. 會計

495　　　　　　　　　　　　　　　　　80001933

網路書店位址　　http：// www. sanmin. com. tw

© 初級會計學(下)

著作人　洪國賜
發行人　劉振強
著作財
產權人　三民書局股份有限公司
　　　　臺北市復興北路三八六號
發行所　三民書局股份有限公司
　　　　地址／臺北市復興北路三八六號
　　　　電話／二五○○六六○○
　　　　郵撥／○○○九九九八——五號
印刷所　三民書局股份有限公司
門市部　復北店／臺北市復興北路三八六號
　　　　重南店／臺北市重慶南路一段六十一號
初版一刷　西元一九七九年九月
初版四刷　西元二○○二年九月
編　　號　S 49114
基本定價　柒元肆角
行政院新聞局登記證局版臺業字第○二○○號

ISBN　957-14-0487-X　（下冊：平裝）

序　言

　　本書係參考中外會計名著，並就編者實際教學經驗，予以彙編而成。

　　會計乃人類經濟發展過程中所衍生的產物，是一種服務性的知識與技能，以配合工商企業的需要為其主旨。近年來由於科學進步神速，促使工商企業蓬勃發展。會計的理論與方法，也深受此一潮流的衝擊與影響，掀起了重大的變化。本書自應迎合時代潮流，力求取材新穎，對於會計基本理論與方法，均以一般公認的會計原則為根據。由於五專學生初習會計，故說明則求淺顯，並特別重視實務應用之闡述，俾理論與實務相互印證，以免枯燥之味而易於融會貫通，藉以提高其學習之績效。

　　全書分成上下二冊，上冊十一章，下冊十章，共計二十一章。第一章至第五章說明會計基本理論與一般處理程序；第六章至第八章分別討論帳簿組織、傳票與應付憑單制度、買賣業會計；第九章至十九章則依序探討現金與有價證券、應收款項、存貨、廠房資產、流動與長期負債、合夥會計及公司會計等；第二十章至第二十一章，分論財務狀況變動表及財務報表分析。

　　本書盡量採用圖表的方法，剖析各項會計處理程序，並於每章末了，以表解方式附列摘要，對於所討論的重要內容，作一清晰的提示，使讀者系統分明，增加深刻的印象。此外，每章之後，均附有問答題與淺簡練習及實用習題，並摻入歷屆高普考及各種特考試題，以增進學者應付考試的能力，亦方便教師命題之取材。

　　本書撰寫期間，深蒙政大教授李先庚恩師之鼓勵，會計師紀敏琮

兄及諸師長友朋之鼎力協助，得以順利完成；內子陳素玉女士繕稿校對，備極辛勞，謹此一併敬致衷心之謝忱。

　　小年正長，揮汗成書，疏漏之處必多，尚祈海內外專家學者及讀者諸君，不吝指教。

洪　　國　　賜　謹識

初級會計學（下）目次

第十二章　廠房及設備資產：取得及折舊

12-1　廠房及設備資產的性質

廠房及設備資產 (plant assets & equipments) 係指爲企業所擁有而提供爲營業上長期使用，並不以出售爲目的之有形資產，故又稱爲營運資產 (operating assets)、長期資產 (long-lived assets) 或固定資產 (fixed assets)。

由上述說明可知，廠房及設備資產具有下列四個特性：

1. 具有形體：

廠房及設備資產在基本上具有實質物體存在，爲一項既能看得見又能摸得着的有形體資產。

2. 提供企業長期使用：

廠房及設備資產係指使用期限較長的資產，例如土地、建築物、廠房、機器設備、工具等，其中土地一項，可提供企業永久使用，亦不發生任何耗損。

提供企業使用的資產，種類繁多，並非皆屬於廠房及設備，如筆墨紙張等文具用品，均將於短期間內耗用，故不能歸入廠房及設備資產之內。

對於「長期」一詞，一般並無一定的標準，惟通常該項資產必能經久耐用，且預期可以使用一年以上。

3. 提供營業上使用，不以出售爲目的：

廠房及設備資產係作爲企業經營上使用，而不以出售爲目的。凡

為一企業日常所經營（買賣）的資產或於購入後等待好價錢再予出售的資產，縱然該項資產的耐用期間很長，亦不得列入廠房及設備資產項下。前者如機器製造公司所擁有已製造完工未出售的機器，屬於該機器製造公司的存貨，後者如非以經營房地產為專業之一般企業，基於購入等待高價位再予出售之房地產，則屬於該企業之投資。蓋以上兩者均以出售為目的，非提供營業上使用，故不能列入廠房及設備資產項下。

4. 正在使用中：

廠房及設備資產必須為企業正在使用中的資產，故應按有系統的方法，逐期提列折舊費用(土地除外)，俾將成本分攤於使用年限內，使與各年度的收入相互配合。蓋取得廠房及設備資產之目的，在於利用該項資產的效益，以從事企業經營活動。倘一項資產雖已具備廠房及設備資產之其他各項特性，惟由於某種原因，已廢棄不用者，應列為報廢資產（retired assets），並從廠房及設備資產中轉列入其他資產項下。又如購入供擴充廠房或其他用途的土地，雖已具備廠房及設備資產的型態，因其不在使用中，故應改列入其他資產項下，而非屬於廠房及設備資產的範圍。

由以上的討論可知，一項資產必須同時具備上述四個實質條件，才可列入廠房及設備資產項下。廠房及設備資產，過去一般人均以固定資產名之，惟若干資產，雖具有固定資產的型態，並無固定資產的實質，而且其本身並非真正具備固定的特性，如以固定資產名之，易使人發生誤解，故大多數會計學者，主張廢棄固定資產一詞，而代之以「廠房及設備資產」，或逕以「長期資產」稱之。

廠房及設備資產通常包括：(1)不因使用而損耗的土地；(2)具有折舊性的廠房及設備資產；(3)具有折耗性的遞耗資產——天然資源。

一項廠房及設備資產因取得而必須支付各種成本；一旦取得後，

將因使用或由於經濟效益遞減而發生折舊問題。在持有或使用的期間內，亦將發生各項支出，此等支出究竟爲資本支出或收益支出？尤有進者，廠房及設備如因陳舊而不堪使用或不敷使用時，應予處分。凡此種種問題，將引起廠房及設備資產的會計處理問題。吾人將於本章內，先討論各項廠房及設備資產的取得成本，其次再說明各種折舊方法的會計處理，最後再探討資本支出與收益支出的劃分以及廠房及設備資產的處分問題。

12-2　廠房及設備資產的成本

廠房及設備資產的成本，決定於該項資產的原始成本（initial cost）以及持有期間的各項整修、增添、改良等支出。本節先闡明在各種不同情況下，對於廠房及設備資產原始取得成本如何決定的會計問題；至於持有期間各項支出的會計處理方法，則於本章後面（12–5）再予討論。

原始取得一項廠房及設備資產時，應以其取得成本爲列帳的基礎。所稱成本（costs）者，係指該項資產自取得至可使用狀態爲止的各項合理而必要的支出總和。

1. 向外購入

購入廠房及設備資產的成本，應以取得廠房及設備資產的發票價格，以及使該項資產置於可使用狀態爲止的一切必要而合理的支出總和，如有現金折扣（cash discount）時，其折扣部份應作爲廠房及設備資產成本的減項。茲列示廠房及設備資產成本的計算公式如下：

廠房及設備資產之原始取得成本＝購價＋附加成本－現金折扣。

（1）附加成本（incidental cost）

所謂廠房及設備資產的附加成本，係指該項資產自購入至置於可

使用狀態為止，除購價以外的一切附帶成本，包括運費、稅捐、佣金、保險費及安裝費等。如所購入的廠房及設備資產，係屬二手貨 (second hand assets)，則所有新增加的零件及整修費用，均應加入該項資產成本之內。然而，一項附加成本如不能增加廠房及設備資產的有用性 (usefulness)，則不得列入該項資產成本之內；所謂有用性係指可提高資產的服務效力或延長使用期間而言。

凡由於裝置上之疏忽、錯誤、或不尋常事件導致支出之增加，則不得加入成本之內，蓋此等支出並不能增加資產之有用性，故不得列為資產的成本。建築物的成本包括支付給建築師或工程師的設計費、監工費、保險費、及各項相關成本。此外在營建期間為融資而發生的利息費用，應予資本化，列為建築物的成本。土地成本除買賣雙方協議的價格之外，尚須包括介紹人的佣金，測量費及其他各項與產權有關的成本在內。倘若賣方所應負擔的財產稅經雙方協意由買方負擔者，亦應加入土地成本項下；如取得一項建地遺留有廢棄不用之舊房屋，其拆除舊房屋的成本，扣除廢料殘值後之餘額，應一併列入土地成本之內。與土地有關連的其他各項支出，依其實際情形，可分別劃歸為土地、建築物、或土地改良等不同科目。凡由於稅務機關直接或間接向地主之課徵，用以建造或整修具有永久性質之公共道路者，應列為土地成本。反之，如整修建築物之邊道，預期此項道路與建築物共長久者，應予列為建築物成本。除此以外之其他各項支出，既不屬於永久性質之土地，也無法歸入建築物項下者，例如建築物之圍牆、室外照明設備、及停車位設施等，均應單獨設置科目記錄之。

(2) 現金折扣 (cash discounts)

所謂現金折扣，係指提早付款所獲得的付現折扣，為廠房設備資產的成本節省 (cost savings) 自應作為成本的減項，不得列為收入，以免虛增廠房及設備資產的成本。設某公司賒購機器一部計值

$200,000，付款條件為：2/10, N/30。該公司於10天內付款，另支付運費$3,500及安裝費$8,500。則機器之成本計算如下：

發票價格	$200,000
減：付現折扣：$200,000 \times \dfrac{2}{100}$	4,000
淨發票價格	$196,000
加：附加成本：	
運　費	3,500
安裝費	8,500
機器成本總額	$208,000

（3）總購價的分配 (lump-sum price apportionment)

企業往往按總價一次購入數項廠房及設備資產，比較經濟；遇此情形，必須將總成本分配於各項資產內；此項成本分配，對於廠房及設備資產的評價及損益的取決，實有其必要性。蓋廠房及設備資產依其物質上的耗損與否，有些必須提列折舊或折耗，有些則不必提列；又必須提列折舊或折耗的廠房及設備資產，其計算比率往往各有不同，對於資產的評價及各使用期間損益的計算，具有重大的影響。至於成本分配的基礎，可聘請外界獨立評估人(independent appraiser)或由公司董事會合理評定之。

設某公司以一筆總價 $500,000 購入土地及建築物，經評估的結果，土地的公平市價為$240,000，建築物的公平市價為$360,000，則其成本應分配如下：

資　產	評估價值	比例	成本分配
土　地	$240,000	$\dfrac{2}{5}$	$200,000$\left(\$500,000 \times \dfrac{2}{5}\right)$
建築物	360,000	$\dfrac{3}{5}$	300,000$\left(\$500,000 \times \dfrac{3}{5}\right)$
合　計	$600,000	1	$500,000

上列成本經分配後，如購入時係支付現金，則應分錄如下：

土　地	200,000	
建築物	300,000	
現　金		500,000

2. 自建或自製資產：

企業常利用剩餘廠房、生產設備及現有工作人員等，自建或自製供自己使用的資產，藉以節省因向外界購入所支付的成本，並可獲得比向外界購入更佳品質的廠房及設備資產。

自建或自製廠房及設備資產，應按成本列帳。此項成本通常包括直接原料及直接人工二項主要成本，至於製造費用，則僅以「因自建或自製廠房及設備資產所增加的變動製造費用」為限，始予列為成本。

自建或自製廠房及設備資產，例如房屋、機器設備、器具設備、運輸設備、或其他各項資產等，在通常情況下，其成本往往比向外界購入者為低；有時，自建或自製資產的成本，亦有較外購的成本為高。就會計觀點言之，不論其成本之高低，均應按實際成本列帳，始稱允當。惟遇有特殊情形，具有足夠的證據足以證明自建或自製資產因無效率或錯誤，致發生成本之虛耗時，應將此項超支成本，列為特殊損失，而不予列為廠房及設備資產的成本。

此外，美國財務會計準則委員會於1982年提出第62號聲明書，主張營建期間之利息費用，如金額相當可觀者，應予以資本化，列為資產成本。

3. 捐贈取得：

企業有時接受股東的捐贈，或由政府或地方人士提供土地以吸引企業在當地設廠，藉以繁榮地方。此項捐贈因無成本之發生，故通常

以捐贈資產的公平市價 (fair market value) 作為資產評價的基礎。

　　捐贈資產，一般可分為無條件捐贈及有條件捐贈兩種，其帳務處理，亦隨之而異。茲分別就無條件捐贈及附有條件捐贈兩種情況，分別說明如下:

　　(1) 無條件捐贈

　　凡無條件捐贈之 廠房及設備資產， 受贈企業因 無須履行任何條件，即可取得資產的所有權。故在無條件捐贈的情況下，於收到廠房及設備資產時，即可借記受捐贈的資產，貸記「資本公積——捐贈資本」帳戶。設某公司無條件受贈土地一方，其公平市價為\$500,000,則受捐贈時應分錄如下:

　　　　　　土地　　　　　　　　　　500,000

　　　　　　　　資本公積——捐贈資本　　　　　500,000

　　上列「 資本公積 」乃我國公司法所使用的名稱， 係一項過時名詞，目前一般均採「 額外投入資本」 (additional paid in capital) 或「其他投入資本」(other paid in capital) 帳戶。

　　(2) 有條件捐贈

　　凡附有條件的捐贈，受贈企業必須於履行某項條件後，始能取得資產的所有權; 因此，於受贈時對於資產的所有權能否取得，尚在未定之數， 故必須借記「或有資產」，貸記「或有捐贈資本」帳戶，俟某項特定條件履行後，始能取得捐贈資產的所有權，再將「或有資產」轉入正式的「廠房及設備資產」帳戶，另外，應將「或有捐贈資本」轉入「資本公積——捐贈資本」帳戶。設如上例，某公司接受某地方人士捐贈土地一方， 計值\$500,000，言明須於五年內， 每年至少須雇用當地工人 500 人， 如遇有不能履行此項條件時，則該項土地必須予以收回，或按照市價購買。茲列示其有關分錄如下:

　　(a) 受贈時應分錄如次頁:

　　　　或有資產——土地　　　　　500, 000
　　　　　　或有捐贈資本　　　　　　　　500, 000

　　上列「或有資產」（contingent assets）及「或有捐贈資本」
（contingent donated capital）帳戶，均屬於或有性資。如實現之
可能性不大時，在資產負債表上，可用附註方式加以備註。

　　（b）如五年後條件履行，正式取得捐贈資產的所有權時，應分錄
如下：

　　　　土地　　　　　　　　　　　500, 000
　　　　　　或有資產——土地　　　　　　500, 000
　　　　或有捐贈資本　　　　　　　500, 000
　　　　　　資本公積——捐贈資本　　　　500, 000

　　（c）如五年後受贈條件未予履行，取消受贈權利時，應分錄如
下：

　　　　或有捐贈資本　　　　　　　500, 000
　　　　　　或有資產——土地　　　　　　500, 000

　　無條件捐贈之廠房及設備資產，如同一般廠房及設備資產一樣，
應逐年提存折舊。至於附有條件之捐贈資產，在未取得所有權之前應
否提存折舊，則有二派不同的主張：第一派人士主張不應提存折舊，
蓋未取得捐贈資產的所有權，自無折舊之必要；第二派人士主張應提
存折舊，蓋折舊費用應合理地分攤於各使用期間，才能使收入與費用
密切配合。

　　按折舊費用之負擔與否，應以是否使用爲準，而不以有無所有權
爲依歸；蓋既已享受資產之使用權，必有收入或利益可言，自應分擔
資產之折舊費用，始稱允當；故以上述第二派人士的主張比較合理。

　　4. 發行證券取得

　　企業有時發行證券以取得廠房及設備資產；此項資產之成本，可

按下列情形之一列帳：

（1）如於發行證券以取得資產當時，曾以證券售予第三者，則可按該證券的現金價格，作爲衡量廠房及設備資產的價值。設某公司發行股票 5,000股，每股面值 $100，以取得機器一批；如該公司於發行股票以取得機器時，曾以每股$105的現金價格向外發行，此時該項現金價格可用來衡量機器的價值，並分錄如下：

機器	525,000	
股本		500,000
資本公積──股本溢價		25,000

（2）如無上項現金價格可資應用時，可聘請外界獨立評估人，客觀地評估廠房及設備資產的公平市價。

（3）倘無以上兩者可資決定時，可由公司董事會議定資產的價值；在此種情況之下，通常先由董事會議定發行證券的面值或設定值，進而決定資產的價值。

12-3　折舊的意義

企業取得廠房及設備資產的目的，在於使用廠房及設備資產的服務或生產效率，以提供其經濟效益（economic benefits），俾產生收入；另一方面，企業爲求收入與費用之相互配合，應將廠房及設備資產的成本總額，合理地分攤於各使用期間。然而，除土地一項外，其他各項廠房及設備資產，均將隨時間之經過,逐漸失去其效力；因此，折舊會計乃是一種有系統的成本分攤（cost allocation）方法，將一項資產成本，轉分攤於預期可使用的期間內，作爲各該期間的費用，而此項已分攤的成本，在會計上則稱爲折舊（depreciation）。

促使一項廠房及設備資產服務或生產效能降低的因素，約可歸納

為兩大因素： (1) 物理的因素 (physical factor)， (2) 功能的因素 (functional factor)。 稱物理因素者， 乃一項廠房及設備資產物體本身由於長期使用而逐漸陳舊 (wear)。 稱功能因素者， 乃一項資產因不敷使用 (inadequacy) 或不合時宜 (obsolescense)。當一企業之產品由於市場需求量增加，遂使原來之生產設備不敷使用。又如一項廠房及設備資產所生產之產品，不再為消費者所需要，或另購置新式資產可生產更佳品質之產品、或能降低原有之成本者，則繼續使用舊資產即發生不經濟的現象。

會計上所使用的折舊，常被一般人所誤解；第一、一般人咸認折舊會計為資產價值之評價；蓋企業界通常使用折舊一辭以表示一項廠房及設備資產市場價值之降低。惟事實上， 一企業在資產負債表上所列報的各項廠房及設備資產的金額，很少與實際出售時之可實現價值 (realized value) 相配合；按企業擁有一項廠房及設備資產之目的，在於獲得其使用價值而不在於以出售為目的。故企業在繼續經營假定之前提下，決定是否處分一項廠房及設備資產的主要關鍵，在於該項資產之使用價值，而不在於其市場價值；因此根據美國會計師協會會計名詞公報第一號的解釋：「折舊會計是一種有系統的會計方法，其目的在於將廠房及設備資產的成本減去殘值後，按預計可使用年數，合理而有系統地分攤於各使用期間。 故折舊為成本分攤的程序， 並非為資產之評價」。第二、一般人誤以為折舊是重置一項新資產資金之累積；然而，會計上每期提列折舊以分攤各使用期間之成本時，並非提列相對的基金，以備將來購置新資產之用；因此，現金帳戶之餘額並未增加。

12-4　折舊的計算方法

廠房及設備資產折舊的計算，通常以成本（cost）、殘值（salvage）及使用年限（estimated life）三者爲決定的要素。至於折舊的計算方法很多，茲列示一般常用的方法如下：

一　直線法（straight-line method）

此法係將廠房及設備資產的成本，扣除殘值後之餘額（應折舊之金額），平均分攤於各使用年度，故一般又稱爲平均法（average method）。

茲列示其計算公式如下：

$$D = \frac{C-S}{N}$$

$D =$ 每期折舊額

$C =$ 廠房及設備資產成本

$S =$ 殘值

$N =$ 預計使用年數

設某公司擁有機器一部，成本\$100,000，預計使用年數爲10年，殘值\$10,000，在直線法之下，每年折舊額計算如下：

$$D = \frac{\$100,000 - \$10,000}{10}$$

$$= \$9,000$$

直線法的優點在於計算簡單，容易明瞭，故應用極爲普遍；惟未能考慮資產使用的情形，是其缺點。

二 工作時間法（working hours method）

此法係以廠房及設備資產應折舊的總額（即成本減殘值），被預計總工作時間除之，以計算每一單位工作時間所應負擔的折舊額，再乘以當期實際工作時間，即可求得各該期間的折舊額。

茲列示其計算公式如下：

$$D = (C - S) \times \frac{當期實際工作時間}{預計總工作時間}$$

設如前例，預計廠房及設備資產的總工作時間為18,000小時，本期實際工作時間2,000小時，則本期折舊額計算如下：

$$D = (\$100,000 - \$10,000) \times \frac{2,000}{18,000}$$

$$= \$10,000$$

工作時間法之計算，簡明易解，且已考慮資產使用的情形，是其優點；惟欲預計總工作時間及記錄每期之實際工作時間，均感不易正確。

三 生產數量法（production method）

此法係以廠房及設備資產之預計總生產量，除該項資產應折舊的總額，以計算每一單位生產量應負擔的折舊額，再乘以當期實際生產數量，即可求得各該期間的折舊額。

茲列示其計算公式如下：

$$D = (C - S) \times \frac{當期實際生產數量}{預計總生產量}$$

設如前例，預計總生產量為 90,000 單位，本期實際生產數量為 10,000單位，則本期折舊額的計算如次頁：

$$D=(\$100,000-\$10,000)\times\frac{10,000}{90,000}$$

$$=\$10,000$$

　　生產數量法的優劣點與工作時間法的優劣點大致相同; 惟一項廠
房及設備資產如能同時製造各種產品, 而各種產品在製造時, 對於機
器的損耗率均不一致時, 採用生產數量法很難獲得正確的結果。

四　定率餘額遞減法 (fixed percentage of declining balance method)

　　此法係以每期廠房及設備資產的期初帳面價值乘以固定折舊率,
以計算各該期間的折舊額。固定折舊率的計算公式如下:

　　設 r 爲折舊率

　　　　C_1爲第一年底帳面價值

　　　　C_2爲第二年底帳面價值

$$\vdots$$

　　　　C_n 爲第 n 年底帳面價值$= S$

　　　　$C_1 = C(1-r)$

　　　　$C_2 = C_1(1-r) = C(1-r)(1-r) = C(1-r)^2$

$$\vdots$$

　　　　$C_n = C(1-r)^n = S$

$$(1-r)^n = \frac{S}{C}$$

$$(1-r) = \sqrt[n]{\frac{S}{C}}$$

$$r = 1 - \sqrt[n]{\frac{S}{C}}$$

設如前例

$$r = 1 - \sqrt[10]{\frac{10,000}{100,000}} = 1 - \sqrt[10]{\frac{1}{10}}$$

$$\therefore r = 1 - \text{antilog}\frac{\log 1 - \log 10}{10}$$

$$= 1 - \text{antilog}\frac{0-1}{10}$$

$$= 1 - \text{antilog}\ (-0.1)$$

$$= 1 - \frac{1}{\text{antilog}\ 0.1}$$

$$= 1 - \frac{1}{1.259}$$

$$= 1 - 0.7943$$

$$= 0.2057$$

表 **12-1** 定率餘額遞減法折舊表

(借)折舊費用	(貸)累積折舊	累積折舊總額	帳 面 價 值
			$100,000.00
$20,570.00	$20,570.00	$20,570.00	79,430.00
16,338.75	16,338.75	36,908.75	63,091.25
12,977.87	12,977.87	49,886.62	50,113.38
10,308.32	10,308.32	60,194.94	39,805.06
8,187.90	8,187.90	68,382.84	31,617.16
6,503.65	6,503.65	74,886.49	25,113.51
5,165.85	5,165.85	80,052.34	19,947.66
4,103.23	4,103.23	84,155.57	15,844.43
3,255.20	3,255.20	87,410.77	12,589.23
2,589.23	2,589.23	90,000.00	10,000.00
$90,000.00	$90,000.00		

　　定率餘額遞減法的優點，在於能調節各期間使用廠房及設備資產所負擔的各項費用；蓋採用此法所求得的折舊費用，將隨時間之經過而遞減，而資產的修理及維持費用，則因資產不斷使用，將隨時間之經過而增加，使修理維持費用與折舊費用，能互相彌補，企業所負擔廠房及設備資產的費用，逐趨於均勻。

五　年數合計法 (sum-of-the-years-digits method)

　　此法係以廠房及設備資產使用年數各數字之和為分母，以各年次數字反序為分子，乘以廠房及設備資產應折舊的總額，即可求得各該期間應負擔的折舊額，故本法實即變率遞減法。

　　茲列示其計算公式如下：

$$D_1 = (C-S) \times \frac{n}{1+2+3\cdots\cdots+N}$$

$$D_2 = (C-S) \times \frac{n-1}{1+2+3\cdots\cdots+n}$$

$$\vdots$$

$$D_n = (C-S) \times \frac{1}{1+2+3\cdots\cdots+n}$$

　　如以 D_t 代表第 t 年的折舊額，

　　又 $\because$ $1+2+3\cdots\cdots\cdots+n = \frac{n}{2}(n+1)$

　　$\therefore D_t = (C-S) \times \dfrac{n-t+1}{\frac{n}{2}(n+1)}$

　　設如前例，機器一部之成本 \$100,000，預計可使用 10 年，殘值 \$10,000。

每年應提折舊額計算如下:

$$D_1 = (\$100,000 - \$10,000) \times \frac{10}{55} = \$16,363.64$$

$$D_2 = (\$100,000 - \$10,000) \times \frac{9}{55} = \$14,727.27$$

$$\vdots$$

$$D_9 = (\$100,000 - \$10,000) \times \frac{2}{55} = \$3,272.73$$

$$D_{10} = (\$100,000 - \$10,000) \times \frac{1}{55} = \$1,636.37$$

表 12-2　年數合計法折舊表

(借)折舊費用	(貸)累積折舊	累積折舊總額	帳面價值
			$100,000.00
$16,363.64	$16,363.64	$16,363.64	83,636.36
14,727.27	14,727.27	31,090.91	68,909.09
13,090.91	13,090.91	44,181.81	55,818.18
11,454.54	11,454.54	55,636.36	44,363.64
9,818.18	9,818.18	65,454.54	34,545.46
8,181.82	8,181.82	73,636.36	26,363.64
6,545.45	6,545.45	80,181.81	19,818.19
4,909.09	4,909.09	85,090.90	14,909.10
3,272.73	3,272.73	88,363.63	11,636.37
1,636.37	1,636.37	90,000.00	10,000.00
$90,000.00	$90,000.00		

此法之優劣點，大致與定率餘額遞減法相同，能使廠房及設備**資**產的修理維持費用與折舊費用，相互彌補，則企業所負擔的廠房及設備資產之費用，在全部使用期間內，將趨於均勻。

六　加倍定率餘額遞減法 (double-declining-balance method)

此法係以每期期初帳面價值乘以固定的折舊率，以計算各該期間之折舊額，而此一固定折舊率，則爲直線法的兩倍，故稱爲加倍定率餘額遞減法。

茲列示其計算公式如下:

$$D = (C - AD^*) \times \frac{2}{n}$$

$*AD =$ 累積折舊總額

設如前例，某公司擁有機器一部，成本$100,000，預計可使用10年，殘值$10,000。

每年應提折舊額計算如下:

$$D_1 = (\$100,000 - 0) \times \frac{2}{10} = \$20,000.00$$

$$D_2 = (\$100,000 - \$20,000) \times \frac{2}{10} = \$16,000.00$$

$$D_3 = (\$100,000 - \$36,000) \times \frac{2}{10} = \$12,800.00$$

$$\vdots$$

表 **12-3** 加倍定率餘額遞減法折舊表

年度	(借)折舊費用	(貸)累積折舊	累積折舊總額	帳 面 價 值
				$100,000.00
1	$20,000.00	$20,000.00	$20,000.00	80,000.00
2	16,000.00	16,000.00	36,000.00	64,000.00
3	12,800.00	12,800.00	48,800.00	51,200.00
4	10,240.00	10,240.00	59,040.00	40,960.00
5	8,192.00	8,192.00	67,232.00	32,768.00
6	6,553.60	6,553.60	73,785.60	26,214.40
7	5,242.88	5,242.88	79,028.48	20,971.52
8	4,194.30	4,194.30	83,222.78	16,777.22
9	3,388.61*	3,388.61	86,611.39	13,388.61
10	3,338.61*	3,388.61	90,000.00	10,000.00
合計	$90,000.00	$90,000.00		

* 按平均法提列

此法為 1985 年以前美國聯邦所得稅法認可的一種加速折舊法，依照美國聯邦所得稅法之規定，必須是新購入的資產才能採用此法，而且資產折舊後的最後帳面價值，不得低於殘值。故為使殘值等於$10,000，乃於第九、第十年改採用平均法提存折舊額$3,388.61，其計算如下：

$$D_9 = \frac{\$16,777.22 - \$10,000.00}{2}$$

$$= \$3,388.61$$

上述定率餘額遞減法、年數合計法及加倍定率餘額遞減法，在廠房及設備資產的使用年度內，愈早期提列愈多的折舊費用。而愈晚期提列愈少的折舊費用，故此三者同為加速折舊法（accelerated methods）。惟美國1986年之新稅法規定：凡1986年以後開始啟用之廠房

及設備資產，一律採用直線法提列折舊，不得再採用任何一種加速折舊法。

七　其他方法

除上述各種折舊方法外，其他尚有下列三種方法，這三種方法均應用於特殊的情況。

1.　報廢法 (retirement systems)

在報廢法之下，廠房及設備資產於平時並不提列折舊。俟廠房及設備資產報廢時，始將原始成本減去殘值後的差額，列為折舊費用，至於新購入資產的成本，則記入廠房及設備資產帳戶。

設某公司於民國七十年初，購入工具 100 件，每件成本 $100。至七十五年底計報廢 20 件，每件殘值 $25，售得現金。又於當年度購入同性質的工具 30 件，每件成本 $110。在報廢法之下，有關分錄如下：

(a) 七十年初購入工具時之分錄如下：

工具	10,000	
現金		10,000

(b) 七十五年底工具報廢時之分錄如下：

現金	500	
折舊費用	1,500	
工具		2,000

(c) 七十五年度購入新工具時之分錄如下：

工具	3,300	
現金		3,300

2.　重置法 (replacement systems)

重置法也如同報廢法一樣，廠房及設備資產於平時不提列折舊。當資產重置時，將取得新資產的成本，減去出售舊資產殘值後的餘

額，列為折舊費用。對於重置法可分下列三點說明之：

（a）當重置資產與報廢資產的數量剛好相等時，則購入新資產的成本，與出售舊資產殘值的現金收入比較，以兩者之差額，列為折舊費用。

設如前例，該公司於七十五年底工具報廢20件，每件舊資產的殘值$25，均售得現金；同時另購入新工具 20件，每件成本 $110。在重置法之下，其分錄如下：

折舊費用	1,700	
現金		1,700

（$110—$25）×20＝$1,700

（b）當重置資產的數量大於報廢資產的數量時， 則所增加的資產，應按新購入成本列入資產帳戶。

設如前例，該公司於七十五年底工具報廢20件，每件舊工具的殘值 $25，均售得現金；另購入新工具30件，每件成本 $110。其分錄如下：

工具	1,100	
折舊費用	1,700	
現金		2,800

$110×（30—20）＝$1,100

$110×30—$25×20＝$2,800

（c）當重置資產的數量小於報廢資產的數量時，則所減少的資產成本，列入折舊費用帳戶。

設如前例，該公司於七十五年底報廢工具20件，每件舊工具的殘值 $25，均售得現金，另購入10件，每件成本 $110。其分錄如下：

折舊費用	1,600	
現金		600

　　工具　　　　　　　　　　　　　　1,000

　　($100-$25)×20+($110-$100)×10=$1,600

　　$110×10-$25×20=$600

　　上述兩種方法; 特別適用於公用事業, 蓋若干公用事業的設備資產, 往往數量多而價值小, 散佈各處, 故維護與重置之間往往劃分不清, 實不宜於採用一般的折舊方法。

　　3. 盤存法 (inventory method)

　　所謂盤存法, 係於期末時, 實地盤點設備資產的價值, 使與期初設備資產的價值互相比較, 其差額則列為折舊費用。 當企業擁有數量多而價值小的設備資產, 如小工具、小器皿等, 極易毀損或遺失, 應隨時補充時, 宜採用盤存法。 盤存法的特點, 卽不設置累積折舊科目, 一旦設備資產數量減少時, 乃直接冲抵設備資產的價值。

　　設如前例, 某公司於七十年初購入工具 100 件, 每件成本 $100。七十五年底實地盤點工具時, 只剩下 95 件, 應分錄如下:

　　折舊費用　　　　　　　　　500

　　　工具　　　　　　　　　　　　　500

　　盤存法並非有系統的分配成本, 只能在設備資產數量甚多, 且價值甚小的場合, 方可適用。

12-5　續後支出的處理

一　資本支出與收益支出的劃分

　　企業常於持有一項廠房及設備資產的期間內, 加以整修、 增添、或改良等。 對於這些支出究竟列為資本支出? 抑或列為收益支出?

　　一般決定的原則為: 凡一項支出能增進廠房及設備資產的效能, 增加其價值或延長其使用年限者, 卽為資本支出 (capital expenditures)，應借記「資產」帳戶。反之，如一項支出係屬經常性的修換，不能增進廠房及設備資產的效能，增加其價值或延長其使用年限者，即為收益支出 (revenue expenditures)，應借記「費用」帳戶。

一般言之，資本支出泛指各項重大的支出，其經濟效益可及於二個或二個以上會計年度者。資本支出可能為：(1) 取得一項廠房及設備資產的原始成本 (initial costs)，(2) 一項廠房及設備資產持有期間的各項增添、改良、重大整修、及重安裝成本等。

就理論上言之，一項支出雖能增進廠房及設備資產的效能、增加其價值或延長其使用年限者，應屬資本支出乃不成問題，惟如該項支出之金額微小，一旦列為資本支出，徒增將來提列折舊的繁屑會計處理程序，不如逕列為費用來得省事。

為使讀者易於區別資本支出與收益支出起見，特列示一表如下，俾供參考：

項　　　目	說　　　　　　　明	資本支出	收益支出
(A) 增添 (additions)	係指新購、添建新資產，或舊資產之擴充等，為資產數量的增加。	✓	
(B) 改良 (improvement or betterment)	係指廠房及設備資產效能的增進或改善，但不一定能增加或延長其使用年限；可分為： (a) 零星改良：金額微小的改良，通常不予資本化，直接列為費用。		✓
	(b) 重大改良：金額鉅大的改良，應予資本化；惟被撤換項目的成本，應自資產帳戶項下減除。	✓	
(C) 換新 (replacement)	係指廠房及設備資產損壞部份的汰舊與換新，但並不較舊有者為佳；又可分為： (a) 零星換新：乃金額微小的零星換新，屬經常性修理費項目。		✓
	(b) 重大換新：指金額鉅大的換新，可增加固定資產的效能並延長其使用年限者，屬資本支出。	✓	

(D) 修理 (repairs)	係指固定資產因使用或其他意外事故而發生損壞，必須加以修理者；又可分為:		
	(a) 一般修理: 維護性 (maintenance) 的修理，其目的在於保持資產最初的效能，屬費用性質。		√
	(b) 非常修理: 係指對廠房及設備資產多年來的損壞部份，加以重大修理，藉能延長其使用年限者。	√	
(E) 重安裝成本 (rearrangement costs)	係指機器或設備的重安裝或重佈置等，以改良工作程序，增進工作效能，故應屬於資本支出；惟對於舊安裝成本及其相對應的備抵折舊部份，應予以冲轉，其差額則列為損失處理。	√	

　　當一項改良、增添、重大整修、及重安裝成本的資本支出之金額相當可觀，使現存的廠房及設備資產的帳面價值或使用價值發生重大改變，則續後每一會計期間所提列的折舊費用，也將隨而調整；換言之，乃將現存廠房及設備資產經過改變後的帳面價值，分攤於經延長後的各使用年度之內。

二　資本支出與收益支出劃分錯誤的影響

　　明確劃分資本支出與收益支出，在會計上是極為重要的基本課題之一，必須由會計人員努力達成之。蓋會計上為能精確計算損益，務必使每一會計期間的收入與費用密切配合。如將資本支出誤列為收益支出，或將收益支出誤列為資本支出，其影響至為深遠。茲列示其影響如下:

影　響 錯　　誤	廠房及設備資產	本期淨利	續後資產存續期間淨利	業主權益
資本支出誤列為收益支出	虛　減	虛　減	虛　增	虛　減
收益支出誤列為資本支出	虛　增	虛　增	虛　減	虛　增

廠房及設備資產—取得及折舊表解

廠房及設備資產的性質
- 具有形體
- 提供企業長期使用
- 提供營業上使用，不以出售為目的
- 正在使用中

廠房及設備資產的成本
- 購入成本＝購價＋附加成本－現金折扣
- 自建或自製資產成本＝直接材料＋直接人工 ＋變動製造費用
- 捐贈資產成本：因無成本發生，故以捐贈資產之公平市價列帳。
- 發行證券取得成本：以證券之現金價格列帳；如無現金價格，則由獨立評估人或公司董事會議定之。

折舊的意義：廠房及設備資產由於物理因素及功能因素，使其價值逐漸減低。折舊乃是一種有系統的成本分攤方法，將一項資產成本轉分攤於預期可使用的期間內，作為各期間的費用。

折舊的計算方法
- 直線法：折舊＝（成本－殘值）÷使用期間
- 工作時間法：折舊＝（成本－殘值）$\times \dfrac{當期實際工作時間}{預計總工作時間}$
- 生產數量法：折舊＝（成本－殘值）$\times \dfrac{當期實際產量}{預計總產量}$
- 定率餘額遞減法：折舊＝帳面價值$\times \left(1 - \sqrt[期數]{\dfrac{殘值}{成本}} \right)$
- 年數合計法：第t年折舊＝（成本－殘值）$\times \dfrac{n-t+1}{\dfrac{n}{2}(n+1)}$
- 加倍定率餘額遞減法：折舊＝（帳面價值）$\times \dfrac{2}{n}$
- 其他方法
  - 報廢法
  - 重置法
  - 盤存法

續後支出的處理
- 資本支出與收益支出的劃分
- 資本支出與收益支出劃分錯誤的影響

問　　題

1. 廠房及設備資產的意義爲何?
2. 廠房及設備資產具有何項特徵?
3. 試列一圖表就有無形體、應否折舊、折耗或攤銷等, 列示各項廠房及設備資產的分類。
4. 購入取得的廠房及設備資產, 其成本應如何決定?
5. 自建或自製的廠房及設備資產, 其成本應如何決定?
6. 捐贈取得的廠房及設備資產, 應否提列折舊? 其理由何在?
7. 當一項廠房及設備資產係以發行證券取得時, 其成本應如何決定?
8. 區分資本支出與收益支出, 在會計上有何重要性?
9. 決定廠房及設備資產的成本時, 下列各項目應如何處理:
   (1) 發票價格　　(2) 運費　　　(3) 現金折扣　　　(4) 登記費
   (5) 安裝費　　　(6) 試驗費　　(7) 使用前修理費
10. 試述折舊的意義。
11. 試列舉計算廠房及設備資產的各種方法。
12. 何謂加速折舊法? 那些計算折舊的方法屬於加速折舊法?
13. 折舊率的調整方法有那二種? 各在何種情況之下適用?
14. 試就美國會計師協會會計原則委員會與美國稅法上的不同處理方法, 說明廠房及設備資產交換取得時新資產成本的決定方法。
15. 非臨時性廠房及設備資產之停止使用, 何以應轉入報廢資產, 並列報於其他資產項下?
16. 解釋下列各名詞:
    (1) 獨立評估人 (independent appraisers)
    (2) 資本支出與收益支出 (capital expenditure & revenue expenditure)
    (3) 增添與改良 (additions & improvement)

（4）　維護與修理（maintenance & repairs）

（5）　重安裝成本（rearrangement）

（6）　換新（replacement）

（7）　備用資產（stand-by unit）

選　擇　題

1. 某印刷公司於民國七十六年六月十八日，發生下列各項成本：

購買校對（整理及檢點頁數）及裝訂機	$42.000
安裝校對及裝訂機之成本	18,000
印刷機重大換新之零件成本	13,000
重大換新之人工成本	7,000

另悉重大換新將提高印刷機之生產效力，惟無法延長其經濟耐用年限。該公司應予資本化之金額為：

（a）$42,000　　（c）$60,000

（b）$55,000　　（d）$80,000

2. 某公司於民國七十六年度發生下列各項有關機器及設備之成本：

經常性檢修機器及設備成本	$36,000
加設特殊裝置以維護並延長機器使用年限之成本	11,000
機器齒輪損壞換新成本	2,000

七十六年度修理及維持費應為：

（a）$36,000　　（c）$47,000

（b）$38,000　　（d）$49,000

下列各項係用於解答選擇題第 3 題至第 5 題之資料：

某公司民國七十六年十二月三十一日有關廠房及設備資產之折舊資料如下：

資產種類	成　　本	累積折舊	取得日期	殘　　值
甲	$100,000	$64,000	75年	$20,000
乙	55,000	36,000	74年	10,000
丙	70,000	33,600	74年	14,000
合　　計	$225,000	$133,600		$44,000

另悉該公司於取得一項資產之年度，提列全年度折舊；惟於處置資產之年

度，不予提列折舊。每一項設備資產之經濟使用年數均爲五年。

3. 該公司甲項資產按加倍定率餘額遞減法提列折舊。民國七十七年十二月三十一日甲項資產應提列折舊額爲：

 （a） $32,000 　　（c） $14,400

 （b） $25,600 　　（d） $ 6,400

4. 已知乙項資產於民國七十四年度、七十五年度及七十六年度，均採用相同之折舊方法，則民國七十七年度應提列折舊爲若干？

 （a） $6,000 　　（c） $11,000

 （b） $9,000 　　（b） $12,000

5. 該公司丙項資產係按直線法提列折舊；民國七十七年六月三十日出售丙項資產得款 $28,000。民國七十七年度之損益表內，應列報處分丙項資產之利益（或損失）爲若干？

 （a） $2,800 　　（c） ($5,600)

 （b） ($2,800) 　　（d） ($8,400)

6. 某公司於民國七十五年元月初，購入機器一部之發票價格爲 $50,000，並支付運費$500及安裝成本$1,200。機器預計可使用10年，殘值$3,000。俟七十六年元月初，爲符合政府防患空氣污染法令之規定，另支付成本$3,600，此項額外之支出，既不能延長機器之使用年限，也不會改變其殘值。假定該公司採用直線法折舊，則七十六年度應提列折舊費用爲：

 （a） $4,870 　　（c） $5,270

 （b） $5,170 　　（d） $5,570

7. 下列爲某製造公司有關機器之資料：

機器	成　本	預計殘值	預計使用年數
甲	$550,000	$50,000	20
乙	200,000	20,000	15
丙	40,000	—0—	5

該公司將不同種類、不同使用年限之相關連資產，視爲一單項資產，按加權平均折舊率，以計算其折舊。根據上列資料，該公司各項機器之複合使用年

數（composite life)應爲：

（a）　13.3　　　（c）　18.0

（b）　16.0　　　（d）　19.8

8. 某公司於民國七十五年元月初，購入一項設備資產之成本$120,000，預計可使用 8 年，殘值 $12,000。該公司擬採用最適當的折舊方法，經過審愼比較後，決定採用年數合計法。民國七十六年十二月三十一日，該項設備資產之累積折舊總額：

（a）　比直線法下之累積折舊總額少 $15,000。

（b）　比加倍定率餘額遞減法下之累積折舊總額少 $15,000。

（c）　比直線法下之累積折舊總額多 $18,000。

（d）　比加倍定率餘額遞減法下之累積折舊總額多 $18,000。

9. 某公司於民國七十三年七月一日購入機器一部之成本 $70,000，預計可使用 10年，無殘值。俟民國七十六年初，發現該項機器於民國七十八年底時，將無使用價值，惟殘值預計爲$4,000。民國七十六年底會計年度終了時，在直線法或加倍定率餘額遞減法之下，應提列折舊額分別爲：

（a）　$7,000或$22,750　　（c）　$15,000或$23,893

（b）　$22,500或$ 6,230　　（d）　$16,333或$11,135

10. 某公司之會計年度終了日爲四月三十日。民國七十六年五月一日，該公司向銀行借入款 $10,000,000，年利率15％，俾作爲建造房屋之用。民國七十七年四月三十日，建築費支出之累積數爲$6,000,000，此項支出均勻地發生於全年度之內。未使用之借款，存在銀行之利息收入計$400,000。此項借款預計於房屋建造完成之次月，開始償還。民國七十七年四月三十日，利息應予資本化之數額爲：

（a）　$—0—　　　（c）　$450,000

（b）　$50,000　　（d）　$1,100,000

練　習

E 12-1　裕新公司購入機器一部成本 $450,000，支付運費$30,000及安裝費$40,000。預計該項機器可使用10年，殘值$20,000。俟第三年初，另購置自動調節器一套，耗用成本 $30,000，加裝於原機器之內。此項增添，不能延長該機器的使用年限，10年後殘值不變。

　　試按下列各種方法，列示第三年提存折舊之分錄:

　　（a）直線法。

　　（b）工作時間法。估計使用總時數爲 100,000 小時，第一年使用13,000 小時，第二年使用12,000小時，第三年使用10,000小時。

　　（c）年數合計法。

E 12-2　裕豐公司於民國71年 5 月 1 日購入機器一部之成本$200,000，預計可使用10年，無殘值，機器運費及安裝費共計 $40,000。民國76年 1 月初，該部機器重新整修成本 $61,000，經整修後估計可再使用 7 年，無殘值; 已知該公司係採用直線法折舊。

　　試求:

　　（a）71年 5 月 1 日購入時分錄。

　　（b）71年12月31日折舊分錄。

　　（c）72年12月31日折舊分錄。

　　（d）76年12月31日折舊分錄。

E 12-3　裕華公司於76年度購入機器一部，其有關資料如下:

　　11月 5 日，正式簽訂購買契約，價款$1,000,000，付款條件: 2 /30, N/60

　　11月10日，加強整建廠房地基及樓板，以備安裝機器，共支付費用$120,000。

　　11月25日，支付機器搬運費 $20,000。

　　11月30日，支付機器安裝費 $60,000。

12月4日，支付機器價款。

12月10日，機器正式試車，支付工程顧問費$20,000。

試列示上述有關機器之分錄及成本總額。

E 12-4 裕和公司於76年度購入機器三部，其有關資料如下：

	甲　機　器	乙　機　器	丙　機　器
購入日期……	76年 1 月 1 日	76年 7 月 1 日	76年10月 1 日
成本…………	$400,000	$400,000	$400,000
殘值…………	—0—	20,000	40,000
使用年數……	10	8	6

該公司對於機器折舊，係採用直線法。

試列示76年12月31日甲、乙、丙三部機器之折舊數額。

E 12-5 裕民公司於73年 1 月初購入機器一部成本$220,000，預計可使用10年，無殘值，按年數合計法提列折舊。至77年初，發現該部機器之使用年數只剩 4 年，預計 4 年後殘值爲$4,000。

試按當年度及續後年度調整，列示 73 年度至 77 年度有關折舊及調整分錄。

E 12-6 裕仁公司以一筆總價$1,030,000，向天一公司購入三部機器。天一公司因無意繼續經營，故其售價低於市場價值甚多。各部機器的有關資料如下：

	甲　機　器	乙　機　器	丙　機　器
公平市價……	$750,000	$450,000	$300,000
安裝費………	40,000	30,000	20,000
試車費………	10,000	8,000	2,000

此外，爲搬運三部機器，共支付搬運費 $20,000；購買機器開發應付票據的利息費用爲 $12,000。

設該公司對於三部機器的取得成本及搬運費，均按公平市價爲分攤基礎，試分別計算三部機器的成本。

E 12-7 下列資料係取自某公司19 A 年底經調整後總分類帳上的記錄：

運輸設備	$	280,000
商譽		120,000
廠房及設備		1,600,000
機器設備		600,000
土地		400,000
開辦費		60,000
專利權		140,000
累積折舊—運輸設備		160,000
累積折舊—廠房及設備		640,000
累積折舊—機器設備		180,000
攤銷—商譽		40,000
攤銷—專利權		60,000

試求: 列示上述資料在資產負債表上適當的表達方式。

習　　題

P 12-1　新記公司於19A年取得一項資產的成本爲$360,000，預計可使用 4 年，殘值 $40,000。經專家估計該項機器之總生產量爲40,000件。

（a）直線法。

（b）年數合計法。

（c）加倍定率餘額遞減法（最後使帳面價值等於殘值）。

（d）生產數量法：（四年來產量分別爲：　8,000件、12,000件、18,000件及2,000件）。

P 12-2　新隆客運公司於民國七十二年七月一日購入二部遊覽客車，每部成本均相同如下：

購入價格……………………………	$512,000
裝配附屬零件…………………	64,000
稅捐……………………………	24,000
七十二年度牌照費……………	8,000
	$608,000

　　預計每部客車可使用 6 年，按直線法折舊，估計殘值$120,000。假定兩部客車分開列帳，俾準確計算其使用成本。

試將下列各交易事項予以分錄：

（a）七十二年七月一日購入時，係以現金支付。

（b）七十二年十二月三十一日之折舊分錄。

（c）七十三年十一月一日，第一部客車加裝冷氣系統，耗用成本$64,000，雖不能增加使用年限，但可使殘值增加 $8,000。

（d）七十三年十二月三十一日之折舊分錄。

（e）七十四年四月一日，出售第一部客車，得款$460,000。

（f）七十四年十二月三十一日之折舊分錄。

（g）七十五年元月二日，第二部客車重大整修，耗用成本 $60,000，

可延長使用年限 2 年，估計殘值$64,000。

（h）七十五年十二月三十一日之折舊分錄。

P 12-3 新安公司於76年 7 月間購入機器一部，有關資料如下：

7 月 1 日，向大同公司洽購機器一部，議定價格 $1,200,000， 付款條件： 2 /30, N /60。

7 月 5 日，機器由大同公司運來，運費 $10,000，由新安公司支付。

7 月12日，機器安裝時，由大同公司派來工程師二名，負責安裝工作，工程師的日用費概由大同公司負責，惟安裝所使用的材料費計 $18,000，則歸由新安公司負擔。

7 月16日，在安裝工作進行中， 由於工人不慎， 使機器部分受輕微損壞，經支付修理費$5,000後，始恢復原來的性能。

7 月30日，機器安裝完成，正式試車，支付試車費$6,000。

7 月31日，支付機器應付款項，獲得 2 ％之付現折扣。

8 月 1 日，該部機器正式使用。

預計該部機器可使用10年，殘值$130,000。新安公司採用直線法提存機器折舊。

試求：

（a）記錄上述各有關機器成本的分錄。

（b）列示76年 7 月31日該部機器的總成本。

（c）列示76年12月31日提存折舊的分錄。

P 12-4 新民公司76年 4 月 1 日購入機器一部之成本$650,000，採用直線法提存折舊，估計可使用 5 年，殘值$50,000。

77年 1 月初，該部機器重新整修，耗用成本$200,000，經此次重大整修後，估計可延長使用期限二年。

試求：

（a）列示74年 4 月 1 日機器購入時之分錄。

（b）列示74年、75年、76年底之折舊分錄。

（c）列示77年 1 月初機器修理之分錄。

（d）列示77年12月底之折舊分錄。

P 12-5　下列各項乃新光公司有關甲種機器之交易事項。試列示其應有之分錄:

69年5月2月　支付機器價款　$100,000

　　5月10日　支付機器運費　$10,000

　　5月10日　支付運輸保險費　$2,000

　　7月1日　機器安裝完畢, 開始運轉, 支付安裝費 $15,000。另支付一年期保險費$5,000。

　　10月15日　支付修理費$3,000。

　　12月31日　該公司年終結帳, 機器折舊按直線法計算, 估計可使用10年, 殘值 $12,000。

74年12月31日　調整前該項機器使用年限, 經重新估計僅為8年, 自本年度起, 改按8年提列折舊, 另將以前各年少提折舊數按追溯旣往調整。

76年12月31日　調整後該項機器停止使用, 殘值出售得款 $10,000。

P 12-6　新莊公司於72年1月1日購入機器三臺, 其成本及估計使用年限之資料如下, 該公司按直線法計算折舊。

	甲 機 器	乙 機 器	丙 機 器
成本	$7,500	$7,200	$7,500
估計殘值	無	1,200	300
估計使用年限	5 年	6 年	8 年

77年1月1日, 甲機器已不堪使用, 出售得款$500, 同日估計乙機器及丙機器尚可使用二年, 前者殘值不變, 後者殘值為$850。

試按下列兩種方法計算77年度應有之會計分錄:

（a）當期及續後年度調整。

（b）追溯旣往調整。

P 12-7　新竹公司於75年2月15日購入機器一部, 支出各項價款及費用如下:

機器價款……………………………………………… $50,000

進口稅………………………………………………… 15,000

港工捐…………………………………………………… 1,500

境內運雜費………………………………………………… 5,000

安裝費…………………………………………………… 2,000

該公司於76年度內，對該項機器支出有關費用如下：

1月15日： 修理費……………………………$ 150

2月15日： 更換主要機件………………… 3,000

7月1日： 更換零件………………………… 200

12月15日： 年終大修………………………… 2,500

該項機器估計可使用五年，按直線法提列折舊，無殘值。

　　試列示該項機器及其累積折舊 75年12月31日及 76年12月31日之金額。

P 12-8　新新公司於民國七十五年一月一日，以現金$600,000購入土地一方，地上遺留舊房屋一棟；另支付佣金 $36,000、律師費$6,000及各項登記費$18,000。買賣契約上列明土地與房屋價值分別爲$500,000及$100,000。上項房地產於購入後，立卽予以拆除，計耗用成本 $75,000。

　　七十五年三月一日，新新公司與另一營造商訂立委建合約總價$3,000,000，委託其建造辦公大樓。七十六年九月三十日該大樓建造完成，另發生下列各項費用：

築圖費　　　　　　　　　　　　$12,000

建築師費　　　　　　　　　　　95,000

　　該公司爲支付建築成本，於七十五年三月一日向銀行借款 $3,000,000，分十年攤還，每年支付 $300,000，另須支付14%之利息費用。另悉該公司房屋建築平均累積支出如下：

七十五年三月一日至十二月三十一日　$ 900,000

七十六年一月一日至九月三十日　　　2,300,000

試求：

（a）列示新新公司有關土地應予資本化之成本。

（b）計算新新公司新建房屋之成本。

（ｃ）列示七十六年十二月三十一日房屋折舊之分錄。

P 12-9　新來公司民國七十五年十二月三十一日，有關各項設備資產之餘額如下：

土地	$175,000
土地改良	90,000
建築物	900,000
機器及設備	850,000

該公司於民國七十六年度發生下列各項設備資產之交易事項：

（1）購入土地一塊之成本$125,000，以供將來建造房屋之用。

（2）發行股票 10,000股，換入土地及房屋；取得日股票每股公平市價 $45。土地及房屋之評估價值分別為 $120,000及$240,000。

（3）購入機器及設備成本$300,000，另支付下列各項費用：

運費	$　5,000
稅捐	12,000
安裝費	25,000

（4）興建停車位及建築物邊道之成本 $75,000，預計可使用15年。

（5）六月三十日廢棄一項機器之原始成本 $50,000；該項機器已提滿折舊。

（6）七月一日出售機器一部之原始成本$36,000，售價$20,000。該項機器係於民國七十三年一月一日取得，預估殘值$1,000，按 7 年採平均法折舊。

試求：

（ａ）列示該公司民國七十六年度下列各帳戶增減變動之詳細情形：

土地

土地改良

建築物

機器及設備

（ｂ）列示土地及房屋成本之分攤表。

（ｃ）列示七月一日出售機器之分錄。

第十三章　廠房及設備資產
——處分；無形資產

一項廠房及設備資產，如不再繼續使用時，應予以適當之處分 (disposal)，此項處分包括出售、交換、止用，或報廢等。處分資產之帳務處理，往往隨各種不同情況而有別；本章先就廠房及設備資產的各項處分加以闡述，然後再討論天然資源及無形資產的各種會計處理方法。

13-1　廠房及設備資產的出售

廠房及設備資產於出售時，往往會發生出售損益；為正確計算其出售損益起見，於出售前，應提足截至出售日為止之未提存折舊數額。

茲假定某公司於一項設備資產已使用至第八年之十月三日，即予出售，已知該項資產之取得成本 $10,000，預計原可使用 10 年，無殘值，採用直線法折舊，截止第七年底，累積折舊總額已達$7,000。

第八年十月三日，應補提存設備資產未提足的折舊數額，其提存分錄如下：

折舊	750	
累積折舊—設備		750

　$10,000 × 1/10 × 9/12 = $750

經過上項分錄後，累積折舊總額已達$7,750，則設備資產之帳面價值為 $2,250 ($10,000 − 7,750)。有關設備資產出售的分錄，依各種不同情形，可列示其會計處理如次頁：

1. 設備資產如按帳面價值$2,250出售，未發生出售損益。則其出售分錄如下：

現金	2,250	
累積折舊—設備	7,750	
設備		10,000

2. 設備資產如按低於帳面價值出售。假定上例之資產出售得款$2,000，惟資產帳面價值為$2,250，發生出售損失$250，則出售時分錄如下：

現金	2,000	
累積折舊—設備	7,750	
出售設備損失	250	
設備		10,000

3. 設備資產如按高於帳面價值出售。假定上例之資產出售得款$3,000，而資產帳面價值為$2,250，發生出售利益$750，應分錄如下：

現金	3,000	
累積折舊—設備	7,750	
設備		10,000
出售設備利益		750

13-2 廠房及設備資產的交換

企業以舊資產交換新資產時，可能發生下列二種情形：（1）同類資產的交換，（2）異類資產的交換。資產交換比較複雜的會計問題，乃涉及交換損益如何認定的問題。異類資產交換所牽涉的會計處理程序比較容易了解；因此，吾人先討論異類資產的交換問題，然後再闡

述同類資產的交換問題。

一、異類資產的交換

如所換入資產的類型、功能，或使用途徑 (line of business)，在基本上與舊資產不同時，此項交易屬於異類資產的交換。在異類資產的交換中，舊資產的收入已不再延續，新（換入）資產將另產生新收入。

根據美國會計師協會會計原則委員會的意見：「凡對於非貨幣性交易的一般會計處理方法，應以該項交易所涉及的資產（或服務）之公平市價為基礎。因此，在交換中所取得的非貨幣性資產成本，應以舊（換出）資產的公平市價為基礎；而在交換中所產生的利益或損失，應予認定。惟如換入資產的公平市價較諸舊資產的公平市價更具有明確的證據時，則應以換入資產的公平市價為衡量成本的基礎❶。

因此，在資產交換過程中，對於舊資產的交換抵價（trade-in allowance) 如無任意擡高之情事，則實際上等於以舊資產按公平市價抵充換入資產價格的一部份，其不足之數，另補貼現金；此時，換入資產應按舊資產之公平市價加補貼現金之和列帳。如換出資產的公平市價大於換入資產之公平市價時，可另收取現金；遇此情形，換入資產應按舊資產的公平市價減去所收取現金之餘額列帳。蓋舊資產的帳面價值往往不等於其公平市價，故於資產交換時，常有損益發生。

下列所列舉的實例，吾人均假定舊資產的交換抵價即為其公平市價，故資產於交換時，應提足截至交換日為止之折舊，藉以求得舊資

---

❶ *APB Opinion* No. 29, par. 18, May 1973.

產的帳面價值，然後將舊資產的帳面價值與交換抵價互相比較，以決定其交換損益如下：

舊資產公平市價＝舊資產帳面價值：無交換損益發生

舊資產公平市價＜舊資產帳面價值：認定交換損失

舊資產公平市價＞舊資產帳面價值：認定交換利益

1. 舊資產公平市價等於其帳面價值：

實例一：設某項設備資產的成本爲$100,000，截至交換日，其累積折舊爲$90,000。茲以該項資產抵價$10,000，換入土地一塊，其價值爲$80,000，另補貼現金$70,000。

舊資產帳面價值：

成本	$100,000	
減：累積折舊	90,000	$10,000
舊資產交換抵價（公平市價）		$10,000

由於舊資產之帳面價值，適等於其交換抵價（公平市價），故無交換損益發生。資產交換的分錄如下：

土地	80,000	
累積折舊—設備	90,000	
設備		100,000
現金		70,000

上列**實例**係假定土地按公平市價列示；如土地之標價(list price)不等於其公平市價時，則仍然應以$80,000之公平市價作爲列帳基礎。

2. 舊資產之公平市價小於其帳面價值：

實例二：設如實例一，惟舊資產的交換抵價爲$8,000，補貼現金也隨而改變。

資產交換損失：

舊資產帳面價值	$10,000
交換抵價（公平市價）	8,000
資產交換損失	$2,000

補貼現金：

土地價值	$80,000
減：交換抵價（公平市價）	8,000
補貼現金	$72,000

資產交換之分錄如下：

土地	80,000	
累積折舊—設備	90,000	
資產交換損失	2,000	
設備		100,000
現金		72,000

3. 舊資產之公平市價大於其帳面價值：

實例三： 設如實例一，惟舊資產之交換抵價改變為 $16,000，補貼現金也隨而改變。

資產交換利益：

舊資產交換抵價（公平市價）	$16,000
舊資產帳面價值	10,000
資產交換利益	$6,000

補貼現金：

土地價值	$80,000
減：交換抵價（公平市價）	16,000
補貼現金	$64,000

資產交換之分錄如下：

土地	80,000	

累積折舊	90,000	
設備		100,000
資產交換利益		6,000
現金		64,000

二、同類資產的交換

如所換入資產的類型、功能，或使用途徑，在基本上與舊資產相同，是為同類資產的交換。根據美國會計師協會會計原則委員會的意見，認為由同類資產交換所取得的新資產，視為獲得舊資產收入之延續❷。因此，在資產交換過程中，如另補貼現金時，則換入資產應按舊資產的公平市價加補貼現金之和列帳；當舊資產的公平市價低於其帳面價值時；應認定其交換損失；然而，當舊資產的公平市價高於其帳面價值時，則不認定其交換利益❸，其所以不認定交換利益之原因，在於認為同類資產交換所取得的新資產，實際上為獲得舊資產收入之延續，整個交易程序並未完成；此時，新資產應按舊資產之帳面價值，加補貼現金之和列帳。又如舊資產的公平市價加補貼現金之和，大於換入資產的公平市價時，則以換入資產的公平市價列帳，並認定其交換損失，蓋於此一情況下，如不予認定損失，則換入資產勢必按大於其公平市價列帳，此種會計處理方法實與公認會計原則不符。

同類資產之交換，在若干情況下，可能另收入一部份現金，則換入資產應按舊資產之帳面價值，扣除現金收入後，再加上經由下列公式所求得而應予認定的利益列帳。

---

❷ *APB Opinion* No. 29, par. 21, May 1973.
❸ *APB Opinion* No. 29, par. 23, May 1973.

$$認定交換利益 = \frac{收入現金}{收入現金 + 換入資產公平市價} \times 全部利益$$

1. 舊資產的公平市價等於其帳面價值

在此一情況下，資產交換將不發生任何損益，而換入資產仍按舊資產公平市價加補貼現金之和列帳，其交換分錄如上述實例一，此處不再贅述。

2. 舊資產之公平市價小於其帳面價值

設如上述實例二的情形，某項設備資產成本爲$100,000，截至交換日累積折舊已提列$90,000，茲以該項資產抵價$8,000，換入同類設備資產的公平市價$80,000，不足額$72,000，另補貼現金。

一般言之，同類資產交換與異類資產交換認定損失之會計處理方法，並無不同；故此處之交換分錄，除換入資產之會計科目由土地改爲設備之外，其餘均維持不變。

3. 舊資產的公平市價大於其帳面價值

設如上述實例三的情形，某項設備資產成本爲$100,000，截至交換日累積折舊已提列$90,000，茲以該項資產抵價$16,000，換入同類設備資產的公平市價$80,000，其餘不足額$64,000另補貼現金。

資產交換時之分錄如下：

設備（換入資產）	74,000	
累積折舊—設備（舊資產）	90,000	
設備（舊資產）		100,000
現金		64,000

在本實例中，舊資產之交換抵價大於其帳面價值達$6,000（$16,000−$10,000），以其屬於同類資產的交換，視爲舊資產之延續，故不予認定任何交換利益。換入資產則改按帳面價值（非公平市價）加補貼現金之和 $74,000（$10,000+$64,000）列帳。

   4. 舊資產的公平市價大於換入資產的公平市價，另收入部份現金。

   設如上述實例，某項設備資產成本$100,000，截至交換日累積折舊已提列$40,000，帳面價值$60,000，抵價80,000，換入另一項同類設備資產之公平市價$70,000，餘額$10,000另收入現金。

   在本實例中，舊資產的公平市價，大於換入資產的公平市價，其差額爲$10,000（$80,000－$70,000），收到現金。故實等於將舊資產換入二種資產，其一爲設備資產 $70,000，其二爲現金 $10,000。前者屬同類資產之交換，不能認定利益；後者屬資產之出售，應按收入現金佔總價值（收入現金加換入資產之公平市價）比例，認定交換利益，其計算如下：

$$認定交換利益 = \frac{收入現金}{收入現金＋換入資產公平市價} \times 全部利益$$

$$= \frac{\$10,000}{\$10,000＋\$70,000} \times (\$80,000 - \$60,000)$$

$$= \frac{\$10,000}{\$80,000} \times \$20,000$$

$$= \$2,500$$

換入資產則按$52,500列帳，其計算如下：

$$舊資產成本 = 舊資產帳面價值 － 收入現金 ＋ 應認定交換利益$$

$$= \$60,000 - \$10,000 + \$2,500$$

$$= \$52,500$$

資產交換之分錄如下：

設備（換入資產）	52,500	
現金	10,000	
累積折舊—設備（舊資產）	40,000	
設備（舊資產）		100,000

資產交換利益　　　　　　　　　　　　　2,500

13-3　天然資源的意義及折耗

一、天然資源的意義

稱天然資源（natural resource）者，泛指附着於土地表面，或深藏於土地底下之寶藏，例如森林、油井及礦山等均屬之。天然資源將隨開採而使儲藏量遞減，以至於耗竭殆盡，故又稱爲遞耗資產（wasting assets）。

企業取得遞耗資產之目的，在於開發此項具有形體、有定量及難以重置的天然資源，隨開發而遞減並轉換爲產品，以備出售。

由此可知，天然資源具有下列各項性質：

1. 天然寶藏：遞耗資產均屬天然寶藏，其中森林雖可種植，然十年樹木，其期間至爲遙遠矣！

2. 採伐有盡：天然資源之採掘或伐取終有耗竭之日，故會計上遂有折耗之帳務處理；藉以分攤成本。

3. 難以重置：天然資源採伐耗盡後，難以重置，森林雖爲例外，然爲期亦至爲遙遠。

4. 難以估算：預估天然資源之價值時，必須預計其總儲藏量，每單位產品出售價格及開採成本，以計算每單位產品利潤，進而估計其發現價值，因所牽涉的因素甚多，其價值實難加以估算。

天然資源的成本，應包括取得成本及開發成本在內；取得的方式有二：（一）向外購入，（二）自行發現。茲分別說明如下：

1. 向外購入：

天然資源如係向外界購入者，其取得成本應包括購價及一切附加

成本在內，此項附加成本，範圍至爲廣泛，如介紹費、探勘費、測量費，及登記費等。至於開發成本（cost of development），係指天然資源在未正式生產前投入的各項必要支出，例如開山、築路、打樁、鑿井、礦產整理或清除、礦坑挖掘或架木等項支出，均應包括於天然資源之內。

2. 自行發現：

天然資源如係自行發現者，其發現成本主要包括探勘費、測量費，及開山築路費等；爲取得開發權而向政府申請登記之各項行政規費、特許費等，也應一併包括在內。

自行開發的結果，如無天然資源存在時，應將全部開發成本冲銷，列爲損失。

此外，凡自行發現的天然資源，如不須支付任何代價時，爲合理表達天然資源的價值，可放棄上述成本基礎，而改按其發現價值評估，其計算方法如下：

（1）預估天然資源的總儲藏量、開採年限及每年開採數量。

（2）預估每單位產品的售價、開採成本及銷管費用，藉以決定每單位產品利潤。

（3）每單位產品利潤乘總儲量，即得天然資源的估計發現總值。

設某公司自行發現煤礦一處，估計總儲藏量爲20,000噸，每噸售價 $500，每噸開採成本 $250，銷管費用 $100，其發現價值可計算如下：

單位（每噸）售價		$500
減：單位開採成本	$250	
單位銷管費用	100	（350）
單位利潤		$150
乘：總儲藏量		×20,000

天然資源之發現價值 　　　　　　　　　　$3,000,000

二、天然資源的折耗

　　稱折耗（depletion）者，謂天然資源因開採而使其儲藏量逐期減少，以至於耗竭，此項逐期減少的部份，會計學上稱為折耗或耗竭。換言之，折耗係指因開採天然資源而分配成本的一種會計處理方法。

　　基於天然資源的本質，使折耗具有下列二點特徵：

　　1. 天然資源如不加以開採，即不發生折耗，不像一般廠房設備資產，雖不使用，也會發生折舊。

　　2. 天然資源經折耗的部份，即成為產品。例如油井經開採後即得石油；森林經開採後即得木材。

　　折耗為產品成本之一，當一項天然資源經開採後成為產品時，天然資源的成本，應合理地予以攤轉為產品成本，其理至明。當產品銷售時，再將產品成本轉為銷貨成本，剩餘部份即為期末存貨的成本；惟會計實務上，均於期末時，將折耗費用按已出售及未出售比例，直接轉入銷貨成本及期末存貨中。吾人茲以圖形列示折耗攤轉的情形如次頁。

　　天然資源每年折耗之多寡，決定於下列各項因素：

　　1. 總成本：為取得一項天然資源的成本總和，並已予資本化而列入資產項下者。

　　2. 殘值：即天然資源經開採後的土地剩餘價值。

　　3. 估計總儲藏量。

　　折耗的計算方法，通常以天然資源的總成本，減去殘值後的餘額，除以預計總儲藏量，即可求得每單位儲藏量應攤之折耗額，再乘以當期實際開採數量（產量），即得當期的折耗數額。

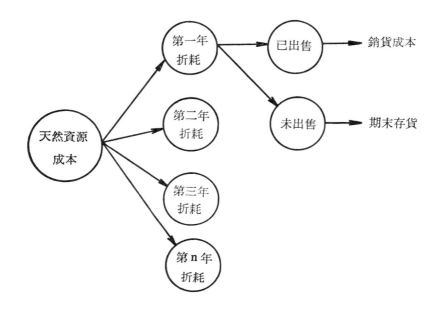

其計算公式如下：

$$折耗額＝（總成本－殘值）\times \frac{產量}{估計總儲藏量}$$

設某公司購入森林一處之成本 $6,000,000,估計可開採木材200,000立方公尺，經開採殆盡後，土地尚值 $1,000,000；設民國七十六年度實際開採木材20,000立方公尺，則當年度折耗之計算如下：

$$七十六年度折耗額＝（\$6,000,000－1,000,000）\times \frac{20,000}{200,000}$$

$$＝\$500,000$$

為開採天然資源有關的廠房及設備資產之折舊，與一般資產的折舊方法稍有不同。蓋與開採天然資源有關的廠房及設備資產之折舊，須以天然資源開採的年限與廠房設備的使用年限孰短者為準，以計算其折舊費用。

　　設某項天然資源之開採年限爲 8 年，而開採該項天然資源之廠房設備的使用年限爲10年，前者較短，自應以開採年限（ 8 年）作爲提列廠房設備折舊的基礎；反之，如天然資源之開採年限爲12年，而開採天然資源之廠房設備的使用年限仍爲10年，因後者較短，自應以使用年限（10年）爲準。此外，若開採天然資源之廠房設備，於開採某一天然資源完了後，尚可轉移他用時，則此項移用的年限，應予以合併考慮。

　　開採天然資源有關的廠房設備之折舊，亦可按下列公式計算：

$$廠房設備之折舊＝（總成本－殘值）\times \frac{產量}{估計總儲藏量}$$

　　爲使讀者對於天然資源的會計處理方法，獲得整體之認識，特將前述實例綜合說明如下：

　　1. 購入天然資源之分錄：

　　某公司於七十年初購入森林一處，支付成本\$6,000,000，預計於開採完了後，土地尚值\$1,000,000，購入時分錄如下：

遞耗資產—森林	5,000,000	
土地	1,000,000	
現金		6,000,000

　　2. 七十六年度支付開採成本之分錄：

　　七十六年度開採20,000立方公尺的木材，每立方公尺支付開採費用 \$25。

開採成本	500,000	
現金		500,000

　　3. 七十六年度提列折耗之分錄：

折耗	500,000	
累積折耗—森林		500,000

4. 每立方公尺木材售價$100，計出售18,000立方公尺，應分錄
如下：

現金	1,800,000	
銷貨		1,800,000

某公司損益表
民國七十六年度

銷貨		$1,800,000
銷貨成本：		
折耗	$500,000	
加：開採成本	500,000	
	$1,000,000	
減：期末存貨 $1,000,000 × $\frac{2,000^*}{20,000}$	100,000	900,000
本期淨利		$900,000

*20,000－18,000＝2,000

上列之累積折耗帳戶，為資產的抵銷帳戶，應於編製資產負債表
時，由天然資源項下減除之。

13-4　無形資產的意義及攤銷

稱無形資產 (intangible assets) 者，泛指一企業基於法律規定所
賦予之各項權利，或由於經營上之優越獲利能力 (earning power)，
所產生的潛在無形價值，使其實際淨資產 (net assets) 超過有形淨資
產的部份，即為無形資產。

就法律觀點言之，無形資產的範圍至為廣泛，凡無實體存在 (
non-physical existence)，惟具有實際價值 (actual value) 的各項權
利或優越獲利能力均屬之；惟就會計觀點言之，必須提供營業上長期
使用，且非以出售為目的之各項長期性無形體的資產，包括：專利
權、版權、開辦費、研究發展費用、租賃權、租賃改良、商譽、商標

權及商號等。

　　由上述可知，無形資產實具有下列各項特性：

　　1. 不具形體：無形資產之最大特性，在於無實體存在。

　　2. 不易變現：企業在經營過程中，不能任意將各項無形資產變現；如商標權、專利權、商譽等，均與業務息息相關，往往無法脫離業務而單獨存在。

　　3. 恆與企業連爲一體：無形資產與整個企業具有不可分離的關係，故對於無形資產的評價，例如對商譽的評價，實卽對整個企業的評價。

　　4. 價值與成本無直接關係：無形資產能產生企業之無形價值，而無形價值與其所取得成本，並無直接關係。

　　5. 價值缺乏穩定性：無形資產係一企業具有優越獲利能力的無形價值，惟此項獲得超額利潤之優越能力，由於競爭市場之存在，難望其永久維持，使無形資產缺乏穩定性。

　　無形資產應按取得之成本列帳；未支付代價取得的無形資產，原則上不應列帳，以免虛增資產的價值。美國會計師協會會計原理委員會認爲：凡向其他企業或個人購買的無形資產，應按成本列帳。凡爲發展、維持、或恢復無形資產所支付的成本，如無法辨認，亦無確定的使用年限，或由於企業繼續經營而發生，並與企業連爲一體之無形資產，應於發生時，列爲費用。我國稅法對於無形資產的認定，也以出價取得者爲限。

　　對於無形資產的分類，過去均以其受益期間（ expected period of benefit）爲標準，自 1970 年 8 月開始，美國會計師協會會計原則委員會提出第17號意見書，主張以是否可辨認爲分類標準。惟就會計觀點言之，似應着重無形資產的攤銷，而無形資產攤銷時，一般以其存續期限爲標準，故本書仍採受益期間爲分類方法。

1. 有特定存續期限 (limited-term of existence) 之無形資產：指因受法律、規章、契約，或資產的特性等因素之影響，而具有特定的存續期限，如專利權、版權、開辦權、研究及發展成本、租賃權、租賃改良等。此類無形資產，因具有特定存續期限，故通常均須將其成本加以攤銷。

2. 無特定存續期限 (unlimited-term of existence) 之無形資產：指在取得時未受任何限制，而具有永久性的無形潛在經濟價值，如商譽、商標權及商號等。此類無形資產因無特定存續期限，故一般均無須攤銷。

以下吾人將按須予攤銷及不必攤銷的無形資產，分別說明之。

一、須予攤銷的無形資產

所謂攤銷 (amortization)，係指將無形資產的成本，用有系統的會計方法，攤入各受益期間內。無形資產之攤銷，原則上應以實際支付的成本為基礎，就其存續期間逐期攤銷之；至於無期限之無形資產，原則上無須攤銷。惟根據美國會計師協會會計原則委員會的意見，縱然無形資產沒有一定的存續期限，然終久必會消失，故主張仍然須予攤銷，惟其攤銷的期間，最長不得超過四十年。此外，該委員會又認為，除非有其他更合適的方法，否則，對於無形資產的攤銷，主張採用直線法（平均法）。如以A代表攤銷，C代表無形資產的成本，N代表存續期限。則無形資產的攤銷公式如下：

$$A = \frac{C}{N}$$

1. 專利權 (patent)

凡新發明而具有工業上價值者，或對於物品的形狀構造或裝置，首先創作合於實用之新型者，或對於物品之形狀、花紋、色彩，首先

創作適於美感之新式樣，得依法申請專利權，經政府核准後，權利人具有專製或專銷的權利；故專利權的經濟價值，不在專利權本身，而在於透過專利權所獲得的利益，因一旦享有專利權，能使權利持有人具有排除他人的特性，而享有獨占市場的利益。

專利權僅限於向外界購入者爲限，始得列帳，至於其列帳成本，應以其購價加一切附加成本在內。

凡由企業自行研究及發展的成本（research ＆ development costs），過去均直接予以資本化，列爲專利權，惟自美國財務會計準則委員會於1975年發佈第 2 號聲明書以後，主張將研究及發展成本，列爲發生期間的營業費用 ❹。此項主張係基於下列二個理由：（1）研究及發展成本所獲得的未來效益，具有高度之不確性（uncertainty），故將此等成本列爲發生時之成本，比較確實可行；（2）企業常於同一期間內，有數項研究及發展計畫同時進行，其中若干項可能須進行數年，使每一項成本與未來效益之間，很難建立特定的關連性。

專利權發生訴訟時，如獲得勝訴，其訴訟費及律師費係爲維護專利權而發生，應予資本化，加入專利權成本之內，若因勝訴而獲得賠償收入，則應將賠償收入抵減訴訟費，將其差額列爲其他收入；如不幸敗訴，則專利權已不能成立，應將其成本、訴訟費、律師費及賠償費等，列爲其他費用。

對於專利權的存續期間，我國專利權法規定如下：新發明爲15年，新型爲 10年，新式樣爲 5 年，均自申請日起算。美國法律規定爲 17 年。故專利權的成本，應於其經濟使用年限與法定年限孰短之期間內攤銷之。我國所得稅法又規定：「商標權、專利權及其他各種特許權等，可依其取得後法定享有之年數爲計算攤折之標準」。

---

❹　*AFSB* No. 2, par. 11, June 1975.

設某公司之專利權計$300,000係向外購入者，其取得後法定享有之年數如為6年，則每年應攤銷如下：

攤銷——專利權　　　　　50,000

專利權　　　　　　　　　　　　50,000

上列貸方科目，直接用資產科目減除之，此與一般廠房及設備資產的折舊不同；蓋專利權的法定存續期間確切不移，與一般資產的預計使用年限，在本質上大不相同。至於攤銷則屬費用科目，應列入當年度損益表內。有關專利權科目，經過一年後，在資產負債表內，可列示如下：

無形資產：

專利權：成本$300,000扣除攤銷累積數$50,000

$250,000

在專利權的法定存續期限內，如有其他公司新的專利權出現，致使本公司之專利權名存實亡，則未攤銷的專利權成本，應全部予以沖銷，以符實際。

2. 版權 (copyright)

版權係賦予著作人或發行人一種專銷書籍，美術及學術性作品的權利，故又稱為著作權。著作經註冊後，權利人得禁止他人翻印、仿製或其他侵權行為。

版權的有效期間，我國法律規定著作人終身享有之，並得於著作人死亡後由其繼承人繼續享有二十年；著作物如用官署、學校、公司、會所或其他法人或團體名義出版者，得享有著作權二十年。

美國法律規定，版權由著作人終身享有之，到期可再續延50年。

版權應依法定的存續期限逐期攤銷之，但衡之實際，由於法定年限甚長，著作物的暢銷期間往往有限，為保守計，應按低於法定存續年限攤銷。故我國所得稅法第六十條規定：版權以十五年為計算攤折

（銷）之標準，如因特定事故，不能按照規定年數攤折時，得提出理由申請縮短。

3. 開辦費 (organization cost)

開辦費係指企業成立所發生的各項費用，包括律師費、法定規費、股票發行及印刷費等。就理論上言之，由於開辦費的效益可及於整個企業的存續期間，故一般均主張將開辦費資本化，列爲無形資產之一。

蓋開辦費的效益可及於企業整個存續期間，故就理論上言之，其攤銷期間，可按美國會計師協會會計原則委員會的意見，以 40 年爲準，惟事實上美國聯邦所得稅法規定開辦費的攤銷，自開始營業之日起，最低不得少於60個月，逐期攤折之。我國所得稅法也規定開辦費的攤銷，每年最多不得超過20％逐期攤折之，但營利事業其預定營業年限低於五年者，得依其預定營業年限攤銷之。此外，開辦費的攤銷，應自營業開始之年度起，逐年攤提，不得間斷，其未攤提者，應於當年度糾正補列。

4. 研究及發展成本 (research & development costs)

研究及發展成本乃現代企業生存與發展的必要支出，尤其是那些從事於尖端科技的企業，此項成本往往佔總成本很大的比率。

所謂研究 (research) 乃有計畫地尋求新知識，俾能促進新產品、新服務或新技術，藉以改進現有產品、服務或技術之品質。所謂發展 (development) 乃將研究所獲得的新發現，或利用其他知識，轉化爲籌劃或設計新產品或新技術的方案，或作爲改進現有產品或生產方法的根據。研究及發展不包括對現有產品或生產方法之例行性或定期性的改變。

研究及發展成本包括各項發現新知識之實驗成本、人事費用、向他人購買無形資產成本、契約服務成本及其他各項間接分攤成本等。

實驗成本的範圍很廣，一般包括材料、設備、工具、模型等。如某項設備成本將來可轉作其他用途時，應先予資本化，列為資產，然後再將其折舊或攤銷列為研究及發展成本。

研究及發展成本的會計處理方法，過去極為分歧，缺乏一定的標準。美國財務會計準則委員會乃提出第 2 號聲明書，規定自 1975 年 1 月份起，凡各項研究及發展成本，基本上應列為發生年度之費用。然而，凡為研究及發展之需要所取得之原料、機器、設備及無形資產的成本，如具有將來使用價值，或可轉作其他用途時，應予資本化；每期的折舊或攤銷費用，則列為研究及發展成本。

5. 租賃權 (leaseholds)

租賃權係來自租賃契約。所謂租賃契約，指出租人允許承租人於特定期間內使用租賃財產權利之契約。

租賃權祇有於一次支付未來數年的鉅額租金時，例如五年、十年、二十年，或更長的時間，才需要使用該帳戶。美國常於契約中規定，承租人必須先行支付租期中最後一年之租金。如租金係按月支付者，則每月所支付之租金應記入租金費用帳戶。

設某公司於民國七十六年初，向外租用機器一部，租賃期間6年，每年租金 $10,000 按期於 1 月初一次付清，設利率（ｉ）為0.06，則有關分錄如下：

(1) 76年 1 月初支付租金之分錄：

租賃權	42,123.64	
租金費用	10,000.00	
現金		52,123.64

其計算如下：

$$\$10,000 \times \left[\frac{1 - \frac{1}{(1+0.03)^{6-1}}}{0.06} + 1 \right]$$

$$=\$10,000\times(4.21236379*+1)$$

$$=\$52,123.64$$

　＊可查年金現值表

(2) 76年12月底之調整分錄如下：

租賃權　　　　　　　　　　2,527.42

　　利息收入　　　　　　　　　　　　2,527.42

　　$\$42,123.64\times6\%=\$2,527.42$

(3) 77年1月初之分錄如下：

租金費用　　　　　　　　　10,000

　　租賃權　　　　　　　　　　　　　10,000

　　租賃權隱含利息收入在內，每年應計算其利息收入，並將租賃權之一部份，逐期攤爲租金費用，至第六年爲止，全部攤銷完了。

表 13-1　租賃權攤銷表

日　期	（借）租金費用	（貸）利息收入	（借貸*）租 賃 權	帳面價值
76/1/1				$52,123.64
76/1/1	$10,000		$10,000.00*	42,123.64
76/12/31		$2,527.42	2,527.42	44,651.06
77/1/1	10,000		10,000.00*	34,651.06
77/12/31		2,079.06	2,079.06	36,730.12
78/1/1	10,000		10,000.00*	26,730.12
78/12/31		1,603.81	1,603.81	28,333.93
79/1/1	10,000		10,000.00*	18,333.93
79/12/31		1,100.04	1,100.04	19,433.97
80/1/1	10,000		10.000.00*	9,433.97
80/12/31		566.03	566.03	10,000.00
81/1/1	10,000		10,000.00	─0─
合　計	$60,000	$7,876.36	($52,123.64)	

6. 租賃改良 (leasehold improvement)

所謂租賃改良，係指承租人對於租賃財產的增添或修繕。租賃改良通常能與原租賃財產分開，通常於租賃期滿時，歸屬於出租人所有，承租人僅享有使用權，而無所有權。租賃改良發生時之分錄如下：

租賃改良　　　　　　　×××
　　現金　　　　　　　　　　　×××

租賃改良應於租賃期間內攤銷之。如租賃期間長於資產使用期間，應以使用期間為準；如雙方約定，出租人於租賃期滿時，另須支付代價向承租人購買租賃改良時，則租賃改良之成本，應扣除估計殘值後，再攤銷於各受益期間。

二、不須攤銷的無形資產

1. 商譽 (goodwill)

商譽係指企業在經營上能獲得優越獲益能力的潛在價值，一般以獲得超額利潤 (excess earnings) 為衡量的標準；換言之，凡企業能獲得超過同業的正常投資報酬率時，即有商譽存在。商譽的範圍極為廣泛，凡能產生超額利潤者均屬之，包括企業的信譽、投資人或高階層管理人員的聲望、良好的主顧關係、營業地點適中、有效率的製造方法、良好的勞資關係、員工工作能力與合作態度、優良產品及對顧客的服務態度等。

根據美國會計師協會會計原則委員會的意見，凡向外界購買而取得的商譽，應按成本列入商譽帳戶；如係自行發展的商譽，則不予列帳。

由此可知，商譽之入帳，僅限於以支付代價向外購入者為限。商譽之購入，通常發生於企業因轉讓、改組或合併時。

　　商譽價值的決定，一般係由買賣雙方共同議定之。設金門公司擬合併馬祖公司，雙方同意除馬祖公司的淨資產爲$500,000之外，尚有商譽之無形資產價值。已知同業之正常報酬率爲 8 %；又馬祖公司最近五年內的淨利如下：

年　　　度	淨　　　利
72	$48,000
73	49,000
74	50,000
75	51,000
76	52,000
合　計	$250,000
平　均	$50,000

　　關於商譽價值的決定，有下列各種方法：

（1）超額利潤年數購買法：

　　設買賣雙方同意商譽價值，按最近三年的超額利潤購買之。其計算方法如下：

年　　度	淨　　利	正常利潤*	超額利潤
76	$52,000	$40,000	$12,000
75	51,000	40,000	11,000
74	50,000	40,000	10,000
商譽價值			$33,000

　　*$500,000×8%＝$40,000

（2）平均超額利潤年數購買法：

　　設買賣雙方同意商譽價值，按過去五年的平均超額利潤，購買三年份，則其計算方法如下：

過去五年平均利潤	$50,000
減：正常利潤＝$500,000×8%	40,000

平均超額利潤	$10,000
購買年數	× 3
商譽價值	$30,000

(3) 平均利潤資本化減資產後之餘額法:

平均利潤資本化價值:

$50,000÷8%	$625,000
減: 淨資產(不包括商譽)	−500,000
商譽價值	$125,000

(4) 超額利潤資本化法:

一般言之,凡較高的利潤,常有不能持久之虞,故應按較高的資本化比率,以求得較低的資本化價值。設如上例,茲經買賣雙方同意,超額利潤按25%予以資本化。商譽價值計算如下:

過去五年平均利潤	$50,000
減: 正常利潤=$500,000×8%	40,000
平均超額利潤(由商譽產生者)	$10,000
除: 資本化比率	÷ 25%
商譽價值	$40,000

2. 商標權及商號 (trademarks & trade name)

商標權及商號係指政府主管機關核准企業享有專用某種標誌或名稱的權利,此項標誌或名稱,通常以文字、標籤、牌子、圖樣或記號表示之,用以區別某一商號或商品,與其他商號或商品不同。商標及商號之所以具有價值,乃由於顧客信賴此一標誌或名稱,故能使商品暢銷,或能以較高的價格出售,為企業帶來經濟效益。

商標及商號如係自行設計者,其設計成本及向政府主管官署申請登記的費用,均應予以資本化。如係向外購入者,也應按支付成本列帳。

就美國情形而言，法律規定商標一經註冊後，卽可永久使用，槪無時間限制。

我國商標法規定，商標專用期間爲10年，自註冊之日起算；但專用期限到期時，得依法申請延長，每次仍以10年爲限。

商標權的期限雖爲10年，但可申請延長，延長的次數並無限制，故實質上商標權可以永久使用， 似無攤銷的必要。 惟我國所得稅法爲顧及實際的情形，商標權可依其取得後法定享有之年數內攤銷之。此外，倘一企業處於工業不甚發達的國家，一種產品如不注重品質，往往受市場需求不踴躍的影響，可能會慢慢被淘汰，致無法繼續產銷時，可能留存鉅額的商標權於帳面上，如不予攤銷，實非所宜，故凡遇有上述之情形，應予冲銷爲宜。

廠房及設備資產——處分；無形資產表解

- 廠房及設備資產的出售
  - 資產按帳面價值出售：不發生交換損益
  - 資產按低於帳面價值出售：發生交換損失
  - 資產按高於帳面價值出售：發生交換利益

- 廠房及設備資產的交換
  - 異類資產
    - 舊資產公平市價＝舊資產帳面價值：無交換損益發生
    - 舊資產公平市價＜舊資產帳面價值：認定交換損失
    - 舊資產公平市價＞舊資產帳面價值：認定交換利益
  - 同類資產
    - 舊資產的公平市價等於其帳面價值：無交換損益發生
    - 舊資產的公平市價小於其帳面價值：認定交換損失
    - 舊資產的公平市價大於其帳面價值：不認定交換利益
    - 舊資產的公平市價大於其帳面價值，另收入部份現金：按收入現金佔總價值比例認定交換利益

- 天然資源的意義及折耗
  - 意義：泛指各項附着於土地表面或蘊藏於地層之礦藏。此項資源除少數情形外，一般均須經長期間之天然孕育而成，並隨開採而逐漸遞減其價值。
  - 折耗：指天然資源因開發之已耗成本。天然資源因採伐而使其價值逐漸遞減；故折耗為有系統的成本分攤方法。

- 無形資產的意義及折耗
  - 意義：泛指各項無實體而有價值的資產，其價值係基於法律規定所賦予的權利，或由於經營上之優越獲益能力所產生的潛在無形價值。
  - 攤銷
    - 須予攤銷的無形資產（有特定存續期間）
      - 專利權
      - 版權
      - 開辦費
      - 研究及發展成本
      - 租賃權
      - 租賃改良
    - 不須攤銷的無形資產（無特定存續期間）
      - 商譽
      - 商標權及商號

問　　題

1. 何謂天然資源？天然資源具有何種特性？

2. 天然資源與廠房及設備資產有何不同？

3. 天然資源的成本應如何確定？

4. 何謂折耗？天然資源之折耗應如何計算？

5. 用於開採天然資源之廠房及設備，在計算折舊時，與一般廠房及設備資產有何不同？

6. 何謂無形資產？無形資產具有何種特性？

7. 試就無形資產的種類，列一表說明之。

8. 無形資產的成本應如何確定？美國會計師協會會計原則委員會，對於無形資產成本的確定，有何見解？我國稅法上又如何認定？

9. 無形資產何以必須按期評價？評價時如發現其帳面價值與實際不符時，應如何處理？

10. 何謂專利權？專利權應如何攤銷？專利權發生訴訟時，其訴訟費用應如何處理？

11. 何謂版權？我國法律對於版權的存續期間及攤銷年限各有何規定？

12. 解釋下列各名詞：

    (1) 研究及發展成本(research & development costs)

    (2) 租賃權 (leaseholds)

    (3) 租賃改良 (leasehold improvement)

    (4) 商標權及商號(trademarks & trade name)

13. 何謂開辦費？我國法律與美國法律，對於開辦費的攤銷各有何規定？

14. 商譽的意義為何？ 美國會計師協會會計原則委員會對於商譽的成本有何見解？

15. 試列舉各種商譽價值的決定方法。

選 擇 題

1. 某公司於民國七十五年十二月三十一日，以庫藏股票 2,000 股交換土地一塊，俾作為將來建造廠房之用；已知庫藏股票取得成本每股為 $40，每股面值 $25，每股公平市價為$55。拆除地上舊房屋殘值出售得款$10,000；土地應予資本化成本為：

   （a）$70,000　　　　（c）$100,000

   （b）$80,000　　　　（d）$110,000

2. 某公司於民國七十五年十月初，以機器一部之成本$120,000，換入不相同之機器，另補貼現金 $16,000。已知舊（換入）機器之帳面價值 $60,000，惟其公平市價 $70,000。七十五年十二月三十一日會計年度終了日，該公司對於上項交換應認定損益若干？

   （a）$—0—　　　　（c）$10,000 損失

   （b）$6,000損失　　（d）$10,000 利益

3. 甲公司擁有供將來建造房屋用之土地一塊，成本$100,000；民國七十六年七月一日，該項土地之公平市價$140,000。乙公司亦擁有供將來建造房屋用之土地一塊，成本$100,000，七十六年七月一日公平市價$200,000。是日，甲公司以其所擁有之土地，交換乙公司之土地，另補貼現金$50,000。對於上項土地交換，甲公司應認定利益及記錄土地成本若干？

   （a）$0及$150,000　　　（c）$10,000及$190,000

   （b）$0及$160,000　　　（d）$10,000及$200,000

4. 某公司於民國七十六年九月一日，以運貨卡車換入土地；已知卡車係於七十四年買入，成本 $10,000，俟七十六年九月一日時，其帳面價值為$6,500，公平市價$5,000，另補貼現金$6,000。另悉原土地持有人開價 $12,000。該公司應記錄土地成本為若干？

   （a）$11,000　　　　（c）$12,000

   （b）$11,500　　　　（d）$12,500

5. 某公司於國民七十六年十二月間，以機器一部之成本 $60,000，換入同類機器。已知舊機器之累積折舊為$40,000；新機器之公平市價$24,000，另收入現金$8,000。該公司於民國七十六年十二月三十一日之會計年度終了日，應認定損益若干？

(a) $0　　　　　(c) $5,000

(b) $3,000　　　(d) $8,000

6. 某公司於民國七十二年一月一日，購入機器一部之成本$200,000，預計可使用10年，無殘值，按直線法提列折舊。侯民國七十六年，該公司認為該項機器如繼續使用，已不符經濟原則，乃決定於民國七十七年元月初，予以廢棄，估計另將發生處分成本$5,000，民國七十六年度，該公司在損益表內應列報何項費用或損失？各項費用或損失之金額為若干？

	折舊費用	資產處分損失
(a)	─0─	$125,000
(b)	$20,000	$100,000
(c)	$20,000	$105,000
(d)	$120,000	$　5,000

7. 某礦業公司於民國七十六年元月，購入礦山一座之成本$3,400,000，預計可生產煤礦4,000,000噸；礦產經開採完了後，尚餘殘值 $200,000；另支付開發成本$800,000。七十六年度實際開採 400,000噸，則當年度應折耗若干？

(a) $375,000　　　(c) $400,000

(b) $393,750　　　(d) $420,000

8. 某機械公司於民國七十一年度，為一項發明而耗用研究及發展成本$176,000；此項發明於民國七十二年元月二日，正式向政府申請專利，僅記錄象徵性之登記成本。該項專利權之法定年限為17年，惟公司當局估計僅可使用 8 年。侯民國七十六年元月初，該公司為保護該項專利權另支付 $16,000之訴訟費用，獲得勝訴。該公司於民國七十六年度，對於專利權應攤銷之數額為若干？

(a) $ 0　　　　　(c) $4,000

　（b）　$1,231　　　　　（d）　$26,000

9. 某公司民國七十六年度發生下列各項研究及發展成本:

提供研究及發展計畫所使用之設備	$1,000,000
上項設備之折舊費用	150,000
耗用材料	200,000
研究人員之薪資	500,000
外界諮詢及顧問費	100,000
間接分攤成本	250,000

民國七十六年度逕列為費用之研究及發展成本，應為若干?

　（a）　$650,000　　　（c）　$1,200,000

　（b）　$900,000　　　（d）　$1,800,000

10. 某公司成立於民國七十五年十二月三十一日，並於七十六年一月一日正式營業。籌備期間，曾發生下列各項費用:

設立公司之律師費及法定規費	$　4,000
租用辦公室之改良成本	7,000
召開發起人會議及創立會之各項費用	5,000
	$　16,000

已知該公司係按無形資產攤銷之最高年限，以攤銷其開辦費。民國七十六年十二月三十一日截止之會計年度終了日，該公司為財務報表之目的，對於開辦費之攤銷額應為:

　（a）　$225　　　　（c）　$1,800

　（b）　$400　　　　（d）　$3,200

練　　習

E 13-1　試用「√」符號，填入下列適當之空欄內:

資　產　總　額	須　攤　提　者			不須攤提者
	攤　銷	折　舊	折　耗	
(a)土　　　　地				
(b)專　利　權				
(c)房　　　　屋				
(d)油　　　　井				
(e)商　　　　標				
(f)商　　　　譽				
(g)租　賃　權　益				
(h)研究及發展成本				
(i)版　　　　權				
(j)租　賃　改　良				
(k)森　　　　林				
(l)工　　　　具				
(m)開　辦　費				
(n)現　　　　金				
(o)機　　　　器				
(p)廠房及設備資產				

E 13-2 金信公司於76年1月2日，以現金 $80,000向外購入專利權，俾使用於專利品的製造業務；取得專利權後之法定年數為10年。

78年3月1日，另有他公司冒用該項專利權，金信公司為保護其專利權，乃委託律師訴諸法律，計支付律師費 $45,000。78年12月底，金信公司於攤銷專利權時，估計該項專利權的有效期間僅剩下5年（包括78年度）。

試就上列資料，記載專利權的有關分錄。

E 13-3 金城公司購入煤礦一處，購價 $6,000,000，另支付探勘費及測量費等 $1,500,000。估計煤礦總儲藏量為20,000噸，每噸售價$1,200，每噸開採成本$450（不包括折耗）及銷管成本 $75。已知該公司76年度共開採煤礦4,000噸，已出售80%。

試求：

（a）記載76年有關遞耗資產之分錄。

（b）列示76年度損益表。

E 13-4 金鼎公司七十六年底帳面淨資產為$200,000，該行業之正常報酬率為8%。另悉該公司最近五年之淨利如下：

年　度	淨　利
72	$　20,000
73	21,000
74	22,000
75	25,000
76	22,000
合　計	$ 110,000
平　均	$　22,000

試按下列各種標準計算該公司的商譽價值：

（1）按最近三年的超額利潤購買。

（2）按最近五年平均超額利潤購買四年份。

（3）按最近五年平均利潤資本化減資產後之餘額購買。

（4）按最近五年平均超額利潤資本化購買，設約定平均超額利潤報酬率
　　爲30％。

習　題

P 13-1　金山公司經營有年，業績甚佳，茲因股東另有他圖，擬轉讓給銀海公司。雙方訂於76年12月31日為轉讓日，當時該公司之資產負債表如下：

金　山　公　司

資　產　負　債　表

76年12月31日

流動資產		$1,000,000	負債		$1,000,000
廠房及設備資產	$4,000,000		股本	$2,500,000	
減：累積折舊	1,000,000	3,000,000	保留盈餘	500,000	3,000,000
合　計		$4,000,000	合　計		$4,000,000

已知該公司最近五年來平均淨利為 $400,000。雙方同意按經常報酬率10%為計算商譽的標準，惟對於廠房及設備資產折舊之計算，雙方各持不同的意見。已知廠房及設備資產係於五年前購入，估計無殘值，金山公司按20年提列折舊，惟銀海公司認為應按16年提列。

試求：請按兩家公司不同意見，依超額利潤資本化法計算商譽的價值，設資本化比率為20%。

P 13-2　金星公司購入礦山一座，支付現金 $6,300,000，估計總儲藏量 10,000噸。為開發該項礦產，另支付開山費 $500,000。又建造工房一間，計耗用成本 $150,000，無殘值，估計可使用10年。此外，另建築鐵路，以利運輸，計支付 $100,000，經估計全部礦產開採完畢後，該項鐵路之殘值計 $20,000。

三年來該公司產銷的情形如下：

	開採數量	開採成本（折耗除外）	銷貨數量	銷管費用
第一年	1,500噸	$150,000	$1,200噸	$60,000
第二年	1,400噸	140,000	1,200噸	65,000
第三年	1,200噸	120,000	1,000噸	55,000

已知每噸礦產售價爲$1,200。

試編製該公司最近三年度之損益表。

P 13-3　金華公司於74年初開始研究，尋求降低成本的生產方法，支付研究成本 $100,000。75年度又支付$200,000，並於該年度10月底研製成功，旋於 76年1月3日向政府申請專利權，支付申請費用$6,000。該公司董事會 決定專利權按15年攤銷之。

76年8月8日，另有他公司曾侵犯金華公司的專利權，該公司爲保護其 權利，於76年度支付費用 $20,000。 77年1月至3月底又發生法律費 用$9,000。3月底雙方律師辯論終結，經法院宣判金華公司勝訴。

設金華公司的結帳日爲每年6月30日。

試列示76、77年度6月30日專利權之攤銷分錄，並計算專利權之帳面價 值。

P 13-4　金蓮公司向外購入大理石礦山一座，耗用成本$2,000,000，估計大理石 之總儲藏量爲 100,000噸。礦產開發之前，該公司耗用下列各項支出：

探勘費‥‥‥‥‥‥‥‥‥‥‥‥‥‥‥‥‥‥‥‥‥‥‥$168,000

登記費‥‥‥‥‥‥‥‥‥‥‥‥‥‥‥‥‥‥‥‥‥‥‥ 20,000

測量費‥‥‥‥‥‥‥‥‥‥‥‥‥‥‥‥‥‥‥‥‥‥‥ 56,000

開山築路費‥‥‥‥‥‥‥‥‥‥‥‥‥‥‥‥‥‥‥‥‥ 356,000

該公司估計所有礦產開發完了後，尚有殘值$400,000，惟經開發後之礦 山，尚須加以剷平與整理，以符合政府有關礦山安全之規定，預計此項 整理費用及出售殘值之必要銷售費用共計$200,000。

試求：

（a）　假定七十六年度開發大理石 9,000噸，應攤折耗總額爲若干？

（b） 假定除折耗以外之開採成本每噸為$10.00，並假定於七十六年度已開發之產品中，計有40％尚未出售，其餘均已出售。試分攤折耗及開採成本於已售產品及未售產品。

P 13-5 金寶玩具公司成立於民國七十六年初，至七十六年十二月三十一日，由於會計人員缺乏經驗， 該公司總經理特聘請臺端審查帳目， 經詳細審查後，臺端發現該公司會計人員將所有下列各項均列入單一之「無形資產」帳戶：

借方分錄：

一月二日	委託律師辦理公司成立之律師費…………	$ 16,000
一月二日	股票發行及印刷費用……………………	12,000
一月三日	公司成立規費………………………	10,000
三月一日	第一年度大宗廣告費………………	50,000
七月一日	第一年度上半年營業損失，會計人員將其資本化，列為商譽……………………	24,400
八月一日	預計未來具有超額利潤，將其列為商譽（借記無形資產，貸記保留盈餘）…………	100,000
九月十五日	建立電腦處理系統之費用，將於76年10月份起按四年分攤……………………	18,000
十一月一日	向外購入專利權，取得後法定享有之使用年數為 4 年……………………	48,000
		$278,400

貸方分錄：

一月十三日	股票發行溢價……………………………	$ 60,000

假定所有項目均未攤銷， 又開辦費之攤銷期限為五年。

試求：

（a） 以分錄方式改正上列各項記錄。

（b） 列示資產負債表有關無形資產的部份。

P 13-6　金記公司擬購買銀河公司。有關銀河公司之資料如下：

淨資產（業主權益）……………………………………………………$500,000

資產總額－最近資產負債表……………………………… 800,000

最近三年淨利($100,000+$92,000

$\qquad$ +$108,000)……………………………… 300,000

最近三年發放現金股利………………………………… 80,000

　　銀河公司擁有一項頗具價值的專利權，未曾記入帳上，如公司轉讓時，金記公司應另支付$100,000。已知其享有之法定年數尚餘五年，其他各項資產之評價尚稱合理。

　　預計未來四年平均利潤將超過上列最近三年平均利潤率達10％（指未攤銷專利權前之淨利）。

　　試按下列各種方法，計算銀河公司的商譽價值：

（a）　預計未來四年平均利潤按 12％ 資本化，再減資產後餘額列為商譽。

（b）　預計於未來四年內，超額利潤予以資本化（假定正常利潤率為11％，超額利潤按20％資本化）。

（c）　預計於未來四年內，平均超額利潤按四年度購買。

第十四章　流動負債

　　負債乃一企業由於過去或現在的交易事項所產生的義務，其數額業已確定，或可經由合理的方法予以預計，並須於將來以資產或提供勞務償還的一種經濟負擔。

　　負債一般可分為流動負債、長期負債及或有負債等。本章將先討論流動負債及或有負債，至於長期負債則留待第十八章再予探討。

14-1　流動負債及長期負債的劃分

　　在傳統會計上，對於流動負債及長期負債的劃分，一般均以「一年」的償還期限，為分界線。換言之，凡於編製資產負債表日後一年內到期的債務，列為流動負債，其超過一年以上者，則列為長期負債。

　　然而，上項以「一年」的償還期限為劃分流動負債及長期負債的分界線，在若干情況下，往往不切實際；因此，美國會計師協會所屬之會計原則委員會於1953年在第42號公報內，另提出修正意見，認為應以「一年或一個正常營業週期孰長期間」為劃分流動與非流動之分界線。申言之，凡在一年或一個正常營業週期孰長之期間內，必須以流動資產償還，或另產生其他新流動負債者，均屬於流動負債；反之，如一項債務於超過一年或一個正常營業週期孰長之期間，始須償還者，則歸屬於長期負債的範圍。

　　稱正常營業週期（normal operating cycle）者，謂一企業自投

入現金，購買存貨，再將存貨出售而轉換爲應收帳款，最後將應收帳款收回而轉換爲現金型態，其間所須經過的正常時間。茲以圖形列示如下：

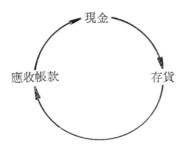

　　營業週期的長短，隨企業的性質而有所不同，上述係就一般買賣業而言，倘爲製造業的情形，其過程當更爲複雜，營業週期自然要長些。蓋製造業以現金購買材料及雇用工人，經過製造程序後，始能轉換爲產品存貨，再將產品存貨變賣而轉換爲應收帳款，最後再將應收帳款收回而轉換爲現金，其間須經過漫長的時間。若干重型之製造業如鋼鐵業，其正常營業週期，往往超過一年以上；遇此情形，由於該項企業之正常營業週期大於一年，應放棄以一年爲劃分流動負債與長期負債的分界線，改按正常營業週期爲其分水嶺。

14-2　流動負債的評價

　　流動負債依其發生之緣由，一般可分類如次頁：

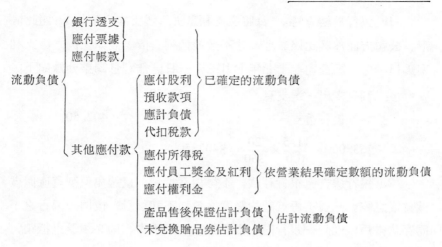

一、銀行透支

　　所謂銀行透支（bank overdraft），係指存戶與銀行訂立透支契約，約定客戶於超過存款額後，得於一定額度之範圍內，仍可繼續簽發支票，向銀行提取款項。銀行透支的期限很短，故屬流動負債。

　　設某公司一向與銀行往來情形良好，雙方簽訂透支契約之額度為 $80,000 。民國七十七年七月十二日該公司的銀行存款額僅為 $20,000，惟因急需支付某客戶的應付帳款，乃於當日另簽發支票乙紙計 $83,000，以超過銀行存款餘額向銀行透支。該公司於發生銀行透支時，應分錄如下：

應付帳款	83,000	
銀行存款		20,000
銀行透支		63,000

　　上項銀行透支 $63,000，並未超過雙方所約定的透支額度（$80,000），故銀行仍然照付不誤。

　　關於銀行透支之會計處理，會計人員應注意者，約有下列三點：

1. 銀行於結算時， 每將透支利息併入透支本金項下； 遇此情形，公司方面亦應比照辦理，才不致於低列負債。設如上例之透支利率為11.5%，該公司七十七年七月三十一日應作利息調整分錄如下：

利息支出－透支息　　　　　402.50

　　銀行透支　　　　　　　　　　　　402.50

$$\$63,000 \times \frac{11.5}{100} \times \frac{20}{360} = \$402.50$$

2. 銀行透支與銀行存款，不得相互抵銷，以避免低列資產與虛減負債之弊。此項不得抵銷的範圍，包括不同銀行，或同一銀行之不同存款帳戶；惟同一銀行同一帳戶的存款與透支，則必須予以抵銷，抵銷後有存款即無透支，有透支即無存款。

3. 銀行透支如另須提供抵押品時，應在資產負債表內以附註方式註明。

二、應付票據

應付票據（notes payable）係指企業因購入商品或獲得勞務所產生的未付款項，而簽發給債權人的一種書面憑證，允於未來某一特定日支付對方一定金額的信用工具。上項支付之特定日如在一年或一個正常營業週期孰長之期間內，則屬於流動負債的範圍。

應付票據發生的原因很多，諸如簽發票據向銀行請求借款、應付帳款到期簽發票據抵付、或向外購買各項廠房及設備資產時所簽發的票據等，均將發生應付票據。

凡附有利息之應付票據， 每逢期末時， 應調整已發生的應計利息，予以列入應付利息帳戶。利息之計算公式如下：

$$I = P \times i \times t$$

$$I = 利息（Interest）$$

P＝本金 (Principal)

i ＝利率 (Interest rate)

t ＝期間 (Time)

1. 利息於到期時一次支付：

設某公司於民國七十六年十一月一日簽發六個月期 8 ％之應付票據乙紙計 \$30,000，向銀行請求借款，利息於票據到期時連同本金一併支付。

（a）七十六年十一月一日，應分錄如下：

現金　　　　　　　　　　30,000

　　應付票據　　　　　　　　　　　30,000

（b）七十六年十二月卅一日，有二個月之應付利息應作調整分錄如下：

利息支出　　　　　　　　400

　　應付利息　　　　　　　　　　　400

\$30,000× 8 ％×2/12＝\$400

（c）七十七年五月一日，票據到期本息一併付清，應作分錄如下：

應付票據　　　　　　　　30,000

應付利息　　　　　　　　400

利息支出　　　　　　　　800

　　現金　　　　　　　　　　　　31,200

\$30,000× 8 ％×4/12＝\$800

2. 利息預先扣除：

上列應付票據之利息，係於票據到期時與本金一併支付的情形。另一種方式，係應付票據之利息，於票據簽發時，即自借款中扣除，此稱為應付票據折價 (discount on notes payable)。設如上例，某

公司於民國七十六年十一月一日，簽發六個月期 8 ％應付票據乙紙計 $30,000， 向銀行申請借款，利息於票據簽發時即自借款中一次預先扣除。

(a) 七十六年十一月一日，應分錄如下：

現金	28,800	
應付票據折價	1,200	
應付票據		30,000

$30,000 \times 8 ％ \times 6/12 = \$1,200$

(b) 七十六年十二月卅一日，應作調整分錄如下：

利息支出	400	
應付票據折價		400

$30,000 \times 8 ％ \times 2/12 = \$400$

上項應付票據折價為應付票據的抵銷帳戶，於七十六年十二月卅一日尚有餘額 $800 ($1,200 − $400)，應在資產負債表上，列為應付票據的抵減項目。

其表示方法如下：

流動負債：

應付票據	$30,000	
減：應付票據折價	800	$29,200

(c) 七十六年五月一日，票據到期支付現金時，應分錄如下：

利息支出	800	
應付票據折價		800
應付票據	30,000	
現金		30,000

3. 全部借款利息於借款時，一次加入本金，由借款人開出本利和之應付票據給銀行作抵；方式雖不同，會計處理方法則一致。茲仍

以上述爲例，列示其借款時之分錄如下：

現金	30,000	
應付票據折價	1,200	
應付票據		31,200

其餘之會計處理方法則與上述完全相同，故不再贅述。

此外，應付票據往往需另提供擔保品；有關擔保品之資料，應於財務報表內以附註方式揭露之。

三、應付帳款

應付帳款係指企業於正常營業過程中，因購入商品或獲得勞務所發生之債務，必須於一年或一個正常營業週期孰長之期間內償還，且未簽發票據者，均屬之。

凡非由於經常性營業所發生之債務，例如應付員工款項、應付股東或合夥人款項、應付關係企業款項等，均應予以分開列示，或列爲其他應付款，不得包括於應付帳款項下。

若干企業往往採用應付憑單制度 (voucher payable system)，此時，應付憑單帳戶即取代應付帳款的地位。

對於應付帳款之會計處理方法，應注意者有下列三點：

1. 每逢期末時，應審查實際所收到賒購的貨品，是否與帳上所記錄的負債相等。如遇有貨品已收到並已包括於期末存貨之內，惟賣方因仍未將發票寄來，致期末時仍未列帳；遇此情形，應予補記，以符實際。

2. 企業於購入商品時，對於進貨折扣常採用淨額法列帳。如由於某種原因，致喪失進貨折扣之有利條件，且於期末仍未付款時，應予調整。

3. 應付帳款如發生借差 (debit balance) 時，應將其列入應收

帳款項下，不應任其留存應付帳款項下，致發生相互抵銷的情形。

此外，對於應付帳款與應收帳款的現金折扣 (cash discount) 問題，在會計處理上亦大不相同。蓋現金折扣之能否取得，主要決定於買方，而賣方甚少能控制者。一般言之，現金折扣之取得，對於買方而言，其利莫大焉！

設某公司向外購入產品$10,000，付款條件為 2/10，N/30。如買方於十天內付款時，可以取得$200（$10,000×2/100）的付現折扣；倘由於某種原因，買方未能於十天內付款時，則須支付 $10,000，多付$200即代表二十天的利息費用；須知此項二十天的利息費用，其利率竟高達36%，計算如下：

$$I = P \times i \times t$$
$$\$200 = \$10,000 \times i \times 20/360$$
$$i = 36\%$$

因此，對於付現折扣之取得，除非有不得已原因，否則買方決不輕易失去機會，蓋付現折扣不但在財務政策上，懸為努力爭取的目標，而且視為財務管理上重要的一個項目。

對於進貨折扣的帳務處理，在會計處理上有總額法與淨額法之分，茲分別說明如下：

1. 總額法 (gross price method)：此法係將存貨（或進貨）及應付帳款均按總額列帳，俟實際取得付現折扣時，再當為財務收入或其他收入。茲仍根據上列，列示總額法之帳務處理如下：

（1）購入時：

存貨（或進貨）	10,000	
應付帳款		10,000

（2）十天內付款時：

應付帳款	10,000	

現金		9,800
進貨折扣		200

上列進貨折扣列爲進貨成本之抵減項目。

(3) 如未於十天內付款時：

應付帳款	10,000	
現金		10,000

2. 淨額法(net price method)：此法係指存貨(或進貨)及應付帳款均按已減除現金折扣後之淨額列帳，倘若因某種原因，致未能於折扣期限內付款時，則將未取得的付現折扣，當爲進貨折扣損(喪)失 (purchase discount lost)，並列報於損益表之其他費用或財務費用項下。

茲仍根據上例，列示淨額法的帳務處理如下：

(1) 購入時：

存貨 (或進貨)	9,800	
應付帳款		9,800

(2) 如十天內付款時：

應付帳款	9,800	
現金		9,800

(3) 如未能於十天內付款時：

應付帳款	9,800	
進貨折扣損失	200	
現金		10,000

上述二種方法，以採用淨額法較爲合理，蓋總額法如期末未調整可能發生之進貨折扣，必將導致虛增存貨及應付帳款之弊，況且就管理上而言，總額法也忽略了極具參考價值的進貨折扣損失項目；故就理論上而言，似應採用淨額法爲宜。惟就實務上言之，一般採用淨額

法者，反不如總額法之普遍矣！

有關應付帳款的帳務處理，會計人員應予注意者，尚有下列二點：

其一，每屆期末結算日，應審查有無按起運點交貨條件(F. O. B. shipping point)，而貨物業已運出者，如遇有此種情形，應將貨款列入應付帳款項下，不得遺漏。其分錄如下：

<blockquote>
存貨（或進貨） ×××
   應付帳款   ×××
</blockquote>

其二，凡於期末結算日，應付帳款明細分類帳各客戶中，如發生借差時，應以應付帳款借差 (debit balances of accounts payable) 科目列帳，並列報於資產負債表之流動資產項下，不可任其留存應付帳款項下，致發生資產與負債相互抵銷的現象。

以上三項負債，均屬於已確定的流動負債。

四、其他應付款

1. 已確定的其他應付款

(1) 應付股利

公司董事會於正式公告發放現金或財產股利時，該項應付股利即成為公司的債務。

公司董事會於公告發放股利時，其會計分錄如下：

<blockquote>
股利   ×××
   應付股利   ×××
</blockquote>

上列股利帳戶為保留盈餘的抵銷帳戶，其沖轉分錄如下：

<blockquote>
保留盈餘   ×××
   股利   ×××
</blockquote>

股利發放時應分錄如次頁：

應付股利 　　　　　　　　　×××
　　現金 　　　　　　　　　　　　　×××

股利並非損益項目， 無應計之情況發生； 故未公告的股利， 並非爲公司的債務。 然而對於可累積之特別股積欠股利 (dividends in arrears)，應於財務報表內，以附註或括弧方式揭露之。

若干公司往往於缺乏資金之際，簽發附有利息之期票，用以支付股利， 對於期票所發生之應計利息， 應於期末時， 以應付利息表達之。

股票股利 (stock dividends) 係就公司的保留盈餘加以資本化，並非公司的負債。

(2) 預收款項

預收款項係企業預先收入款項，並未付給商品，或提供勞務的經濟負擔。 前者屬於預收貨款 (advance from customers)，後者則爲預收收入 (revenues received in advance) ， 諸如預收利息、預收租金及預收佣金等。

預收款項含有未實現的利益因素在內，必須於責任履行後，才算實現。因此，預收款項既係一種未實現的未來收入，自應屬於負債的範圍。

(3) 應計負債

應計負債係指企業因過去契約之承諾，或稅務法令之規定而發生的債務，例如應付薪資、應付租金、應付利息及應付稅捐等，故一般又稱爲應付費用 (accrued expenses)。

在權責發生基礎之下，企業爲達成收入費用之適當配合，對於各項截至期末爲止已發生的應付費用，應予認定，並列報於發生年度之資產負債表內。

應計負債的種類繁多，性質不一，故一般均按各項費用的性質，

分別設置帳戶記載之，以利辨別。

(4) 代扣稅款

根據稅法或有關法令的規定，企業負有代扣稅款（withholding）的義務。例如我國所得稅第九十二條規定：「各類所得稅之扣繳義務人，應於每月十日前將上一月內所扣稅款向國庫繳清，並於每年一月底前將上一年內扣繳各納稅義務人之稅款數額，開具扣繳憑單，彙報該管稽徵機關查核」。又勞工保險條例第十九條規定：「產業工人及交通、公用事業工人、公司行號員工、機關、學校之技工、司機、工友及有一定雇主之職業工人之保險費，每月繳納一次，由廠礦事業及雇主負責扣繳，並須於次月底前負責繳納」。

根據美國法令的規定，企業代扣稅款之範圍更為廣泛，包括代扣所得稅、聯邦政府社會安全稅、勞工傷害賠償保險稅、銷貨稅（sales tax）及使用稅（use tax）等。

代扣稅款的負擔，一般有下列三種不同的情形：

(a) 由員工單獨負擔，雇主僅負責代扣義務者；例如薪資所得稅。

(b) 由員工與雇主共同負擔者；例如我國之勞工保險費，由被保險人（員工）負擔百分之二十，雇主負擔百分之八十。又如美國聯邦政府社會安全稅、員工健康及意外保險稅等，由員工與雇主平均分攤。

(c) 由雇主單獨負擔者；例如美國聯邦政府失業保險稅、州政府失業保險稅及勞工傷害賠償保險稅等。

基於上列稅法或有關法令的規定，企業所有各項代扣稅款，而於期末仍未繳庫的部份，均應列入流動負債項下。

2. 依營業結果確定數額的流動負債

(1) 應付所得稅

　　我國所得稅法規定：「凡在中華民國境內經營之營利事業，應依本法規定，課徵營利事業所得稅」。「營利事業包括公營、私營或公私合營之獨資、合夥、公司等所得稅數額，須經政府稅捐機關審核始能確定，惟此項審核日期，必在年度結束後」。因此，僅知此項負債必將發生，非等到會計年度終了後，無法核算其數額；即使根據期末時的淨利數字預計所得稅數額，仍必須經稅捐稽徵機關核定後始能確定。

　　所得稅係以企業本年度收入總額，減除各項成本費用、損失及稅捐後之純益為課徵標的。故就我國情形，所得稅的課徵，實為盈餘分配項目之一，應列入盈餘分配項下。

　　設某公司預計七十六年度稅前淨利為$1,000,000，應付估計所得稅為$290,000。期末時預估當年度所得稅分錄如下：

　　　備繳所得稅　　　　　　　　29,000

　　　　應付估計所得稅　　　　　　　　　29,000

　　「應付估計所得稅」應於下年度之期初支付之，故於本年度期末時，列入流動負債項下，至於「備繳所得稅」帳戶，則屬於盈餘分配項目，列入當年度盈餘分配表項下。

　　就美國的情形，所得稅分為公司所得稅（corporation income tax）與個人所得稅（individual income tax）兩種；公司所得稅當為費用項目之一，應列入損益表項下。至於獨資及合夥企業，則無須課徵所得稅。因此，獨資及合夥企業之資產負債表內，沒有應付所得稅負債存在。資本主或合夥人自獨資或合夥企業分配所得的利益，應加入個人所得內，課徵個人綜合所得稅。故就美國的情形，公司企業於年度終了時，應根據當年度之稅前淨利計算所得稅，並分錄如下：

　　　所得稅（費用）　　　　　　×××

　　　　應付所得稅　　　　　　　　　　×××

　　企業每年度所得稅結算申報必須呈送政府稅捐機關審核確定，如申報數與核定數不符時，其差額應列為以前年度調整（prior period adjustment），並列報於調整年度之報表內。

　　(2) 應付員工獎金及紅利

　　企業常於正常薪資之外，另訂有員工獎金及紅利的辦法。此項獎金及紅利，本質上如屬於員工的報酬，應作為營業費用處理。根據美國聯邦所得稅法規定，企業發放員工獎金及紅利，可作為所得抵減項目。就我國情形，一般企業所發放的員工獎金，項目繁多，包括員工效率獎金、不休假獎金、考績獎金及年終獎金等；凡於公司章程內訂明，或經股東會決議，並按一定的標準發放，純屬薪資性質者，可視同員工之報酬，應併入薪資支出處理。然而，如獎金之發放，純以企業獲利與否而定奪時，則屬於員工分紅性質，應予認定為盈餘分配項目之一。

　　應付員工獎金及紅利的計算方法，各公司不盡相同，胥視有關法令、規章、公司政策、雇用契約等各項因素而定。一般常用的計算標準有下列三種：(1) 總營業收入百分率；(2) 銷貨收入百分率；(3) 淨利百分率。就實務上而言，以採用淨利百分率者居多。惟淨利究竟係指扣除所得稅前及獎金前的淨利？抑或扣除所得稅後及獎金後的淨利？事先應有明確的規定。

　　設某公司課稅前及獎金前之淨利為$400,000，所得稅率25%，獎金10%。

　　情況一，假定獎金係按稅後而未扣除獎金前之淨利為準。茲以 B 代表獎金，T 代表所得稅，則獎金之計算如下：

$$B = (\$400,000 - T) \times 10\%$$
$$T = (\$400,000 - B) \times 25\%$$

得： $B = [\$400,000 - (\$400,000 - B) \times 25\%] \times 10\%$

$$B = [\$400,000 - (\$100,000 - 25\% B)] \times 10\%$$

$$B = \$40,000 - \$10,000 + 2.5\% B$$

$$B - 2.5\% B = \$30,000$$

$$97.5\% B = \$30,000$$

$$B = \$30,769.23$$

$$T = (\$400,000 - \$30,769.23) \times 25\%$$

$$= \$92,307.69$$

情況二，獎金按課稅後及獎金後之淨利爲準。

則　　$B = (\$400,000 - B - T) \times 10\%$

$$T = (\$400,000 - B) \times 25\%$$

$$B = [\$400,000 - B - (\$400,000 - B) \times 25\%] \times 10\%$$

$$B = [\$400,000 - B - \$100,000 + 25\% B] \times 10\%$$

$$B = [\$300,000 - 75\% B] \times 10\%$$

$$B = \$30,000 - 7.5\% B$$

$$107.5\% B = \$30,000$$

$$B = \$27,906.97$$

$$T = (\$400,000 - \$27,906.97) \times 25\%$$

$$T = \$93,023.25$$

　　茲分別按照上列二種情況，列示期末時所得稅及獎金之預計分錄如下：

	情　況　一		情　況　二	
預計所得稅：				
所得稅（費用）	92,307.69		93,023.25	
應付估計所得稅		92,307.69		93,023.25
預計員工獎金：				
員工獎金（費用）	30,769.23		27,906.97	
應付估計員工獎金		30,769.23		27,906.97

上列「所得稅」及「員工獎金」，係指美國的情形，屬於費用科目性質，均應列入當年度損益表項下。如就我國的情形，一般公司得以章程訂明，或經股東會決議，於每屆營業年度終了有盈餘時，按某一定標準，就盈餘中提撥一部份，充為員工獎金，此項獎金如規定以當期損益為計算之基準時，可比照上述情況分別適用之。但獎金如屬於員工分紅性質，則為盈餘分配項目之一，應借記「本期損益」或「保留盈餘」，貸記「應付估計員工獎金」；前者列入盈餘分配表項下，後者屬於流動負債性質，應列入當年度資產負債表內。又根據所得稅法之規定，各項員工獎金，包括員工效率獎金、不休假獎金、考績獎金及年終獎金等，係屬薪資範圍，視同工作上之報酬，當為薪資費用處理，其計算方法胥視各企業之不同情形而定，與上述員工分紅的性質，迥然不同。

(3) 應付權利金

所謂權利金 (royalities) 係指企業使用他人的各項權利、秘方、或專門技術等所支付的報酬。應付權利金也如同員工獎金一樣，可按生產量、銷售量、銷貨收入、淨利或其他適當的標準加以計算。

凡所支付的權利金與生產技術有關時，應列為製造費用，屬於產品成本之一；俟產品銷售後，再轉入銷貨成本。如所支付的權利金，在於使用其他公司的商標權，則應列為營業費用。應付權利金通常須於短期內支付，故應列入流動負債項下。

3. 估計流動負債

(1) 產品售後保證估計負債

企業往往於出售產品時，向顧客提出書面保證或口頭承諾，允於未來某一特定期間內，提供售後服務，例如對於產品因瑕疵所造成的損壞，負責免費整修、更換零件、或提供其他必要之服務等，不但可增進顧客對公司服務的信心，而且能為第二次交易鋪路。

產品售後服務保證，係基於銷貨而發生，在自由競爭的經濟社會中，屬於營業上不可缺少的一項售後成本，必須於營業期間內予以認定，才能達到收入與費用適當配合的目標。

對於產品售後服務保證的會計處理方法有二：第一法，在銷貨或年終時，即予估計產品售後服務的保證費用，並分錄如下：

產品售後服務費用　　　　　×××

　　產品售後保證估計負債　　　　　　×××

實際發生產品售後保證費用時，應分錄如下：

產品售後保證估計負債　　×××

　　現金、零件或人工成本等　　　　×××

期末時，應仔細審查產品售後保證估計負債的餘額，並作必要之調整，俾能正確反映對顧客尚未履行的保證義務。

第二法，在銷貨或年終時，不預估產品售後服務之保證費用，僅於實際費用發生時，逕列入費用帳戶。其分錄如下：

產品售後服務費用　　　　×××

　　現金、零件或人工成本　　　　×××

不論我國或美國之所得稅法，均規定以實際發生的費用為準，不得採用第一法。然而，財務會計準則委員會認為，如產品售後保證估計負債之金額頗大時，不得以稅法規定，或將來發生費用之數額不確定為理由，而未予列報產品售後保證估計負債；故該委員會極力主張採用第一法。

(2) 未兌換贈品券估計負債

企業為促進產品之銷售，往往對外宣佈，凡購買其商品者，即予贈送可兌換獎品之贈品券，例如獎品券、點券、拼圖贈券、附獎印花或其他可兌換贈品之標籤、瓶蓋、空盒、包裝物等。贈品的種類繁多，包括銀器、器皿、玩具、廚房用器、文具等；在若干情況下，甚

至於贈送獎金。

此外，若干公司也發行代用券、禮券、代用銅牌等，允於某一特定日後履行調換貨品或提供勞務的義務。例如餐廳發行的餐券、汽車行或加油站發行的票券、運輸公司發行的乘車代用券等，不一而足。

贈品券一旦贈送顧客後，即成為發行公司的未來債務。然而並非所有客戶都會履行此項權利。因此，在會計年度終了時，對於已發行在外，而未兌換的贈品券估計負債，須予合理估計，俾正確反映此項債務的數額。向外購入以備贈送顧客的贈品成本，屬於公司的推銷費用，為必要的營業成本之一。

贈品券估計負債數額，每年均可能發生變化。如實際支付數與估計數不符時，必須加以調整，並變更未來的估計比率。贈品券估計負債之變更，屬於會計估計的變更，僅於發現年度或續後年度變更即可，不作追溯既往的調整。

14-3 或有事項的處理

所謂或有事項，根據美國財務會計準則委員會（FASB）的解釋：「或有事項乃指一項既存的狀態、情況、或事實，能使企業產生不確定之可能利益（或有利益）與可能損失（或有損失），必須等待未來事件之發生或不發生，始能確定者；當不確定之或有利益一旦解決之後，通常將增加資產或減少負債；同理，當不確定之或有損失一旦解決之後，亦將減少資產或增加負債」。由此可知，或有事項實具有下列三個要件：（1）由於過去或現在的交易事項、法令、契約、承諾或慣例等所產生的一種既存事實，（2）最後結果尚未確定，（3）發生與否胥視未來事件而定。

由上述可知，或有事項包括或有利益（ gain contingencies ）與

或有損失兩種，其相對應的項目卽爲或有資產與或有負債。當一項旣存之事實或情況，可能產生或有利益時，例如未決訟案之損害賠償請求權，以及外國政府可能沒收或徵用財產之補償收入，其超過財產帳面價值之部份，均屬於或有利益的性質。財務會計準則委員會指出：凡一項收入未實現之前，不予認定任何收入；故對於或有事項可能產生之或有利益，通常不予記錄於帳上，僅於財務報表內附註說明卽可。

　　因此，對於或有事項，通常係針對或有損失而言，而其相對應的項目卽爲或有負債，吾人將於本節專門討論有關或有負債的會計處理問題。

一　或有負債的意義

　　或有負債 (contingent liability) 係指企業由於過去或現在旣存之事實，以其具有不確定 (uncertainty) 因素存在，是否發生債務，尚有待於未來若干事實之演變而後始能確定者；換言之，凡負債之發生與否，尚在未定之數，有待於未來事件 (future events) 之發生或不發生，才能確定。因此，或有負債是依存於或有事項 (contingency) 的一種債務。

　　由上述可知，或有負債係以過去或現在旣存的事實爲基礎，並非漫無根據之猜測。過去或現在旣存的事實，係基於法令、契約、承諾或慣例等各項前提條件而存在，隱含發生負債之可能性，絕非任意捏造事實。

二　或有負債的會計處理

　　或有負債旣係一種未確定之潛在或有債務，故對於或有負債的會計處理方法，原則上應以將來發生之可能性程度來決定。

測定或有負債發生之可能性或確定性程度，根據財務會計準則委員會的意見，分爲下列三項不同的可能性：

1. 甚有可能 (probable)：未來事項甚有可能（或甚不可能）發生。

2. 有可能 (reasonably possible)：未來事項發生（或不發生）之可能性遜於上述（1）之情形者。

3. 略有可能 (remote)：未來事項發生（或不發生）之可能性甚微。

根據財務會計準則委員會的意見，凡同時符合下列二個條件者，應將或有損失的數額予以估計後列入帳簿，並報導於財務報表內：

（1）在財務報表發佈之前，已有顯著之跡象表示企業的資產甚有可能會遭受損害，或企業的負債甚有可能會發生。由於此一事實之存在，顯示未來事件甚有可能會發生，並將導致損失的結果。

（2）損失的金額，可合理予以預計者。

倘若或有負債發生之可能性或確定性程度，未能同時符合上述二個條件時，則不予正式列帳，僅在財務報表內附註即可。

根據財務會計準則委員會之意見，或有損失包括下列各項：（1）應收款項收回之可能性，（2）產品售後保證責任，（3）企業財產遭受損失的風險，（4）將來可能對其他企業之財產或營業造成損害賠償之風險，（5）冲銷營運資產之損失，（6）財產被沒收之可能性，（7）未決訟案，（8）債務擔保，（9）偶發事件等。

大多數的會計學者都認爲，一般企業的應收帳款發生呆帳，以及產品售後保證責任的或有損失，爲營業上不可避免的費用，必將偶而發生，只是數額多寡的問題，故不屬於或有負債的範圍。至於偶發事件及其他無法合理預計損失的各項風險，如未符合上列或有負債的認定條件時，則不予正式列帳。

流動負債表解

- 流動負債與長期負債的劃分：傳統會計以一年爲劃分流動與長期負債的分界線；此一劃分標準通常均不成問題，惟在少數情況下，往往不切實際。因此，近代會計理論乃主張以「一年或一個正常營業週期孰長期間」爲劃分標準。

- 流動負債的評價
  - 已確定之流動負債
    - 銀行透支
    - 應付票據
    - 應付帳款
    - 應付股利
    - 預收款項
    - 應計負債
    - 代扣稅款
    - （金額已確定）
  - 依營業結果而決定其數額之流動負債
    - 應付所得稅
    - 應付員工獎金及紅利
    - 應付權利金
    - （負債已確實發生）
  - 估計流動負債
    - 產品售後保證估計負債
    - 未兌換贈品券估計負債
    - （金額不確定）

- 或有事項的處理 *
  - 或有負債的意義：乃指企業由於過去或現在既存之事實，因具有不確定因素存在，其是否發生債務，尚有待於未來事實之演變而後始能確定者；故就現階段而言，並非負債。
  - 或有負債的會計處理：或有負債是否列帳，胥視其或有性大小及金額是否可合理預計而定奪焉。如對外債務甚有可能發生，而且損失的金額可合理預計者，應予正式列帳，否則僅將或有事項於財務報表項下備註卽可。
  - （負債發生與否尚未確定）

*不屬於負債，更非流動負債。

問　　題

1. 試述負債的意義。

2. 負債具有那些特性?

3. 流動負債的意義為何?

4. 流動負債與長期負債應如何區別?

5. 何謂總額法? 何謂淨額法? 試就理論上說明何項方法較為合理。

6. 估計負債之性質為何? 試申述之。

7. 遞延收入或預收款項，有時列為流動負債，有時列為長期負債、有時又留存於遞延負債項下，其故何在?

8. 即將於一年內到期的長期負債，在資產負債表上應如何表達?

9. 暫收款與預收款有何區別?

10. 根據現代會計理論與實務，對於遞延負債的分類，有何較為完善的標準?

11. 何謂或有負債?

12. 或有負債具有何項特性?

13. 或有負債的內容有那些?

14. 對於或有負債的會計處理方法，今昔會計理論有何不同?

15. 根據財務會計準則委員會的意見，或有負債在何種情況之下，應改按估計負債處理?

16. 解釋下列各名詞：

    (1) 法定負債 (legal liabilities)與會計負債 (accounting liabilities)

    (2) 估計負債 (estimated liabilities)

    (3) 正常營業週期 (normal operating cycle)

    (4) 現金折扣 (cash discount)

    (5) 應付帳款借差 (debit balance of A/p)

選　擇　題

1. 某公司專門從事於提供「辦公設備維護」之服務，契約為期二年。簽約時所收到之現金，貸記「預收服務收入」，日常所發生之服務費用，借記「契約服務成本」。俟提供服務後，始予認定收入。民國七十六年十二月三十一日，其他有關資料如下：

預收服務收入：76年1月1日	$600,000
簽訂服務契約之現金收入	980,000
已認定之服務收入	860,000
契約服務成本	520,000

    民國七十六年十二月三十一日，該公司應列報「預收服務收入」之金額為若干？

    （a）　$460,000　　　（c）　$490,000

    （b）　$480,000　　　（d）　$720,000

2. 甲公司與乙公司於民國七十六年十二月三十一日，共同簽訂一項契約，允許乙公司使用特許權；雙方約定使用特許權之成本總額為 $50,000，其中$20,000 之原始服務成本，於簽約時一次支付，其餘自七十七年十二月三十一日起，分三年均攤之。所有已繳付之特許權收入，均不再退還，而且，由各種跡象顯示，乙公司不會毀約。簽約時，按隱含利率14％計算三年期間繳付特許權收入之現值 $23,220。甲公司於簽約時，應記錄多少預收特許權收入？

    （a）　$23,220　　　（c）　$43,220

    （b）　$30,000　　　（d）　$50,000

3. 某公司為激勵員工，訂有員工獎金辦法。根據此項辦法，公司總經理每年之獎金，係按淨利超過$200,000部份之10％計算；所稱淨利係指扣除獎金後而未扣除所得稅前之淨利而言。設民國七十六年度，該公司未扣除獎金及所得稅前之淨利為$640,000，所得稅率為40％；試問該公司應給與總經理之獎金為若干？

　　（a）　\$40,000　　　　（c）　\$58,180

　　（b）　\$44,000　　　　（d）　\$64,000

4. 某公司於民國七十五年銷售一項新產品，附有二年之保用期限，約定在保用期限內，產品若有瑕疵或發生故障，負責免費修理或換置零件。根據一般產業界之經驗，該項產品之保修成本如下：

　　出售年度　　　　　　　　　　4％

　　第二年度　　　　　　　　　　6％

新產品於民國七十五年度及七十六年度之銷貨額及實際保修成本如下：

	銷　　貨　　額	實際保修成本
75年度	\$ 500,000	\$ 15,000
76年度	700,000	47,000
	\$1,200,000	\$ 62,000

　　該公司於民國七十六年十二月三十一日之會計年度終了日，應列報產品售後保證估計負債若干？

　　（a）　\$ 0　　　　　（c）　\$42,000

　　（b）　\$16,000　　　（d）　\$58,000

5. 某公司估計產品售後保修費用為每年銷貨淨額之2％。其他有關資料如下：

　　民國七十六年度銷貨淨額　　　　　　　　　\$4,000,000

　　　「產品售後保證估計負債」帳戶之內容：

　　　　75年12月31日貸方餘額　　　　　　　　　\$ 60,000

　　　　76年度實際發生保修費用（借方）　　　　　50,000

　　該公司於記錄七十六年度之售後保修費用以後，其「產品售後保證估計負債」帳戶，在七十六年十二月三十一日之餘額應為若干？

　　（a）　\$10,000　　　（c）　\$80,000

　　（b）　\$70,000　　　（d）　\$90,000

6. 某公司為促銷產品，訂定贈品券辦法，凡購買其產品10單位，並將產品標籤寄回該公司者，將可兌換價值可觀之獎品一件。估計銷貨當中，約有30％將會履行上項兌獎之權利。民國七十六年度之其他有關資料如次頁：

	單　位	金　額
銷　貨	200,000	$1,400,000
購買獎品	3,600	18,000
已兌換獎品	2,800	

民國七十六年十二月三十一日之會計年度終了日，該公司應認定之未兌換贈品券估計負債，應為若干？

（a）　$ 4,000　　　（c）　$18,000

（b）　$16,000　　　（d）　$42,000

7. 某公司之員工，每週工作五天，每二週付薪一次；薪資於屆滿二週之星期五支付，惟加班費則於次一付薪日支付。另悉該公司僅於十二月三十一日之會計年度終了日，記錄其應付薪資。民國七十六年十二月份有關薪資之資料如下：

(1) 最後一次之付薪日為十二月二十六日。

(2) 截至十二月二十六日止二週之加班費為$4,200。

(3) 民國七十六年十二月份剩餘工作天為二十九日、三十日，及三十一日；在此一期間內，未曾加班。

(4) 每二週之正常薪資總額為 $75,000。

　　根據上列資料，計算該公司七十六年十二月三十一日之應付薪資為若干？

（a）　$22,500　　　（c）　$45,000

（b）　$26,700　　　（d）　$49,200

8. 某公司於民國七十六年三月一日被控侵害他人之專利權；根據該公司法律顧問之意見，敗訴之可能性甚大，而且損失的金額，約在 $500,000及900,000之間，最可能之數額，可合理預計為$600,000。根據上列事實，該公司應列計或有損失（相對應為或有負債）：

（a）　$ 0　　　（c）　$600,000

（b）　$500,000　　　（d）　$900,000

9. 某公司擁有一項版權之成本$50,000,已攤銷$40,000，其公平市價$80,000。

民國七十六年元月初，此項版權為他公司所盜用，乃訴諸法律，根據法律顧問之意見，獲得勝訴之可能性甚大。 同年十月間， 法院判決他公司應賠償 $80,000，惟他公司表示不服，乃將上訴。民國七十六年十二月三十一日之會計年度終了日，該公司應列報上項利益若干？

（a） $ 0　　　　　　　（c） $70,000

（b） $10,000　　　　　（d） $80,000

10. 甲公司所擁有之一項專利權，因與乙公司發生糾紛，乃訴諸法律；民國七十五年十二月三十一日，根據法律顧問之意見，甲公司甚有可能敗訴，可合理預計損失賠償額$350,000。甲公司乃於七十五年度，如數帳列損失。俟七十六年十二月三十一日，甲、乙兩家公司按下列條件達成和解協議：（1）甲公司之專利權讓與乙公司；（2）甲公司賠償乙公司損失$200,000。另悉甲公司於和解時，專利權之帳面價值為$ 90,000。上項和解事項將對甲公司之稅前損益發生若干影響？

（a） $ 0　　　　　　　（c） 增加利益 $150,000

（b） 增加利益$60,000　　（d） 減少利益 $290,000

練　　習

E 14-1　試就下列個別情形，指出立人公司民國七十六年十二月三十一日資產負債表上負債的數額各為若干?

（a）　立人公司與某汽車公司共同協議，將於七十七年元月向其購入運貨卡車一輛，價值$480,000。

（b）　立人公司於本年度十二月間，出售商品$200,000，附有售後保證之服務90天，估計此項服務及包修費用為2％。

（c）　立人公司於七十六年十二月三十一日公告現金股利 $60,000，訂於七十七年元月十五日發放。

（d）　立人公司訂有員工獎金辦法，此項獎金係按扣除所得稅後未扣除獎金前淨利之10%計算；已知七十六年度扣除所得稅及獎金前之淨利為$650,000；又假定平均所得稅率為30％。

E 14-2　試計算下列各筆應付票據之到期利息

	票 面 金 額	利　率	到 期 日 數
（a）	$ 40,000	6 %	60
（b）	200,000	8 %	90
（c）	160,000	4‰	180
（d）	100,000	5‰	36

E 14-3　湯氏公司於七十六年十二月一日簽發六個月期、年利率六厘之票據一紙計$100,000，向銀行申請借款，銀行當卽扣除全部利息，剩餘款項付給現金。

試列示:

（a）　民國七十六年十二月一日湯氏公司借入款項之分錄。

（b）　民國七十六年十二月卅一日期末結帳前之調整分錄

（c）　民國七十七年六月一日票據到期日之付款分錄。

（d）　票據到期時之償還分錄。

E 14-4 某公司每年應給與總經理的獎金係按稅後淨利之10%計算，假定獎金應作爲課稅所得的減項；並假設平均稅率爲40%，扣除所得稅及獎金前的淨利爲$800,000。

試求:

（a） 計算所得稅及獎金數額。

（b） 列示所得稅及獎金之分錄。

習　　題

P 14-1 國榮公司民國七十六年十二月三十一日會計記錄包括下列各項:

(1) 短期應付票據⋯⋯⋯⋯⋯⋯⋯⋯⋯⋯⋯⋯⋯⋯⋯⋯$120,000

(2) 應付公司債（每年4月1日分期償還 $50,000）⋯⋯⋯ 400,000

(3) 應付帳款（包括應付董監事酬勞 $40,000,

　　及已抵銷發生借差客戶計$8,000）⋯⋯⋯⋯⋯⋯⋯⋯ 250,000

(4) 應付財產稅⋯⋯⋯⋯⋯⋯⋯⋯⋯⋯⋯⋯⋯⋯⋯⋯⋯ 6,000

(5) 應付股利（面值）: 應於七十七年三月一日發給股票⋯ 60,000

(6) 應付現金股利: 七十七年三月一日發放⋯⋯⋯⋯⋯⋯ 80,000

(7) 長期應付票據（到期值）⋯⋯⋯⋯⋯⋯⋯⋯⋯⋯⋯ 60,000

(8) 應付票據折價（屬於長期應付票據未攤銷部份）⋯⋯⋯ 2,000

　　假定該公司會計年度採曆年制。

試求: 列示上列有關資料在七十六年十二月三十一日資產負債表上的表達方法。

P 14-2 國聯公司於七十六年十月一日向銀行借入現金$108,000, 當卽簽發一年期應付票據一紙, 到期日爲七十七年十月一日。已知該公司之會計年度終了日爲十二月三十一日。假定借款利率爲10%, 並以票據面值計算利息。

試求:

（a） 七十六年十月一日借入時應有之分錄。

（b） 七十六年十二月三十一日調整分錄。

（c） 七十六年十二月三十一日在資產負債表上表達的方法。

（d） 七十七年十月一日償還票據款之分錄。

（e） 此項借款之實際利率（眞實利率）爲若干?

P 14-3 國泰公司七十六年度發生下列交易事項;

(1) 一月十日,向大華公司購入商品$30,000,付款條件: 2/10, N/30。

一月十日，向夢華公司購入商品 $16,000，付款條件：1/10，N/30。已知該公司採用淨額法列帳。

一月十八日，支付大華公司之貨款。

一月三十日，支付夢華公司之貨款。

(2) 四月三十日，向某一即將關閉的製造商購入整批廉價商品，計$96,000，此項現金係由該公司簽發一年期應付票據一紙計$102,000向銀行借來，其差額當為應付票據折價。

(3) 七月 一 日，政府會計年度開始，該公司預計自七十六年七月一日起至七十七年六月三十日止一年期之財產稅為 $24,240。

十一月一日，支付上項財產稅。

(4) 十二月三十一日，該公司計算當年度銷貨總額為$800,000。

14-4 下列為國光公司七十六年十二月三十一日財務狀況的說明資料：

現金一包括：向中央銀行透支$5,000已抵銷；應收員工款項$1,200；應收客戶交來支票乙紙計 $14,000經提出交換後，因對方存款不足被退回，尚包括於現金之內……………$97,600

應收款項一包括：應收票據 $80,000（應收利息$3,200尚未記帳）；應收帳款$310,000（包括未能收回客帳$4,800），備抵壞帳 $5,200。按帳齡分析預計七十六年十二月三十一日之備抵壞帳應為 $16,800，又上列應收票據$ 40,000已向銀行貼現，將於90天內到期……………………… 384,800

存貨一包括：已無價值之損壞品 $27,200

及承銷品 $12,000·················· 240,000

預付款項—包括長期存出保證金 $24,400··············· 50,000

廠房及設備資產—已扣除累積折舊 $58,000··········· 188,000

　　資產總額·································$960,400

流動負債

　　應付票據: 三年內每年到期1/3　$180,000

　　應付帳款: ····························· 140,000

　　應付寄銷人貨款····················· 12,000

　　預計獎品劵負債························· 6,000　$338,000

股本—包括普通股本$480,000, 庫藏股票

　　$11,200及保留盈餘 $153,600······················· 622,400

　　負債及股東權益總額·································$960,400

試求: 請按適當表格, 重編該公司期末時之資產負債表。

第十五章　合夥會計

15-1　合夥的意義

根據我國民法第 667 條之規定：「稱合夥者，謂二人以上互約出資，以經營共同事業之契約。前項出資得為金錢或他物、或以勞務代之」。

由此可知，合夥（partnership）是基於契約關係，由二人以上共同出資、共同經營並共同分享利益或承擔損失的一種營利事業組織。凡參與合夥組織之人，稱為合夥人（partner）。合夥亦得為另一合夥組織之合夥人。

合夥組織的每一合夥人，無論出資多寡，均應對合夥事業的債務，負連帶無限清償的責任，故各合夥人出資的方式，並不限定金錢一項，亦可用其他之物，或以勞務代之。所謂其他之物，係指金錢以外的動產或不動產而言。至於以個人的勞務、智慧、技能或信用充當資本時，其計算方法，除法律或契約另有約定者外，應按公平市價估定之。

合夥事業的經營，並不僅以工商企業為限，舉凡各種事業，均可由二人以上共同組織經營之。例如律師、醫師、會計師、工程師、電腦程式設計師等自由職業，均得以合夥組織的方式，共同經營之。

工業革命之前，合夥企業組織的型態甚為流行。迨工業革命後，公司企業的組織型態隨之興起，合夥企業日漸式微；惟今日仍然有若干小企業，採取合夥企業的經營方式。

　　合夥企業之經營，具有下列各種優點：（1）組織簡單，容易開創事業；（2）各合夥人在智慧、資金、技術、及管理等各方面，彼此取長補短，使原來一個人難以辦成的事業，變爲可能；（3）分散風險，增加成功的機會；（4）合夥企業的收入，即爲合夥人個人的收入。

　　合夥企業之經營，也有其不利的一面，包括：（1）選擇具有長期共同目標之經營伙伴，實不可多得；（2）各合夥人的地位可能互不相同，但在決策的釐定，業務的執行，以及其他各方面的配合上，每一合夥人都必須被顧及，使得合夥企業的經營，常不如獨資經營那樣靈活機動；（3）各合夥人對合夥企業之債務，負有連帶無限清償的責任，使各合夥人因顧慮過多，不敢大膽放手去經營；（4）如遇合夥經營不順利時，各合夥人間便互相推諉責任，往往缺乏「同舟共濟」的精神。

　　一般而言，合夥具有下列各項特性：

　　1. 合夥無獨立法人人格 (no legal entity)：

　　合夥在法律上沒有獨立的人格，它必須依附合夥人而存在；合夥人對外行使權利或負擔義務，必須以合夥人名義爲之，自無法使用合夥的名義。某一企業如係由若干人集資創立，雖名爲公司，若組織未依公司法之規定成立者，即應認爲係合夥組織，並依合夥法律判斷。

　　2. 合夥的存續期間有限 (limited life)：

　　合夥係由各合夥人互約出資而成立，合夥人任何改變，均足以終止或解散合夥組織。合夥人中的一人或數人退夥、死亡，將使合夥關係消滅。惟合夥人之退夥，除未退夥之合夥人僅存一人外，不影響於未退夥人間之存續。

　　3. 合夥人互爲代理人 (mutual agency)：

　　每一合夥人均爲合夥事業的代理人，其對外執行業務，對於其他合夥人均發生效力。合夥事務，如約定由合夥人中數人執行者，由該

數人共同執行之。 合夥的日常事務， 得由有執行權的合夥人單獨執行，但其他有執行權的合夥人中任何一人，對於該合夥人的行為有異議時，應停止該事務之執行。

4. 合夥人對合夥的債務， 負連帶無限清償的責任 (unlimited liability)：

合夥財產不足清償合夥債務時，合夥人對於不足之數額，連帶負其責任。若合夥財產未至不足清償合夥債務時，則各合夥人卽無連帶責任可言，其合夥債務卽應以合夥財產清償之。

5. 合夥的財產， 為全體合夥人共同所有 (co-ownership of property)：

合夥人之出資及其他合夥財產，為合夥人全體所共有，所稱合夥財產係指合夥關係存續中以經營合夥目的事業的一切財產而言。各合夥人之出資，不論其為金錢或他物，一經投入於合夥事業以後，卽屬於合夥事業的財產，為全體合夥人所共有，不因合夥人出資之種類而異。

6. 合夥人共同分享利益或負擔損失 (participation in profits and losses)：

合夥獲有純益時，每一合夥人均有權參與分配之。分配損益的成數，原則上應按約定比例，其未經約定者，我國法律規定按照各合夥人出資額比例分配之； 如依美國法律的規定， 則由各合夥人平均分配。僅就利益和損失所定的分配成數，應視為損益共同的分配成數。以勞務為出資的合夥人，除契約另有訂定外，不分攤損失。

15-2　合夥的組成

合夥組織的創立，係根據合夥契約而來。合夥契約，就其效力上

言之，係屬諾成契約，而非要式行為。換言之，合夥關係之成立與否，以當事人間對於合夥所生的權利義務關係，表示有意分享或承擔之意思者即可。倘二人以上已互約出資，並經營共同的事業，雖未訂立書據，其合夥組織即被認為已成立。

由上述可知，合夥的組成，純係由合夥契約(partnership agreement)而來。合夥契約得以口頭之約定或訂立書面契約。口頭約定雖能產生法律上的效力，然而，良好而具有制度的合夥企業，其合夥企業最好以書面訂定之；凡是有關各合夥人間之意願，例如合夥資本總額、各合夥人出資額、合夥人提取之限制、合夥損益之分配、各合夥人之權利義務、新合夥人加入或舊合夥人退出之限制、合夥解散或清算等，均可於合夥契約內明確訂定之。

合夥企業日常的會計記錄，除若干特殊事項外，與獨資或公司企業之會計記錄並無不同。此處所稱之特殊事項，係指合夥企業的業主權益類帳戶、合夥損益的分配、新合夥人的加入、舊合夥人的退出、合夥的清算、合夥改組為公司等。本節將對於合夥企業的業主權益類帳戶略作說明，並據以列示合夥組成的有關分錄。至於其他各種特殊事項，亦將分別於本章內詳加討論。

15-3　合夥損益的分配

合夥組織係以契約為基礎，故各合夥人的權利義務，概以契約為根據，倘契約未訂定者；胥受有關法律或慣例之約束。

合夥的決算及損益分配，除契約另有訂定外，應於每屆會計年度終了為之。損益分配的成數，應按合夥人約定比例分配；如未經約定者，我國民法第 667 條規定按照各合夥人出資額比例分配之。就理論上而言，合夥企業所獲得的淨利，一般係基於後列諸因素的貢獻而

產生：(1) 合夥人所提供的勞務或特殊技能，(2) 合夥人所提供的資本，(3) 純粹由於營業上的利益。

就法律觀點而言，合夥人並非爲合夥企業所聘雇的員工，自不能支付薪資；同理，合夥人投入合夥企業的資本，並非借款性質，亦不得支付利息。因此，如各合夥人在合夥企業內提供相同的勞務與資本，自應分配等額的淨利。倘若各合夥人所提供的勞務或資本均有差別，則各合夥人應於合夥契約內訂明其損益分配的約定比例。

各合夥人間對於合夥損益分配的約定比例，斟酌各合夥人所提供的勞務與資本諸因素，其可能採用的方法，通常有下列各種：

1. 按約定比例分配。
2. 按資本額比例分配，又可分爲：
   (1) 按原資本額比例分配。
   (2) 按期初資本額比例分配。
   (3) 按期末資本額比例分配。
   (4) 按平均資本額比例分配。
3. 資本計息，餘額按約定比例分配。
4. 勞務計酬，餘額按約定比例分配。
5. 資本計息、勞務計酬，餘額按約定比例分配。

茲就上列各種分配方法分別舉例說明如下。

設甲、乙兩合夥人於 75 年 1 月 1 日成立良友合夥商店，各出資 $55,000 及 $65,000，互相約定每一合夥人每月得自合夥商店提取現金 $1,000，應記入各合夥人往來帳戶。如有超額提取的部份，應借記各合夥人資本帳戶，以資限制。76年度該合夥商店獲利 $36,000 各合夥人資本帳戶變化如次頁：

甲合夥人資本				乙合夥人資本	
	76/1/1	50,000	76/3/1 5,000	76/1/1	70,000
	76/4/1	10,000		76/11/1	10,000

一、按約定比例分配 (agreed fractional basis)

此法係按合夥人的約定比例，爲分配損益的標準。設甲、乙兩合夥人共同約定合夥損益按 3:2 比例分配。損益分配的分錄如下：

累積盈餘	36,000	
甲合夥人往來		21,600
乙合夥人往來		14,400

甲合夥人分配利益：$\$36,000 \times 3/5 = \$21,600$

乙合夥人分配利益：$\$36,000 \times 2/5 = \underline{\$14,400}$

合　　計　　　　　　　　　　　$\underline{\$36,000}$

我國合夥企業應繳納營利事業所得稅，故損益的分配，均在納稅之後；在會計處理上，必須先將本期損益轉入累積盈餘帳戶，俟納稅後再行分配，故上列損益分配分錄的借方，應以累積盈餘代之。

二、按資本額比例分配 (capital ratio)

此法係按合夥人出資額之多寡，爲分配合夥損益的標準。惟各合夥人資本額之多寡，又因原資本額、期初資本額、期末資本額及平均資本額之不同，分爲下列四種方法：

　1. 按原資本額比例分配 (original capital ratio)

此法係按各合夥人於創立合夥企業時所投入資本額的比例，爲分配合夥損益的標準。其分錄如下：

累積盈餘	36,000

甲合夥人往來	16,500
乙合夥人往來	19,500

甲合夥人分配利益$=\$36,000\times\dfrac{\$55,000}{\$120,000}=\$16,500$

乙合夥人分配利益$=\$36,000\times\dfrac{\$65,000}{\$120,000}=\underline{19,500}$

合　　計　　　　　　　　　　$\underline{\$36,000}$

2. 按期初資本額比例分配(beginning capital of each period)

合夥損益的分配，係按各合夥人資本帳戶的期初數額為標準。其分錄如下：

累積盈餘	36,000
甲合夥人往來	15,000
乙合夥人往來	21,000

甲合夥人分配利益$=\$36,000\times\dfrac{\$50,000}{\$120,000}=\$15,000$

乙合夥人分配利益$=\$36,000\times\dfrac{\$70,000}{\$120,000}=\underline{21,000}$

合　　計　　　　　　　　　　$\underline{\$36,000}$

3. 按期末資本額比例分配 (ending capital of each period)

合夥損益的分配，係按各合夥人資本帳戶的期末餘額為標準。其分錄如下：

累積盈餘	36,000
甲合夥人往來	16,000
乙合夥人往來	20,000

甲合夥人分配利益$=\$36,000\times\dfrac{\$60,000}{135,000}=\$16,000$

$$乙合夥人分配利益=\$36,000\times\frac{75,000}{\$135,000}=\underline{\quad20,000\quad}$$

合　　計　　　　　　　　　　　　　　　　$\underline{\$36,000}$

4. 按平均資本額比例分額 (average capital ratio)

所謂平均資本額，係指就本期每一合夥人的實際資本增減數額，以每次變動後可供使用的時間，予以加權平均，求得其平均資本額。平均資本額的計算方法有二：其一，按年為計算單位；其二，按月為計算單位。茲分別說明如下：

(1) 按年為計算單位：

此法即將每一合夥人每次資本變動後可使用的實際時間，化為全年的比率，再乘以每一合夥人資本額增減變動後之實際數額，最後予以加總，即可求得每一合夥人的平均資本額。

設如上例，列示甲、乙兩合夥人之平均資本額計算如下：

甲合夥人平均資本額：

1 月 1 日至 3 月31日

$\$50,000\times3/12$　　　　　　　　　　　$\$12,500$

4 月 1 日至12月31日

$\$60,000\times9/12$　　　　　　　　　　　$\underline{\quad45,000\quad}$

合　　計　　$\underline{12/12}$　　　　　　　　$\$57,500$

乙合夥人平均資本額：

1 月 1 日至 2 月28日：

$\$70,000\times2/12$　　　　　　　　　　　$\$11,667$

3 月 1 日至10月31日：

$\$65,000\times8/12$　　　　　　　　　　　43,333

11月 1 日至12月31日：

$\$75,000\times2/12$　　　　　　　　　　　$\underline{\quad12,500\quad}$

合　　　計　　12/12　　　　　　　　　$67,500

(2) 按月爲計算單位:

此法係將每一合夥人每次資本變動後可使用的實際時間，以月份爲單位，乘每一合夥人資本額增減變動後之實際數額，予以加總其積數後，再除以12，即可求得每一合夥人的平均資本額；其計算方法列示如下:

甲合夥人平均資本額:

1月1日至12月31日:

$50,000 × 12　　　　　　　　　　　$600,000

4月1日至12月31日:

10,000 × 9　　　　　　　　　　　　90,000

正積數　　　　　　　　　　　　　　　$690,000

平均資本額: $690,000 ÷ 12　　　　　$ 57,500

乙合夥人平均資本額:

1月1日至12月31日:

$70,000 × 12　　　　　　　　　　　$840,000

11月1日至12月31日:

10,000 × 2　　　　　　　　　　　　20,000

正積數　　　　　　　　　　　　　　　$860,000

負積數

3月1日至12月31日:

$5,000 × 10　　　　　　　　　　　　50,000

餘額　　　　　　　　　　　　　　　　$810,000

平均資本額: $810,000 ÷ 12　　　　　$ 67,500

甲合夥人分配利益 = $36,000 × $\dfrac{57,500}{125,000}$ = $16,560

$$乙合夥人分配利益 = \$36,000 \times \frac{67,500}{125,000} = \underline{19,440}$$

合　計　　　　　　　　　　　　　$\underline{\$36,000}$

損益分配的分錄如下：

累積盈餘	36,000	
甲合夥人往來		16,560
乙合夥人往來		19,440

三、資本計息，餘額按約定比例分配

(interest on capital; and the remainer in agreed ratio)

　　獨資的資本主及合夥組織的合夥人，向合夥商店所借貸的款項，均應以資本主往來或合夥人往來帳戶列帳，不得列支利息。且資本利息應為盈餘的分配，不得列為費用或損失。

　　設如前例，甲、乙兩合夥人協議損益分配辦法：資本額按 6 % 計息，餘額按 3:2 比例分配之。甲、乙兩合夥人損益分配之計算如下：

	甲合夥人	乙合夥人	合計
資本利息：按資本額 6 % 計算：			
$\$50,000 \times 6\% \times 3/12$	$ 750		$ 750
$60,000 \times 6\% \times 9/12$	2,700		2,700
$70,000 \times 6\% \times 2/12$		$ 700	700
$65,000 \times 6\% \times 8/12$		2,600	2,600
$75,000 \times 6\% \times 2/12$		750	750
	$ 3,450	$ 4,050	$ 7,500
餘額：按約定比例 3:2 分配	17,100	11,400	28,500
合　計	$20,550	$15,450	$36,000

分配損益的分錄如下：

累積盈餘	36,000

甲合夥人往來	20,550
乙合夥人往來	15,450

四、勞務計酬，餘額按約定比例分配
(salaries to partners, and the remainer in agreed ratio)

我國民法第 678 條規定：「合夥人執行合夥事務，除契約另有訂定外，不得請求報酬。依合夥契約之約定，不論合夥盈虧，必須支付薪資與執行業務之合夥人時，准予核實認定，列爲費用，但以不超過規定之通常水準爲限，其超過部份，不得列爲費用」。

由此可知，合夥人支付薪資，爲法律所認可，惟應於合夥契約內訂定之，並以不超過通常水準爲限，始得認定其爲費用。此項合夥人之薪資費用與一般費用並無差別。進而言之，合夥人的薪資如當爲損益分配的因素之一，亦爲法律所許可，此稱之爲勞務計酬(Salary allowance)。

設如前例，甲、乙兩合夥人協議每年由淨利項下支付甲、乙兩合夥人薪資各 $12,000，如尚有餘額時，再按甲、乙兩合夥人 3:2 約定比例分配之。茲列示其損益分配之計算如下：

	甲合夥人	乙合夥人	合計
合夥人薪資	$12,000	$12,000	$24,000
餘額：按約定比例 3:2 分配	7,200	4,800	12,000
合　計	$19,200	$16,800	$36,000

分配損益之分錄如下：

累積盈餘	36,000	
甲合夥人往來		19,200
乙合夥人往來		16,800

五、資本計息，勞務計酬，餘額按約定比例分配

(interest on capital, salaries to partners, and the remainer in agreed ratio)

合夥人提供資本與勞務，對合夥事業盈利之獲得，有莫大之貢獻，故合夥損益之分配，應考慮給與合夥人資本利息及勞務酬金，才算合理。設如前例，甲、乙兩合夥人互相約定，每年損益分配時，先按資本額 6 ％計息，再支付甲、乙兩合夥人薪資各 **$12,000**，如有餘額時，再按約定比例 3:2 分配之。茲列示其損益分配之計算如下：

	甲合夥人	乙合夥人	合計
資本計息*	$ 3,450	$ 4,050	$ 7,500
合夥人薪資	12,000	12,000	24,000
餘額：按 3:2	2,700	1,800	4,500
合　　計	$18,150	$17,850	$36,000

＊參照上列第三種方法。

損益分配分錄如下：

累積盈餘	36,000	
甲合夥人往來		18,150
乙合夥人往來		17,850

上述對於損益分配所根據的資本額之計算，係假定各合夥人往來帳戶，僅記錄各合夥人在約定限額內提取款項及零星之往來款項而已，至於大額之資本變動，或超過限額之合夥人提取款項，則記入各合夥人資本帳戶並申請變更登記資本額。故於計算各合夥人資本額時，僅考慮各合夥人資本帳戶而已，而不考慮各合夥人往來帳戶。

15-4　新合夥人的加入

合夥一旦成立後，非經合夥人全體之同意，不得允許他人加入為合夥人 (admission of a partner)。加入為合夥人者，對於其加入前合夥所負之債務與其他合夥人負同一之責任。新合夥人入夥、舊合夥人退夥、合夥人死亡或合夥之改組及合併等，將使原有之合夥契約失去效力，並產生新合夥組織。

新合夥人入夥的會計記錄，依其入夥的方式而有所不同。一般可分為購買夥權及投資兩種方式，分別說明如下：

一、購買夥權方式

採購買夥權方式（purchase of an interest）者，係指新合夥人購買舊合夥人夥權的一部或全部，此種方式，純屬新加入合夥人與退夥人之間權益的移轉，對於合夥資產，並無增加。

合夥人非經其他合夥人全體之同意，不得將自己的夥權轉讓與第三人。但轉讓於其他合夥人者，不在此限。新合夥人按購買夥權的方式入夥，乃新舊合夥人個人之交易行為，與合夥組織無關，僅在帳上列示新加入合夥人夥權的增加與退合夥人夥權的減少即可。

設新友合夥商店之資產負債表如下：

新友合夥商店資產負債表
76年1月1日

各項資產	$400,000	各項負債	$100,000
		甲合夥人資本	200,000
		乙合夥人資本	100,000
合　　計	$400,000	合　　計	$400,000

設甲、乙兩合夥人， 共同約定損益平均分配， 茲有丙願以現金
$120,000，購買甲合夥人二分之一的夥權，已徵得乙合夥人的同意，
加入為新合夥人。有關丙合夥人入夥的會計分錄如下：

甲合夥人資本 　　　　　　　100,000

　　丙合夥人資本 　　　　　　　　　　100,000

上述分錄顯示新合夥人丙雖願支出 $120,000 給讓售人甲， 僅取
得甲合夥人二分之一的夥權計$100,000， 那純屬新加入合夥人與讓售
合夥人私人之間的授受行為， 會計分錄僅記載其夥權之變動而已。

當某合夥企業之獲益能力頗佳，新加入合夥人往往願意按高於所
得夥權之代價，向讓售人購入夥權。反之， 當某一合夥企業之獲益能
力微弱， 讓售人自然願意按低於所讓售夥權之代價， 轉讓其夥權給
新加入之合夥人。惟不論在任何情況下， 均不影響夥權轉讓之會計分
錄。

經上述分錄後，合夥的全部夥權仍然為$300,000， 乙合夥人持有
三分之一的夥權，甲、丙兩人各為三分之一。新合夥人加入後，舊合
夥契約已失其效力 ， 必須重新約定損益分配的比例 。 如無約定比例
時， 則將來合夥企業的損益按各合夥人資本額比例分配之。

二、投資方式

採投資方式入夥 (admission by investment) 者， 係指合夥人另
投入資本於合夥企業之內， 使合夥的資產因而增加， 合夥人的權益總
額， 亦隨而增加。

採投資方式入夥時， 其會計處理， 依下列各種情形而有所不同，
茲分別說明如下：

1. 新合夥人按舊合夥的帳面價值投資。

設上述新友合夥商店之甲、乙兩合夥人的資本分別為$200,000及

$100,000,損益平均分配;合夥的資產估計正確。茲有丙願意加入爲新合夥人,經甲、乙兩合夥人之同意,按合夥帳面價值爲準,投入現金 $150,000,取得全部夥權三分之一。則丙合夥人之入夥分錄如下:

現金　　　　　　　　　　　　150,000

　　丙合夥人資本　　　　　　　　　　　　150,000

經上述分錄後,新合夥的資本總額爲$450,000,甲、乙、丙三合夥人之資本分別爲 $200,000、$100,000 及 $150,000,茲列示新合夥人加入前與加入後新友合夥商店各合夥人夥權之內容如下:

	新合夥人加入前			新合夥人加入後	
	夥權金額	百分比		夥權金額	百分比
甲	$200,000	66.7%	甲	$200,000	44.5%
乙	100,000	33.3%	乙	100,000	22.2%
	—	—	丙	150,000	33.3%
合計	$300,000	100.0%	合計	$450,000	100.0%

2. 新合夥人按高於舊合夥的帳面價值投資

舊合夥商店如已經營有年、利潤優厚,新合夥人入夥時,應按高於帳面價值投資,以表示對舊合夥人過去勞績之補償;另一種情形爲舊合夥的實際資產價值高於其帳面價值。茲分別列示其帳務處理如下:

(1) 給與舊合夥人紅利

設如前例,甲、乙兩合夥人的資本分別爲$200,000及$100,000,損益平均分配。茲有丙投資現金$150,000,欲取得四分之一夥權。

給與舊合夥人紅利時,新合夥人的資本可按下列公式決定之:

(舊合夥人原資本額＋新合夥人出資額)

×新合夥人夥權比率＝新合夥人資本額

代入上式得

($300,000＋$150,000)×25％＝$112,500

現金	150,000
甲合夥人資本	18,750
乙合夥人資本	18,750
丙合夥人資本	112,500

茲列示新合夥人加入前與加入後新友合夥商店各合夥人夥權之內容如下:

	新合夥人加入前			新合夥人加入後	
	夥權金額	百分比		夥權金額	百分比
甲	$200,000	66.7%	甲	$218,750	48.6%
乙	100,000	33.3%	乙	118,750	26.4%
丙	—	—	丙	112,500	25.0%
合計	$300,000	100.0%	合計	$450,000	100.0%

(2) 記入商譽帳戶 (goodwill)

當新合夥人加入時，如新加入合夥人願以高於舊合夥帳面價值投資，另一種可能情形為舊合夥人有商譽存在。決定商譽價值的方法固然很多，惟最後的決定因素則在於新舊合夥人雙方對合夥之影響力。商譽價值一旦決定之後，應借記商譽帳戶，並按各舊合夥人損益分配比率，貸記各舊合夥人資本帳戶。假設上述新合夥人丙投資$150,000並堅持其資本帳戶應記載 $150,000，取得 25% 夥權，其他情形仍然不變。

給予舊合夥人商譽時， 舊合夥人應得之資本可按下列公式決定之。

新合夥人投入資本÷新合夥人夥權比率＝新合夥資本總額

新合夥資本總額×舊合夥人夥權比率＝舊合夥人應得資本

舊合夥人應得資本－舊合夥人原有資本＝商譽價值

代入上列公式得:

$150,000÷25％＝$600,000 新合夥資本總額

$600,000×75％＝$450,000 舊合夥人應得資本

$450,000－$300,000＝$150,000 商譽價值

丙合夥人入夥之分錄如下:

商譽	150,000	
甲合夥人資本		75,000
乙合夥人資本		75,000
現金	150,000	
丙合夥人資本		150,000

茲列示新合夥人加入後， 新友合夥商店各合夥人夥權之內容如下:

合夥人資本

	金　額	百分比
甲	$275,000	45.8％
乙	175,000	29.2％
丙	150,000	25.0％
合計	$600,000	100.0％

(3) 重估舊合夥資產的帳面價值

新合夥人願以高於舊合夥的帳面價值投資，其另一種可能為舊合夥的資產價值高於其帳面價值，故新合夥人入夥時，應重估舊合夥資產的帳面價值。

設如前例，甲、乙兩合夥人之資本分別為$200,000及$100,000，資產帳面價值$400,000，丙入夥時，重新估價實值$550,000，則丙以

$150,000投入現金，取得25％夥權；蓋舊合夥商店的資產重估價值高於其帳面價值$150,000（$550,000－$400,000）應借記資產帳戶並按舊合夥人損益分配比率，貸記各舊合夥人資本帳戶，茲將舊合夥人重估資產價值及新合夥人入夥之混合分錄列示如下：

現金	150,000	
各項資產	150,000	
丙合夥人資本		150,000
甲合夥人資本		75,000
乙合夥人資本		75,000

經上述分錄後，茲列示新合夥人加入後新友合夥商店各合夥人夥權之內容如下：

合夥人資本

	金　額	百分比
甲	$275,000	45.8％
乙	175,000	29.2％
丙	150,000	25.0％
合計	$600,000	100.0％

重估舊合夥資產的帳面價值，既不需分配紅利，更無認列商譽的必要，蓋舊合夥之資產已隨新合夥人之加入而一併調整其價值矣！

3. 新合夥人按低於舊合夥帳面價值投資

當某一舊合夥企業迫切需要資金，或新合夥人聲望卓著，才藝超人，則舊合夥人必願給予紅利或商譽，以吸引其入夥。帳務處理，可分為紅利與商譽兩點說明如下：

（1）給予新合夥人紅利

設如前例，甲、乙兩合夥人資本分別為$200,000及$100,000，損益平均分配。茲有丙投資現金$150,000，欲取得40％夥權。

給予新合夥人紅利時，新合夥人資本應按下列公式決定之：

(舊合夥人原資本額＋新合夥人出資額)

　　　×新合夥人夥權比率＝新合夥人資本額

代入上式得：

($300,000＋$150,000)×40%＝$180,000

新合夥人入夥之分錄如下：

現金	150,000	
甲合夥人資本	15,000	
乙合夥人資本	15,000	
丙合夥人資本		180,000

茲列示新合夥人入夥後新友合夥商店各合夥人夥權內容如下：

合夥人資本

	金　額	百分比
甲	$185,000	41.1%
乙	85,000	18.9%
丙	180,000	40.0%
合計	$450,000	100.0%

(2) 記入商譽帳戶

假定甲、乙雖同意丙投入現金$150,000，取得40%夥權，惟舊合夥人不願意減少自身的資本額，則可記入商譽帳戶，商譽價值之計算如下：

舊合夥資本總額÷舊合夥人夥權比率＝新合夥資本總額

新合夥資本總額×新合夥人夥權比率－新合夥人出資額

　　　＝商譽價值

代入上列公式:

$$\$300,000 \div 60\% = \$500,000$$

$$\$500,000 \times 40\% - \$150,000 = \$50,000$$

丙合夥人之入夥分錄如下:

現金	150,000	
商譽	50,000	
丙合夥人資本		200,000

合夥人資本

	金　額	百分比
甲	$200,000	40.0%
乙	100,000	20.0%
丙	200,000	40.0%
合計	$500,000	100.0%

(3) 重估舊合夥資產的帳面價值

舊合夥人允許新合夥人按低於舊合夥的帳面價值投資，另一種可能為舊合夥的資產實際價值低於其帳面價值，故新合夥人入夥時，應重估舊合夥的資產價值。

設如前例，甲、乙兩合夥人的資本分別為$200,000及$100,000，資產帳面價值$400,000，丙入夥時，重估資產實值$325,000。丙投入現金$150,000，取得40%夥權。

蓋舊合夥商店資產之重估價值低於帳面價值$75,000($400,000－$325,000) 應貸記資產帳戶，並按舊合夥人損益分配比例借記各舊合夥人資本帳戶如下:

甲合夥人資本	37,500	
乙合夥人資本	37,500	
各項資產		75,000

	現金	150,000	
	丙合夥人資本		150,000

$400,000-$325,000=$75,000

茲列示新合夥人加入後，新友合夥商店各合夥人夥權內容如下：

合夥人資本

	金　額	百分比
甲	$162,500	43.3%
乙	62,500	16.7%
丙	150,000	40.0%
合計	$375,000	100.0%

15-5　舊合夥人的退出

合夥人得因下列原因之一而退夥 (withdrawal)：

1. 合夥人的夥權被債權人扣押者。

2. 合夥未定有存續期間,或經訂明以合夥人中一人之終身,為其存續期間者,各合夥人得聲明退夥,但應於兩個月前通知他合夥人.

3. 合夥人有非可歸責於自己之重大事由者。

4. 合夥人死亡,但契約訂明其繼承人者,不在此限。

5. 合夥人受破產或禁治產之宣告者。

6. 有正當理由經全體合夥人之同意被開除者。

合夥人因上列原因之一退夥時,退夥人與其他合夥人間的結算,應以退夥時合夥財產的狀況為準。退夥人的夥權,不問其出資的種類,得由合夥以金錢抵還之。

合夥人退夥時,應將合夥資產重新評價,不但能確定退夥人的公

平夥權外，而且對於未退夥人的夥權將獲得合理的表示。資產重估價所發生的損益，應按各合夥人損益分配比例分配之。

合夥人退夥時，其實際退還的金額，約有下列三種情況：

(1) 退還金額等於帳列資本額。

(2) 退還金額高於帳列資本額。

(3) 退還金額低於帳列資本額。

茲分別列述如下：

一、退還金額等於帳列資本額

合夥人退夥時，如合夥資產的帳列價值與實際價值相符時，則合夥資產與合夥人資本帳戶，均不必調整。在此種情況之下，退夥人應獲得的退還金額，應等於其帳列資本額。

設甲、乙、丙三合夥人共同出資經營三星合夥商店；民國七十六年十二月三十一日，甲、乙兩合夥人同意丙合夥人退夥。丙合夥人退夥時之資產負債表如下：

三星合夥商店

資產負債表

七十六年十二月三十一日

現　金		$ 80,000	應付帳款	$160,000
應收帳款	$210,000		甲合夥人資本	150,000
減：備抵壞帳	10,000	200,000	乙合夥人資本	90,000
存　貨		40,000	丙合夥人資本	60,000
土　地		140,000		
合　計		$460,000	合　計	$460,000

已知甲、乙、丙三合夥人約定損益分配比例為 5:3:2，丙合夥人退夥時，獲得 $60,000 之退還金額。其分錄如次頁：

丙合夥人資本	60,000	
現金		60,000

二、退還金額高於帳列資本額

合夥企業如處於有利的經營狀況下，倘其中某一合夥人或數人決意退夥時，其所應收回的退夥金額，通常高於帳列資本額。多退的原因，約有下列三端：（1）資產低估（2）商譽存在（3）紅利發生。

1. 資產低估：合夥資產如有低估的情形，應調整合夥資產的價值，產生資產估價損益，再將資產估價損益，按合夥人損益分配比例，分配各合夥人資本帳戶。

設如前例，甲、乙、丙三合夥人經全體之同意估計三星合夥商店資產價值如下：

存貨應增值	$5,000
備抵壞帳應增列	4,000
土地應增值	39,000

有關分錄如下：

（1）資產估價分錄：

存貨	5,000	
土地	39,000	
備抵壞帳		4,000
資產估價損益		40,000

（2）分配資產估價損益的分錄如下：

資產估價損益	40,000	
甲合夥人資本		20,000
乙合夥人資本		12,000
丙合夥人資本		8,000

經上述分錄後，三星合夥商店的資產負債表列示如下：

三星合夥商店

資產負債表

七十六年十二月三十一日

現　金		$80,000	應付帳款	$160,000
應收帳款	$210,000		甲合夥人資本	170,000
減：備抵壞帳	14,000	196,000	乙合夥人資本	102,000
存　貨		45,000	丙合夥人資本	68,000
土　地		179,000		
合　計		$500,000	合　計	$500,000

（3）記錄丙合夥人退夥分錄如下：

丙合夥人資本	68,000	
現金		68,000

　2. 商譽存在： 凡合夥企業能獲得超過同業的正常投資報酬率時，即認為其具有商譽存在。合夥人退夥時，應將上項商譽價值，予以列帳，並按損益分配比例，分配給各合夥人，以改正各合夥人帳列資本額。商譽列帳的方式有二：一為全部列帳法，一為部份列帳法。茲分別說明如下：

　（1）全部列帳法：此法係將商譽的總額，全部列入帳冊，再按損益分配比率，分配給各合夥人，包括退夥及未退夥合夥人。

　茲設上述三星合夥商店，甲、乙兩合夥人同意丙合夥人退夥，退還金額設為$68,000，商譽採用全部列帳法，有關分錄如下：

商譽	40,000	
甲合夥人資本		20,000
乙合夥人資本		12,000

丙合夥人資本	8,000

($68,000－$60,000)÷2/10＝$40,000

丙合夥人資本	68,000	
現金		68,000

(2) 部份列帳法：此法係將商譽應歸屬於退夥人的部份，予以列帳，至於應歸屬於未退夥人的部份，則不予列帳。

設如上例，丙合夥人退夥時，退夥金額設為 $68,000，商譽採用部份列帳法，其退夥分錄如下：

商譽	8,000	
丙合夥人資本	60,000	
現金		68,000

$68,000－$60,000＝$8,000 (商譽價值)

根據美國會計師協會會計原則委員會的意見，認為商譽如係向外購入者，應按購入成本列入商譽帳戶；如係企業自行發展的商譽，均不予列帳。根據此一觀點，採用部份列帳法，將應歸屬於退夥人的商譽售與未退夥人，並列入商譽帳戶，將比全部列帳法更為穩健。

3. 紅利發生（給與退夥人紅利）：如支付給退夥人的數額大於帳列資本額時，多退的原因，既非資產低估，又非商譽存在，則應視為退夥人的紅利。

設如上例，丙合夥人退夥時支付$68,000，超過帳列資本($60,000)$8,000，應由甲、乙兩合夥人按損益分配比例分攤之。退夥時之分錄如下：

丙合夥人資本	60,000	
甲合夥人資本	5,000	
乙合夥人資本	3,000	
現金		68,000

$$(\$68,000-\$60,000)=\$8,000$$

$\$8,000\times5/8=\$5,000$ 甲合夥人應攤數額

$\$8,000\times3/8=\$3,000$ 乙合夥人應攤數額

三、退夥金額低於帳列資本額：

合夥企業如處於不利的經營狀況之下，倘其中某一合夥人或數人決意退夥時，其所應收回的退夥金額，通常小於帳列資本額。少退的原因，約有下列二端：（1）資產高估。（2）紅利發生。

1. 資產高估： 合夥資產如有高估的情形， 應調整合夥資產價值，產生資產估價損益，將資產估價損益，按合夥人損益分配比例，由各合夥人分攤之。

設如前例：甲、乙、丙三合夥人一致同意將資產估價如下：

備抵壞帳應增列　　　　　　　$ 4,000

土地應減值　　　　　　　　　16,000

除上述二項，其他均與實際價值相符。有關分錄如下：

（1）資產估價分錄：

資產估價損益　　　　　　20,000

　　備抵壞帳　　　　　　　　　　　4,000

　　土地　　　　　　　　　　　　　16,000

（2）分攤資產估價損益之分錄如下：

甲合夥人資本　　　　　　10,000

乙合夥人資本　　　　　　6,000

丙合夥人資本　　　　　　4,000

　　資產估價損益　　　　　　　　　20,000

$\$20,000\times5/10=\$10,000$ 甲合夥人應攤數額

$\$20,000\times3/10= \$6,000$ 乙合夥人應攤數額

$20,000\times 2/10=\$4,000$　丙合夥人應攤數額

經上述分攤後，三星合夥商店的資產負債表如下：

三星合夥商店

資產負債表

七十六年十二月三十一日

現　金		$80,000	應付帳款	$160,000
應收帳款	$210,000		甲合夥人資本	140,000
減：備抵壞帳	14,000	196,000	乙合夥人資本	84,000
存　貨		40,000	丙合夥人資本	56,000
土　地		124,000		
合　計		$440,000	合　計	$440,000

(3) 丙合夥人退夥分錄：

丙合夥人資本	56,000	
現金		56,000

2. 紅利發生（給與未退夥人紅利）：如支付給退夥人的數額小於其帳列資本額時，少退原因如非資產高估，則作為未退夥人的紅利。

設如上例，丙合夥人退夥時所退還之數額為 $56,000，比帳列資本額少$4,000，應由甲、乙兩合夥人按損益分配比例分享之；其退夥分錄如下：

丙合夥人資本	60,000	
現金		56,000
甲合夥人資本		2,500
乙合夥人資本		1,500

$60,000-\$56,000=\$4,000$

$4,000 \times 5/8 = \$2,500$………甲合夥人紅利

$4,000 \times 3/8 = \$1,500$………乙合夥人紅利

15-6 合夥的清算

合夥因下列事項之一而解散（disolution）

1. 合夥存續期限已屆滿。
2. 合夥人全體同意解散。
3. 合夥人之目的事業已完成或不能完成。

合夥解散後，應辦理合夥清算（liquidation）工作。有關清算工作，應按照下列各項要點辦理：

1. 合夥的清算工作，應由全體合夥人或其所選任的清算人為之。
2. 合夥財產應先清償合夥債務。其債務未到清償期，或在訴訟中者，應將清償所必要的數額，由合夥財產中劃出保留之。
3. 其剩餘財產應返還各合夥人之出資。為清償債務及返還各合夥人的出資額，應於必要之限度內，將合夥財產變賣現金。合夥財產不足返還各合夥人之出資時，可按照各合夥人出資額比例返還之。
4. 合夥財產於清償合夥債務及返還各合夥人出資後尚有剩餘者，可按各合夥人應受分配利益的成數分配之。
5. 合夥財產不足清償合夥債務時，各合夥人對於不足之數額，仍連帶負其責任。

設上述三星合夥商店於清算時之資產負債表如次頁：

三星合夥商店
資產負債表
七十六年十二月三十一日

現　金	$80,000	應付帳款	$160,000
應收帳款	$210,000	甲合夥人資本	150,000
減：備抵壞帳 10,000	200,000	乙合夥人資本	90,000
存　貨	40,000	丙合夥人資本	60,000
土　地	140,000		
合　計	$460,000	合　計	$460,000

一、各合夥人資本帳戶均為貸方餘額者：

1. 變賣資產：

設甲乙丙三合夥人同意將存貨、應收帳款及土地變現$300,000，其分錄如下：

現金	300,000	
備抵壞帳	10,000	
變產損失	80,000	
應收帳款		210,000
存貨		40,000
土地		140,000

2. 償還負債：

三星合夥商店以現金$160,000償還應付帳款，其分錄如下：

應付帳款	160,000	
現金		160,000

3. 分配變產損失：

在分配合夥人剩餘財產之前，如有變產損益時，應先按損益分配比例，分配給各合夥人，才能確定其應得之財產

數額; 其分錄如下:

甲合夥人資本	40,000	
乙合夥人資本	24,000	
丙合夥人資本	16,000	
變產損失		80,000

$80,000 \times 5/10 = $40,000………甲合夥人應攤數額

$80,000 \times 3/10 = $24,000………乙合夥人應攤數額

$80,000 \times 2/10 = $16,000………丙合夥人應攤數額

經上述各有關分錄後, 該合夥商店七十七年一月五日編製資產負債表如下:

三星合夥商店
資產負債表
七十七年一月五日

現　金	$220,000*	甲合夥人資本	$110,000
		乙合夥人資本	66,000
		丙合夥人資本	44,000
合　計	$220,000	合　計	$220,000

*$80,000+$300,000−$160,000=$220,000

4. 分配剩餘現金: 將剩餘現金返還各合夥人, 其分錄如下:

甲合夥人資本	110,000	
乙合夥人資本	66,000	
丙合夥人資本	44,000	
現金		220,000

二、部份合夥人資本帳戶發生借方餘額者:

如合夥企業經營不善, 屢有虧損, 合夥清算期間發生鉅大的變產

損失，或合夥人有鉅額的提取款項時，合夥人資本帳戶將會出現借方餘額。設上述三星合夥商店於清算時之資產負債表如下：

三星合夥商店

資產負債表

七十六年十二月三十一日

現　金	$80,000	應付帳款	$160,000
應收帳款	$210,000	甲合夥人資本	150,000
減：備抵壞帳	10,000　200,000	乙合夥人資本	90,000
存　貨	40,000	丙合夥人資本	60,000
土　地	140,000		
合　計	$460,000	合　計	$460,000

1. 變賣資產：設甲、乙、丙三人合夥人同意將存貨、應收帳款及土地變現$176,000，其分錄如下：

現金	176,000	
備抵壞帳	10,000	
變產損失	204,000	
應收帳款		210,000
存貨		40,000
土地		140,000

2. 償還負債：

應付帳款	160,000	
現金		160,000

3. 分配變產損失：三星合夥商店發生變產損失$204,000，應按各合夥人損益分配比例分攤之。設甲、乙、丙三合夥人約定損益係平均分配，則其分錄如次頁：

甲合夥人資本	68,000	
乙合夥人資本	68,000	
丙合夥人資本	68,000	
變產損失		204,000

$204,000 \times 1/3 = $68,000

經上述各有關分錄後，該合夥商店七十七年一月五日之資產負債表如下：

三星合夥商店

資產負債表

七十七年一月五日

現　金	$96,000*	甲合夥人資本	$82,000
		乙合夥人資本	$22,000
		丙合夥人資本	(8,000)
合　計	$96,000	合　計	$96,000

*$80,000 + $176,000 − $160,000 = $96,000

4. 分配剩餘現金：

丙合夥人資本帳戶發生借方餘額$8,000，如該合夥人以現金彌補時，應分錄如下：

現金	8,000	
丙合夥人資本		8,000

經上述分錄後，該合夥商店剩餘現金 $104,000（$96,000 + $8,000）；分配剩餘現金之分錄如下：

甲合夥人資本	82,000	
乙合夥人資本	22,000	
現金		104,000

丙合夥人能否以現金彌補，倘若事先無法確定，如欲將現金
$96,000，先分配給甲、乙兩合夥人時，應先假定丙合夥人無力償還，
並將其可能之損失，分攤給甲、乙兩合夥人，以確定其現金分配數
額。其清算表如下：

說　　　　明	合夥人資本及損益分配比例			
	現　金	甲(1/3)	乙(1/3)	丙(1/3)
合夥人分配剩餘現金前餘額·········	$96,000	$82,000	$22,000	($8,000)
分配丙合夥人可能無法償還之損失		(4,000)	(4,000)	8,000
餘額··································	$96,000	$78,000	$18,000	$-0-
可分配剩餘現金····················	(96,000)	(78,000)	(18,000)	

分配剩餘現金給甲、乙兩合夥人之分錄如下：

　　　甲合夥人資本　　　　　　78,000

　　　乙合夥人資本　　　　　　18,000

　　　　現金　　　　　　　　　　　　　　96,000

經上述分配後，該合夥商店剩餘之夥權列示如下：

說　　　明	現　金	合夥人資本及損益分配比例		
		甲 (1/3)	乙 (1/3)	丙 (1/3)
餘額················	$-0-	$4,000	$4,000	$(8,000)

倘丙合夥人已有能力並還來現金時，應作分錄如下：

　　　現金　　　　　　　　　8,000

　　　　丙合夥人資本　　　　　　　　8,000

經上項分錄後，該商店已可將現金 $8,000 分配給甲、乙兩合夥人，並結束清算工作如下：

說　　　明	現　金	合夥人資本及損益分配比例		
		甲 (1/3)	乙 (1/3)	丙 (1/3)
餘額…………………	$8,000	$4,000	$4,000	$-0-
分配剩餘現金…………	(8,000)	(4,000)	(4,000)	

倘丙合夥人無力償還其借方餘額$8,000時，則上列清算表任其留存帳上，俟丙合夥人一旦有能力償還時，再予結束。

15-7　合夥改組爲公司

合夥企業爲擴充營業，往往將原來的組織，改組爲公司。合夥改組爲公司之帳務處理，可按照下列要點辦理之：

1. 精確估計合夥企業的資產價值。
2. 發行股票，以收購原合夥企業經重估後的淨資產。
3. 發行股票的面值如大於原企業之淨資產，其差額有下列二種處理方法：
   (1) 以商譽列帳。
   (2) 以股票折價列帳。
4. 發行股票的面值如小於原企業之淨資產，其差額亦有下列二種處理方法：
   (1) 重新調整資產價值，以配合股票的面值。
   (2) 列爲股票發行溢價。

設雙葉合夥商店，原由甲、乙、丙合夥人所經營，茲因急需增加

資本，以擴充業務，擬改組為雙葉股份有限公司，並發行股票$2,000,000，除以$1,000,000交換雙葉合夥商店外，其餘$1,000,000，則對外公開發行，民國七十六年十二月三十一日改組時，雙葉商店之資產負債表如下：

雙葉合夥商店
資產負債表
七十六年十二月三十一日

現　金	$200,000	應付帳款	$400,000
應收帳款	300,000	甲合夥人資本	500,000
存　貨	150,000	乙合夥人資本	500,000
機器及設備	450,000		
房　屋	300,000		
資產總額	$1,400,000	負債及業主權益總額	$1,400,000

改組之會計處理，依下列各種不同情況而有所改變：

一、發行股票價值等於擬改組企業的淨資產價值：

設雙葉合夥商店的各項財產，經重新估價後，均能表示當時之公平市價，負債亦由新公司一併承受。雙葉股份有限公司之股票，均按每股面值$100發行，其有關分錄如下：

1. 核定雙葉公司股本$2,000,000時之分錄：

   未發行股本　　　　　2,000,000

   　　核定股本　　　　　　　　2,000,000

2. 雙葉商店及外界人士各認股$1,000,000時之分錄：

   應收股款——雙葉商店　1,000,000

   應收股款——其他各戶　1,000,000

已認股本		2,000,000

3. 接受雙葉商店各項資產之分錄

現金	200,000	
應收帳款	300,000	
存貨	150,000	
機器及設備	450,000	
房屋	300,000	
雙葉商店		1,400,000

4. 承擔雙葉商店各項負債之分錄：

雙葉商店	400,000	
應付帳款		400,000

5. 抵繳雙葉商店股款之分錄：

雙葉商店	1,000,000	
應收股款－雙葉商店		1,000,000

$1,400,000－$400,000＝$1,000,000

6. 收足其他各戶股款之分錄：

現金	1,000,000	
應收股款－其他各戶		1,000,000

7. 發行股票$2,000,000之分錄：

已認股本	2,000,000	
股本		2,000,000
核定股本	2,000,000	
未發行股本		2,000,000

經上述各項分錄後，雙葉股份有限公司假定於七十七年一月五日成立時，其資產負債表可列示如次頁：

雙葉股份有限公司

資產負債表

七十七年一月五日　　　　　　　　（成立時）

現　金	$1,200,000	應付帳款	$　400,000
應收帳款	300,000	股　本	2,000,000
存　貨	150,000		
機器及設備	450,000		
房　屋	300,000		
合　計	$2,400,000	合　計	$2,400,000

二、發行股票價值大於擬改組企業之淨資產價值：

設雙葉合夥商店之資產，經重新估價後，除下列二項以外，其餘均已正確：

存貨應增值為 $200,000（增值$50,000）

機器及設備應減值為 $350,000（減值$100,000）

雙葉商店之資產經上述估價後，應減少 $50,000。茲設雙葉公司發行股票$1,000,000以交換雙葉商店之淨資產$950,000（$1,400,000－$50,000－$400,000），其差額 $50,000應如何處理，可按下列二種方式處理：

（一）以商譽列帳：

1. 核定股本之分錄：

　　　未發行股本　　　　　　　2,000,000

　　　　　核定股本　　　　　　　　　　2,000,000

2. 雙葉商店及外界人士認股時之分錄：

　　　應收股款——雙葉商店　　1,000,000

| 應收股款——其他各戶 | 1,000,000 | |
| 已認股本 | | 2,000,000 |

3. 接受雙葉商店各項資產並承擔負債之分錄：

現金	200,000	
應收帳款	300,000	
存貨	200,000	
機器及設備	350,000	
房屋	300,000	
商譽	50,000	
應付帳款		400,000
雙葉商店		1,000,000

4. 抵繳雙葉商店股款之分錄：

| 雙葉商店 | 1,000,000 | |
| 應收股款——雙葉商店 | | 1,000,000 |

5. 收足其他各戶股款之分錄：

| 現金 | 1,000,000 | |
| 應收股款——其他各戶 | | 1,000,000 |

6. 發行股票$2,000,000之分錄

已認股本	2,000,000	
股本		2,000,000
核定股本	2,000,000	
未發行股本		2,000,000

經上述分錄後，雙葉公司成立時之資產負債表列示如次頁：

雙葉股份有限公司

資產負債表

七十七年一月五日　　　　（成立時）

現　金	$1,200,000	應付帳款	$ 400,000
應收帳款	300,000	股　本	2,000,000
存　貨	200,000		
機器及設備	350,000		
房　屋	300,000		
商　譽	50,000		
合　計	$2,400,000	合　計	$2,400,000

（二）以股票折價列帳：

設上例雙葉公司所發給雙葉商店之股票，確實有減少之情形發生，學理上亦可用股票折價列帳。如雙葉公司每股以 $95 發行，其有關分錄如下：

1. 核定股本之分錄：　（同前）
2. 雙葉商店及外界人士之認股分錄：

應收股款——雙葉商店	950,000	
應收股款——其他各戶	950,000	
股本發行折價	100,000	
已認股本		2,000,000

3. 接受雙葉商店各項資產並承擔負債之分錄：

現金	200,000
應收帳款	300,000
存貨	200,000
機器及設備	350,000

房屋	300,000	
應付帳款		400,000
雙葉商店		950,000

4. 抵繳雙葉商店股款之分錄:

雙葉商店	950,000	
應收股款——雙葉商店		950,000

5. 收足其他各戶股款之分錄:

現金	950,000	
應收股款——其他各戶		950,000

6. 發行股票之分錄: (同前)

經上述分錄後，雙葉公司成立時之資產負債表列示如下:

雙葉股份有限公司

資產負債表

七十七年一月五日 　　　　(成立時)

現　金	$1,150,000	應付帳款		$400,000
應收帳款	300,000	股　本	$2,000,000	
存　貨	200,000	減: 股本發行折價		
機器及設備	350,000		100,000	1,900,000
房　屋	300,000			
合　計	$2,300,000	合　計		$2,300,000

三、發行股票價值小於擬改組企業之淨資產價值:

設上例中，雙葉商店之資產總額$1,400,000經估價後均已正確，扣除所承擔之負債$400,000後，其淨資產為$1,000,000。惟雙葉公司發給雙葉商店之股票為$900,000，其餘$1,100,000均按票面對外公開招募。有關雙葉商店少收$100,000 ($1,000,000－$900,000)之會計

處理方法，約有下列二種：

（一）重新調整資產總額：

將資產價值重新調整，經決定降低機器及設備之價值$100,000，以配合股票發行的數額，其有關分錄如下：

1. 核定股本之分錄：（同前）

2. 雙葉商店及外界人士之認股分錄：

應收股款——雙葉商店	900,000	
應收股款——其他各戶	1,100,000	
已認股本		2,000,000

3. 接受雙葉商店各項資產並承擔負債之分錄：

現金	200,000	
應收帳款	300,000	
存貨	150,000	
機器及設備	350,000	
房屋	300,000	
應付帳款		400,000
雙葉商店		900,000

4. 抵繳雙葉商店股款之分錄：

雙葉商店	900,000	
應收股款——雙葉商店		900,000

5. 收足其他各戶股款之分錄：

現金	1,100,000	
應收股款——其他各戶		1,100,000

6. 發行股票之分錄：（同前）

經上述分錄後，雙葉公司成立時之資產負債表如次頁：

雙葉股份有限公司

資產負債表

七十七年一月五日　　　　　　（成立時）

現　金	$1,300,000	應付帳款	$	400,000
應收帳款	300,000	股　本		2,000,000
存　貨	150,000			
機器及設備	350,000			
房　屋	300,000			
合　計	$2,400,000	合　計		$2,400,000

（二）列爲股票發行溢價

設於上例中，如雙葉公司發給雙葉商店股票$900,000，其餘面值$1,100,000之股票，每股以$110之價向外發行。雙葉商店轉讓時之有關數字計算如下：

經估價後資產總額		$1,400,000
減：負債總額		400,000
淨資產		$1,000,000
取得雙葉公司股票	$900,000	
溢價：$900,000 $\times \frac{10}{100}$	90,000	990,000
少收額		$ 10,000

據此雙葉公司僅須將接收雙葉商店資產中降低 $10,000，卽可配合此項少收差額。設少收 $10,000，係由機器及設備項下調整，則有關雙葉公司成立時之分錄如下：

1. 核定股本之分錄：（同前）
2. 雙葉商店及外界人士認股之分錄：
   應收股款——雙葉商店　　990,000
   應收股款——其他各戶　1,210,000

　　　　已認股本　　　　　　　　　　　　2,000,000

　　　　資本公積——股票發行溢價　　　　　200,000

3. 接受雙葉商店各項資產並承擔負債之分錄:

　　現金　　　　　　　200,000

　　應收帳款　　　　　300,000

　　存貨　　　　　　　150,000

　　機器及設備　　　　440,000

　　房屋　　　　　　　300,000

　　　　應付帳款　　　　　　　　　400,000

　　　　雙葉商店　　　　　　　　　990,000

4. 抵繳雙葉商店股款之分錄:

　　雙葉商店　　　　　990,000

　　　　應收股款——雙葉商店　　　990,000

5. 收足其他各戶股款之分錄:

　　現金　　　　　　1,210,000

　　　　應收股款——其他各戶　　1,210,000

6. 發行股票之分錄: （同前）

　　經上述分錄後，雙葉公司成立時之資產負債表如下:

雙葉股份有限公司

資產負債表

七十七年一月五日　　　　　（成立時）

現　金	$1,410,000	應付帳款	$　400,000
應收帳款	300,000	股　本　$2,000,000	
存　貨	150,000	加: 資本公積—股本發行溢價	
機器及設備	440,000	200,000	2,200,000
房　屋	300,000		
合　計	$2,600,000	合　計	$2,600,000

合夥會計表解

合夥的意義：乃二人以上互約出資，以經營共同事業的營利事業組織。

合夥的組成：合夥組織係根據合夥契約而來；合夥契約得以口頭之約定或
訂立書面契約；凡有關各合夥人間之意願，均可於合夥契約
內明確訂定之。

合夥損益的分配
- 按約定比例分配
- 按資本額比例分配
  - 按原資本額比例分配
  - 按期初資本額比例分配
  - 按期末資本額比例分配
  - 按平均資本額比例分配
- 資本計息，餘額按約定比例分配
- 勞務計酬，餘額按約定比例分配
- 資本計息，勞務計酬，餘額按約定比例分配

新合夥人的加入
- 購買夥權方式：新合夥人購買舊合夥人夥權之一部或全部（合夥資產不變）
- 投資方式（合夥資產增加）
  - 新合夥人按舊合夥帳面價值投資
  - 新合夥人按高於舊合夥帳面價值投資
    - 給予舊合夥人紅利
    - 記入商譽帳戶
    - 重估資產價值
  - 新合夥人按低於舊合夥帳面價值投資
    - 給予新合夥人紅利
    - 記入商譽帳戶
    - 重估資產價值

舊合夥人的退出
- 退還金額等於帳列資本額
- 退還金額高於帳列資本額
  - 資產低估
  - 商譽存在
    - 全部列帳法
    - 部份列帳法
  - 紅利發生—給予退夥人紅利
- 退還金額低於帳列資本額
  - 資產高估
  - 紅利發生—給予未退夥人紅利

合夥的清算
- 各合夥人資本帳戶均爲貸方餘額者
- 部份合夥人資本帳戶發生借方餘額者
  - 變賣資產
  - 清償債務
  - 分配變產損失
  - 分配剩餘現金

發行股票價值等於擬改組企業的淨資產價值

發行股票價值大於擬改組企業的淨資產價值
- 以商譽列帳
- 以股票折價列帳

發行股票價值小於擬改組企業的淨資產價值
- 重新調整資產總額
- 列爲股票發行溢價

問　　題

1. 試述合夥之意義，並列舉其特質。

2. 何謂「互爲代理人」？何謂「連帶無限清償責任」？

3. 合夥人權益帳戶有那些？

4. 「合夥人往來」帳戶之性質爲何？「合夥人往來」帳戶通常記載那些事項？其餘額應如何處理？

5. 在合夥會計中，本期損益於期末分配合夥損益時，應如何處理？

6. 合夥人以現金以外的資產投資時，應如何估價入帳？

7. 合夥人分配損益時，應考慮那些因素？

8. 試述合夥損益分配的各種方法。

9. 分配合夥損益時，如契約未訂定分配的成數時，我國法律規定應如何分配？美國法律又如何規定？

10. 何謂平均資本額？計算平均資本額時有那二種方式？

11. 何謂勞務計酬？何謂薪資費用？兩者有何區別？

12. 合夥人損益不足分配其預定項目時，應如何處理？

13. 新合夥人入夥之方式有幾？試說明之。

14. 當新合夥人入夥時，會計上常承認商譽存在，並予列入商譽帳戶，惟大多數會計學者均持猶豫不前的態度，其理由何在？

15. 新合夥人按高於舊合夥的帳面價值投資時，會計上有那些處理方法？

16. 新合夥人按低於舊合夥的帳面價值投資時，會計上有那些處理方法？

17. 合夥人退夥的原因有那些？在會計上首先應如何處理？

18. 合夥人退夥時，其退還金額高於帳列資本額，會計上有那些處理方法？

19. 合夥人退夥時，其退夥金額低於帳列資本額，會計上有那些處理方法？

20. 合夥解散之原因有幾？辦理合夥清算工作時，其法定程序如何？

21. 辦理合夥清算工作時，如遇部份合夥人資本帳戶發生借方餘額，會計人員應如何分配剩餘現金給資本帳戶有貸方餘額之合夥人？

選　擇　題

1. 甲、乙二人於民國七十六年七月一日，擬組成合夥商店，並提供下列各項資產：

	甲 合 夥 人	乙 合 夥 人
現金	$65,000	$100,000
建築物	—	300,000

另悉建築物已向銀行抵押借款$ 25,000，該項借款由合夥商店一併承擔。合夥契約規定甲、乙二人損益分配比例為1：2。民國七十六年七月一日，乙合夥人之資本帳戶餘額應為若干？

 （a）　$400,000   （c）　$375,000

 （b）　$391,667   （d）　$310,000

2. 甲、乙二個合夥人組成一合夥商店，其損益分配比例分別為3：7。民國七十六年度甲合夥人由合夥商店提取$130,000，增投資本 $25,000；當年度甲合夥人業主權益帳戶（含資本及往來帳戶）淨減少 $60,000。根據上列資料，試問該合夥商店七十六年十二月三十一日年度終了日之淨利為若干？

 （a）　$150,000   （c）$350,000

 （b）　$233,333   （d）$550,000

3. 甲、乙二個合夥人於民國七十六年一月二日組成一合夥商店，損益分配比例分別為9：1。甲投入資本 $25,000，乙提供合夥企業所需要之特別技術，並負責經營合夥企業。合夥契約規定如下：

（1）資本按期初餘額之 5 ％計息。

（2）乙合夥人每月薪資$1,000。

（3）乙合夥人每年可獲得20％之獎金；獎金係按扣除合夥人薪資及資本利息前之淨利計算。

（4）獎金、資本利息，及合夥人薪資等，均視為合夥商店之費用。

七十六年度合夥商店簡明損益表如下：

收入	$ 96,450
費用（包含合夥人薪資、資本利息及獎金）	49,700
淨利	$ 46,750

另悉當年度各合夥人均未從合夥商店提取款項。試問七十六年度乙合夥人之獎金應爲若干？

　（a）　$ 11,688　　　（c）　$ 15,000

　（b）　$ 12,000　　　（d）　$ 15,738

4. 甲、乙二個合夥人之損益分配比例分別爲7：3。民國七十六年十月五日，各合夥人之資本額如下：

甲合夥人	$ 35,000
乙合夥人	30,000
合　　計	$ 65,000

茲同意丙投入現金 $25,000加入爲合夥人，並取得三分之一的夥權及損益分配權；丙加入後，合夥資本總額爲$ 90,000。丙加入後甲、乙、丙三個合夥人之資本額分別爲：

	甲 合 夥 人	乙 合 夥 人	丙 合 夥 人
（a）	$30,000	$30,000	$30,000
（b）	31,500	28,500	30,000
（c）	31,667	28,333	30,000
（d）	35,000	30,000	25,000

第5題及第6題係根據下列資料求得：

甲、乙、丙三個合夥人之損益分配比例分別爲 6：3：1，其簡明資產負債表如次頁：

甲乙丙合夥商店
簡明資產負債表
民國七十六年十二月三十一日

現金	$ 85,000	負債	$ 80,000
其他各項資產	415,000	甲合夥人資本	252,000
		乙合夥人資本	126,000
		丙合夥人資本	42,000
合　計	$500,000	合　計	$500,000

5. 假定上列各項資產及負債，均合理表達編製財務報表日之公平市價；茲經甲、乙、丙三個合夥人全體之同意，允許丁另投入資產，取得25%之夥權及損益分配權。設丁合夥人之加入，不列記商譽或給與紅利辦法。試問丁合夥人應投入資產若干？

    （a）　$ 70,000　　　　（c）　$125,000

    （b）　$105,000　　　　（d）　$140,000

6. 假定丁合夥人以現金 $90,000，分別向甲、乙、丙三個合夥人直接購入其20%之夥權。各合夥人同意於丁合夥人購買夥權前之隱含商譽價值，予以正式列帳。試問丁合夥人購買夥權後，各合夥人之資本額分別為

	甲合夥人	乙合夥人	丙合夥人	丁合夥人
（a）	$198,000	$ 99,000	$33,000	$ 82,500
（b）	201,600	100,800	33,600	84,000
（c）	216,000	108,000	36,000	90,000
（d）	255,600	127,800	42,600	106,500

7. 甲、乙、丙三個合夥人所組成之三星合夥商店，於民國七十六年六月三十日之簡明資產負債表如次頁：

三星合夥商店
簡明資產負債表
民國七十六年六月三十日

各項資產（成本）	$180,000	甲合夥人貸款	$ 9,000
		甲合夥人資本	42,000
		乙合夥人資本	39,000
		丙合夥人資本	90,000
合　　計	$180,000	合　　計	$180,000

甲、乙、丙三個合夥人之損益分配比例分別為 1：1：3。甲合夥人決定退夥；茲經全體合夥人之同意，於七十六年六月三十日，將資產按公平市價調整為$216,000，並決定退還甲合夥人之投資及貸款共計 $61,200，惟商譽不予列帳。甲合夥人退夥後，其他合夥人之資本額分別為若干？

	乙合夥人資本	丙合夥人資本
（a）	$36,450	$118,350
（b）	39,000	115,800
（c）	45,450	109,350
（d）	46,200	108,600

8. 甲為某會計師事務所之合夥人，其損益分配比率為20％；甲決定要退夥，已徵得其他全體合夥人之同意，退還現金 $74,000。甲合夥人退夥之前，未包含所認定之商譽在內，其資本總額為$210,000。甲合夥人退夥之後，其他各合夥人之資本帳戶（不含所認定之商譽在內）餘額為$160,000。試問各合夥人所認定之商譽價值總額應為若干？

（a）$120,000　　（c）$160,000
（b）$140,000　　（d）$250,000

9. 下列為甲、乙、丙三個合夥人所組成合夥商店之簡明資產負債表：

現金	$ 80,000
其他各項資產	280,000
合　計	$360,000
負債	$140,000
甲合夥人資本	100,000
乙合夥人資本	100,000
丙合夥人資本	20,000
合　計	$360,000

已知甲、乙、丙三個合夥人之損益分配比例為 6：2：2。全體合夥人同意於出售其他各項資產後，即辦理清算工作。設其他各項資產變現$160,000，則甲、乙、丙三個合夥人各分配現金若干？

	甲合夥人	乙合夥人	丙合夥人
（a）	$25,000	$75,000	$—0—
（b）	26,000	74,000	—0—
（c）	28,000	72,000	—0—
（d）	100,000	—0—	—0—

練 習

E15-1 甲、乙兩合夥人合約出資，經營維和合夥商店，約定損益分配比例爲
2：3。19A年底甲、乙兩合夥人資本額各爲$40,000及$32,000。茲有丙
出資 $60,000，加入爲合夥人。試按下列各種情況，記載丙合夥人入夥
的分錄：

（a） 丙合夥人取得二分之一夥權，惟甲、乙兩合夥人之資本額不變。

（b） 丙合夥人取得三分之一夥權，惟商譽不列帳。

（c） 丙合夥人取得二分之一夥權，惟商譽不列帳。

E15-2 維仁合夥商店係由甲、乙兩合夥人共同出資組成，約定損益按平均資本
額比例分配。七十六年度該合夥商店淨利 $98,400，該年度甲、乙兩合
夥人資本帳戶變動情形如下：

甲合夥人資本		乙合夥人資本	
	1/1 200,000	7/1 60,000	1/1 300,000
	4/1 40,000	11/1 60,000	

試根據上列資料，列示該年度甲、乙兩合夥人損益分配之分錄。

E15-3 甲、乙、丙各出資$100,000，$50,000及 $100,000，合資經營維信合夥
商店，約定損益按原出資額比例分配。丙合夥人決定退夥，已徵得甲、
乙兩合夥人同意。現悉甲、乙兩合夥人的資本額均不變，惟丙合夥人往
來帳戶列有借方餘額 $12,000。丙合夥人退夥所獲得的退夥金額較其應
得款項爲多，溢付部份若由甲、乙兩合夥人分攤，則甲合夥人資本減少
爲$80,000，乙合夥人資本額減少爲$40,000。試按下列三種假定，列示
丙合夥人的退夥分錄：

（a） 商譽全部列帳。

（b） 商譽部份列帳。

（c） 商譽不列帳。

E 15-4　甲、乙二個合夥人的資本均為$125,000，合夥契約規定二人平均分配合夥損益。茲有丙擬加入為合夥人。

試按下列各種獨立之假定，列示丙合夥人入夥之分錄：

(1) 丙支付甲$128,000，取得甲全部之夥權。

(2) 合夥資本總額$375,000，丙投入現金$125,000，取得25%夥權。

(3) 合夥資本總額$500,000，丙投入現金$125,000，取得25%夥權。

(4) 合夥資本總額$375,000，丙投入現金$125,000，取得 1/3夥權。

(5) 合夥資本總額$375,000，丙投入現金$ 80,000，取得 1/3夥權。

(6) 合夥資本總額$398,000，丙投入現金$148,000，取得 1/2夥權。

E 15-5　甲、乙、丙三個合夥人的資本餘額分別為$60,000, $100,000及$120,000。合夥損益按2：2：1比例分配。甲合夥人擬退夥。

試按下列各種獨立之假定，列示甲合夥人退夥之分錄：

(1) 甲出售其全部夥權給丁，價款 $70,000。

(2) 甲自願退休，合夥重估房屋價值結果，甲應增加資本 $20,000，退夥時全部取得現金。

(3) 甲病逝，合夥資產均按公平市價列帳；合夥退還現金 $72,000給甲之繼承人，溢付部份按紅利列帳。

E 15-6　甲、乙、丙三個合夥人76年 3 月31日資產負債表如下：

甲乙丙合夥商店

資產負債表

民國76年 3 月31日

現　　金	$ 70,000	應付帳款	$ 40,000
應收帳款	50,000	甲合夥人資本	160,000
存　　貨	200,000	乙合夥人資本	260,000
機器及設備（淨額）	250,000	丙合夥人資本	110,000
合　　計	$570,000	合　　計	$570,000

另悉各項資產變現情形如下：

應收帳款	$30,000
存　貨	90,000
機器及設備	50,000

試編製一張良好格式之合夥清算表，列示資產變現、清償債務及分配剩餘現金給各合夥人，並分錄之。假定合夥損益平均分配。

E 15-7　維義合夥商店76年 3 月31日之資產負債表如下：

維義合夥商店

資產負債表

七十六年三月三十一日

現　金	$ 24,000	應付帳款	$ 31,500
其他資產	138,000	甲合夥人資本	33,000
		乙合夥人資本	39,000
		丙合夥人資本	58,500
合　計	$162,000	合　計	$162,000

甲乙丙三合夥人損益分配比率為 5：3：2。茲經各合夥人同意將該商店全部資產出售後清理結束，所得現金於清償全部負債後，隨時以穩健合理的方式分發各合夥人，出售資產情形如下：

日　　　期	資產帳面價值	售得現金
75年 4 月 3 日	$48,000	$39,000
76年 1 月10日	$60,000	54,000
76年 1 月20日	30,000	46,500
	$138,000	$139,500

試作全部有關合夥清算的分錄，並註明數字來源及算式。

E 15-8　甲、乙、丙三人，合資共組三友合夥商店，議明損益按出資額比例 3（甲）：2（乙）：1（丙）分配。嗣因丙出國，要求退夥，甲、乙二人

同意按丙原投資額$20,000退夥，另溢付 $7,500，以現金支付給丙退夥人。丙退夥時，其合夥人往來帳戶有借差$2,500，一併結清。

試按：（a） 商譽不列帳法作丙退夥之分錄。

（b） 商譽採用部份列帳法作丙退夥之分錄。

習　題

P 15-1　下列爲維新合夥商店的資產負債表:

維新商店
資產負債表
76年12月31日

現　金	$ 50,000	應付帳款	$ 40,000
應收帳款 $100,000		甲合夥人資本	75,000
減：備抵壞帳　8,000	92,000	乙合夥人資本	75,000
存　貨	60,000	丙合夥人資本 $ 75,000	
機器及設備 $ 80,000		丙合夥人往來　3,000	72,000
減: 累積折舊　20,000	60,000		
合　計	$262,000	合　計	$262,000

　　茲因甲、乙、丙三人均同意將維新商店解散，有關資料如下:

(1) 應收帳款收到 $85,000，餘款已確定不能收回。

(2) 存貨出售得款 $62,000。

(3) 機器變現得款 $42,000。

(4) 償還全部應付帳款。

(5) 將餘款分配給各合夥人。

試記錄合夥解散之各有關分錄，假定各合夥人損益係按資本額比例分配。

P 15-2　維吾合夥商店係由甲、乙二人組成，損益按甲（3）乙（2）之比例分配，七十六年底合夥財務狀況列示如下；茲爲擴充營業，邀丙加入合夥，雙方同意由丙出資現金$120,000，取得 2/5權益，合夥財產按下列條件重估:

維吾合夥商店
資產負債表
七十六年十二月三十一日

現　　金		$ 48,740	各項負債	$108,200
應收帳款	$ 34,800		甲合夥人資本　$ 60,000	
減: 備抵呆帳	(3,500)	31,300	乙合夥人資本　100,000	160,000
存　　貨		72,300		
各項設備資產	142,000			
減: 累積折舊	(44,500)	97,500		
其他資產		18,360		
合　　計		$268,200	合　　計	$268,200

重估事項:

(1) 應收帳款增提備抵呆帳$4,000。

(2) 存貨增值$ 22,000。

(3) 設備資產增提累積折舊$8,000。

試就上述資料完成下列工作:

（ a ） 重估資產價值之分錄。

（ b ） 新合夥人入夥之分錄。

　　　(1) 商譽列帳。

　　　(2) 商譽不列帳。

P 15-3　維夏商號係由甲、乙兩人合資經營，甲出資$1,000,000，乙出資$2,000,000，根據合夥契約規定，每年淨利於繳納所得稅後，依照下列辦法分配:

(1) 甲合夥人全年酬勞金$30,000，乙合夥人全年酬勞金$40,000。

(2) 資本利息按週息 6 ％計算。

(3) 全年淨利，於扣除上列兩項後，其餘由甲、乙兩人平均分配。

（a）　該商號七十六年度納稅後之淨利爲$300,000，試列示盈餘分配的情形。

（b）　該商號七十六年決算結果發生純損 $50,000，試列示虧損分配的情形。

P 15-4　維他合夥商店七十七年六月三十日之財務狀況如下：

維他合夥商店

資產負債表

七十七年六月三十日

流動資產	$180,000	各項負債	$ 90,000
廠房及設備（淨額）	210,000	甲合夥人資本	200,000
		乙合夥人資本	100,000
合　計	$390,000	合　計	$390,000

已知甲乙二人損益按2：1之比例分配。

試就下列各種情況，作成丙合夥人入夥之分錄：

（a）　丙投入現金$100,000，取得四分之一夥權。

（b）　丙投入現金$120,000，取得四分之一夥權。

　　（1）商譽列帳。

　　（2）商譽不列帳。

（c）　維他合夥商店資產重估價如下：流動資產增值 $30,000，廠房及設備減值$10,000。丙合夥人投入現金 $160,000，取得三分之一夥權。

（d）　丙合夥人向甲合夥人購入二分之一夥權，支付現款$110,000。

P 15-5　張三與李四二個合夥人經營合夥事業極爲成功，損益分配比例爲3：2，二人各出資 $120,000 及 $80,000二人。茲同意王五加入，准其投入現金$100,000，取得 30%夥權及 20%之損益分配權。新合夥人加入後，損益分配比率爲：

張三: 48%, 李四: 32%, 王五: 20%。

試計算並分錄下列各項:

(1) 如用紅利法列帳, 張三與李四之紅利應為若干?

(2) 王五投資所隱含的商譽有若干?

(3) 如商譽價值按二年攤銷, 則採用商譽法列帳對王五是否較為有利或不利? 有利或不利的金額為若干?

P 15-6　丁一與林二於民國 76 年 1 月 2 日成立合夥企業, 二人同意損益分別按 9 : 1 比例分配。丁一投資現金 $50,000, 林二以其具有專門技術, 並願意將全部時間用於管理合夥企業, 故不必另投入資產。合夥契約另規定下列各項:

(1) 每年按期初資本額之 5 %計息。

(2) 林二每月支薪$1,000。

(3) 林二每年按扣除薪資與資本利息前之淨利, 給與20%之紅利。

(4) 紅利、利息, 及林二之薪資, 均被認定為合夥企業的費用。

民國76年度合夥企業之損益表包括下列各項:

收　　入	$192,900
費用（包括薪資、利息、及紅利在內）	99,400
淨　　利	$ 93,500

另悉該年度二個合夥人均無任何提用款項發生。

試列示76年度之合夥損益分配表。

P 15-7　甲、乙二人組成合夥企業已若干年, 營業興隆。惟最近一項重大官司敗訴, 使他們無法繼續營業, 乃出售全部資產, 僅售得現金 $90,000, 對外負債總額為$165,000。辦理清算前二個合夥人資本餘額及損益分配比率如下:

	資　本　餘　額	損益分配比率
甲合夥人:	$115,000	60%
乙合夥人:	67,500	40%

假定甲合夥人代合夥企業償還剩餘債務 $75,000 後，已無其他剩餘財產；乙合夥人個人財產超過$500,000。

試求：請根據上列資料，編製合夥企業之清算表，並列示各項分錄。

P 15-8　甲、乙、丙、丁四個合夥人清算前之淨資本額及其損益分配比例如下：

	甲	乙	丙	丁
淨資本額	$36,000	$32,400	$8,000	$500
損益分配比例	6/13	4/13	2/12	1/13

另悉變賣資產所獲得現金較帳面價值爲多。

試爲甲、乙、丙、丁四個合夥人編製清算期間之可用現金分配計畫表。

P 15-9　甲、乙、丙三個合夥人損益分配比例爲 4：3：2。民國七十六年七月五日清算前之資產負債表如下：

甲乙丙合夥商店

資產負債表

民國七十六年七月五日

資　產		負債及合夥人資本	
現　金	$ 12,000	負債	$ 91,500
其他資產	288,000	甲合夥人資本	60,000
		乙合夥人資本	67,500
		丙合夥人資本	81,000
合　計	$300,000	合　計	$300,000

試爲甲乙丙合夥商店編製清算期間之可用現金分配計畫表。

第十六章　公司會計——組成

　　公司企業不但可籌措大量資金，以配合經濟發展之需要，而且其所有權與管理權分開，股份又可自由轉讓，使公司企業成為大眾化的企業組織型態，在現代經濟活動中，成為主導的地位。公司因具有獨立之法人人格，其經營活動影響經濟社會甚鉅；惟除少數例外情形外，其他絕大部份之公司，其股東對公司債務之責任均有限；因此法律對公司資本之限制極嚴，使公司資本之會計處理，特別受到重視。本章將闡述公司之成立及股本發行之會計問題，第十七章再說明公司增加資本、保留盈餘與股利發放之各項會計處理。

16-1　公司與獨資及合夥的異同

　　公司 (corporation) 係經由法定程序所擬制之人 (artificial being)，在法律上具有獨立人格，可以脫離個人而存在，成為享受權利及負擔義務的主體。換言之，公司是由二人以上，經由法定程序組成，由法律賦予法人地位，並以營利為目的之社團。

　　我國公司法規定：「本法所稱公司，謂以營利為目的，依照本法組織、登記成立之社團法人」。由此可知，公司是依照公司法組織、登記成立的法人 (artificial person)，得以其本身名義對外行使特定之法律行為。尤有進者，公司係以營利為目的，凡非以營利為目的之團體或組織，亦不得稱為公司。

　　企業之組織型態有三：(1) 獨資，(2) 合夥，(3) 公司。獨資之

業主僅一人，合夥業主有二人或二人以上，二者除人數不同外，其他頗多類似之處，蓋兩者均依隨業主而存在，在法律上均無獨立人格，且對外均不需發行股票。至於合夥組織與公司組織，則具有多方面之差異。以下吾人將就合夥組織及公司組織之主要區別，列表比較如下：

表　16-1

項　　　　目	合　夥　組　織	公　司　組　織
成　　　　立	根據合夥契約組織成立。	根據公司法組織、登記成立。
個　　　　體	無獨立個體。	有獨立個體。
存　續　期　間	隨合夥人之死亡、破產、或退夥而解散。	生命可能永續。
對　外　責　任	各合夥人對合夥債務負連帶無限清償責任。	除無限責任股東外，其餘僅以出資額或所認股份為限，對外負責。
夥（股）權轉讓	合夥人非經其他全體合夥人同意，不得將夥權讓與第三人。	股份可自由轉讓。
管　理　與　控　制	每一合夥人均有同等權利管理及控制合夥企業。	由董事會管理及控制公司業務。
代　　理　　人	每一合夥人均為合夥事業之代理人。	股東非為公司之代理人。
訴　訟　主　體	每一合夥人均為訴訟之當事人。	公司得以其本身名義為訴訟主體。
資　金　籌　措	基於各項考慮因素，資金籌措不易。	可籌措大量資金。

　　由上述分析可知，公司成立的手續比較複雜，必須經過層層之法律程序。此外，就美國的情形，公司的盈餘於納稅後，將股利分配給股東，股利亦為股東所得之一，應加入股東個人所得合併課徵綜合所得稅，導致重複課稅之弊端。我國重複課稅的情形，不只公司而已，

舉凡各種營利事業，包括合夥事業在內，均應課徵營利事業所得稅。

公司係以資本而結合的團體，以其對外責任有限，而法律又賦予獨立人格，故法律為保障公司債權人之權益，對公司業務經營及其他各種權益之限制或監督，遠較對個人或合夥企業所加之約束為多。

16-2　公司之組織及種類

一　公司之組織

公司之成立，我國公司法採取準則主義，而非核准主義。換言之，凡任何人要組織公司，只要符合公司法之要件，中央主管機關（經濟部）應准其登記並發給執照。

組織公司的程序，依公司的不同型態而有所不同，以下僅就股份有限公司的設立登記，略加說明。

1. 發起設立

發起設立係由發起人自行認足第一次應發行的股份，毋需對外公開招募，公司即行成立。發起設立的程序如下：

（1）訂立公司章程：股份有限公司之發起人，經全體同意訂立公司章程，並簽名蓋章。

（2）認足第一次應發行股份：根據修正公司法之規定，股份總數得分次發行，但第一次應發行之股份不得少於股份總數四分之一，以防止發起人之浮濫。

（3）繳足股款：發起人如已認足第一次應發行之股份時，應即按股繳足股款。此項股款不得分期繳納；惟對於發起設立之股款，得以公司事業所需要之財產抵繳。

（4）選任董事及監察人：當公司之股款已繳足，公司之業務展開有期，自應迅速選任董事及監察人。

(5) 聲請主管機關設立登記：董監事就任後十五日內，應備文向主管機關聲請設立登記，並取得執照後，公司卽告成立。

2. 募集設立

募集設立係指發起人因未能認足第一次應發行之股份，須另行對外公開招募。募集設立的程序如下：

(1) 訂立招募章程： 發起人公開招募股份時， 應先訂立招股章程。招股章程應載明下列事項： (a) 章程之絕對與相對之記載事項；(b) 發起人所認之股份；(c) 股票超過票面金額發行者， 其金額；(d) 招募股份總額募足之期限，及逾期未募足時，得由認股人撤回所認股份之聲明；(e) 發行特別股者，其總額及其他有關事項之規定；(f) 發行無記名股者，其總額。

(2) 申請主管機關核准： 公司對外公開招募股份，涉及社會公衆之權益甚大，故公開招募新股時，應先經中央主管機關之審核准許。

(3) 招募之公告：發起人應於中央主管機關通知到達之日起十日內，將經主管機關審核之事項，加記核准文號及年月日公告招募之。

(4) 認股： 發起人應備置認股書，由認股人填寫所認股數、金額及其住所，簽名蓋章。

(5) 催繳股款：第一次發行股份總數募足時，發起人應卽向各認股人催繳股款； 如以超過票面金額發行股票時，其溢額應與股款同時繳納。如認股人延欠上述應繳之股款時，發起人應定一個月以上之期限，催告該認股人照繳，並聲明逾期不繳失其權利。發起人已為上項之催告，認股人仍不照繳者，卽失其權利，所認股份，由發起人另行募集。如因而受有損害，得向該認股人請求賠償。

(6) 召集創立會： 由發起人召集之，其召集之期限應於第一次發行股份之股款繳足後二個月內為之。如逾期不予召集者，認股人得撤回其認股聲明。創立會之決議事項應作成議事錄，由主席簽名蓋章，

並於會後十日內，將議事錄分發各股東。創立會之權限包括: (a) 聽取與審核設立事項之報告 , (b) 董事監察人之選任 , (c) 章程之修改，(d) 公司設立之廢止。

(7) 申請主管機關 設立登記: 董監事應於創立會 結束後十五日內，備文向主管機關申請設立登記，經發給執照後公司卽告成立。

二 公司之種類

公司可依各種不同標準，予以分類如下:

1. 依公司法之規定而分:

(1) 無限公司: 指由二人以上的股東所組織，股東對公司債務負連帶無限清償之責任。

(2) 有限公司: 指由五人以上二十一人以下的股東所組織，股東就其出資額爲限，對公司負其責任。

(3) 兩合公司: 指由一人以上的無限責任股東，與一人以上的有限責任股東所組織; 無限責任股東對公司債務，負連帶無限清償之責任; 至於有限責任股東，就其出資額爲限，對公司負其責任。

(4) 股份有限公司: 指由七人以上的股東所組織，將全部資本分爲股份，股東就其所認股份爲限，對公司負其責任。

2. 依公司所屬國籍而分:

(1) 本國公司: 依我國公司法組織、登記成立的公司。

(2) 外國公司: 依外國法律組織、登記成立的公司，並經我國政府認可，允許在我國境內營業的公司。

3. 依股東身份而分:

(1) 公營公司: 由政府或其所屬機關學校等籌資經營的公司。

(2) 民營公司: 由私人或企業團體籌資經營的公司。

4. 依股份是否公開發行而分:

(1) 公開發行公司：凡公司之股票（或股份）對外公開發行或買賣的公司，使股權分散於較多股東手中。公開發行公司又依其股票是否在證券交易所上市，分為上市公司與非上市公司。

(2) 非公開發行公司：凡公司之股票或股份未對外公開發行或買賣的公司，此種公司的股權均集中於少數人手中，尤其是家族的成員、親戚、或特殊關係者，一般又稱為家族公司 (closely held corp.)。

5. 專門職業公司：長久以來，各國法律均禁止那些從事於專門職業的人士，例如律師、醫師等，以公司組織對外執業，藉以加重其專業責任。然而，自1961年以後，美國大多數的州法，已允許其成立專業公司 (professional corp.)，使專門職業人員也能享有公司所得稅法的好處。

16-3 股東及其權利

一 股東

股東乃公司股份或股票之持票人，亦即公司之業主或投資人。

股份有限公司的股本，應全部分為股份，每股金額應一律。稱股份者，係指資本的成分，為構成資本的一單位。每一股東所持有的股份，及所投入的股金，均應填入股票，作為股東表彰股權的憑證。

二 股東的權利

股東享有的權利，一般約有下列各項：

(1) 管理表決權：股東以表決權參與公司業務的經營與管理。股東之表決權，以股份之多寡為準，每股有一表決權，但一股東擁有已發行股份總數百分之三以上時，應以章程限制其表決權，以防止大股東之操縱。

(2) 盈餘分配權: 公司的目的在於營利; 每一營業年度終了, 公司如有盈餘時, 於完納一切稅捐並提存法定公積後, 卽應按各股東持有股份的比例, 分派股息及紅利。

(3) 優先認股權: 公司發行新股時, 除保留不低於新股總額百分之十之股份, 由公司員工承購; 於向外公開發行或認購之十日前, 應公告及通知原有股東, 按原有股份比例認股, 並聲明逾期不認購者卽喪失其權利。

(4) 剩餘財產分配權: 公司如遇解散時, 於清償債務後, 每一股東均享有分派剩餘財產之權, 其分派的比例, 除公司發行特別股而章程另有訂定者外, 應按各股東股份比例分派之。

16-4　普通股及特別股

一　普通股 (common stock)

公司如僅發行一種股票, 則所有股票均相同, 全部屬於普通股; 公司如發行二種以上的股票, 則凡對於還本付息, 不具任何特別權利者, 稱爲普通股票。

因此, 普通股僅於特別股分配盈餘或財產後, 始能分配剩餘盈餘及剩餘財產的權利。一般言之, 普通股與公司的關係最爲密切, 對公司的影響也最大, 在一般情形下, 普通股東均承攬公司管理大權, 故又稱爲主權股 (equity shares)。

二　特別股 (special stock)

凡股票之還本付息, 具有某種特別權利者, 稱爲特別股, 在未修正公司法之前稱爲優先股 (preferred stock)。

特別股依其發行條款之不同, 又可分爲下列數種:

1. 累積特別股: 公司倘因經營失利, 致不能發放某年度的特別股股利時, 則積欠股利 (dividends in arrears), 可累積至以後年度發放者, 稱為累積特別股 (cumulative special stock)。

2. 非累積特別股: 凡積欠之股利, 不可累積至以後年度發放者, 稱為非累積特別股 (non-cumulative special stock)。換言之, 公司某年度因無盈餘致無法發放特別股之股利時, 即喪失當年度之股利, 日後永不再補發。設新力股份有限公司成立於75年初, 發行六厘特別股20,000股, 每股面值$50, 計$1,000,000。又普通股30,000股, 每股面值 $100, 計$3,000,000。當年度因營業不佳, 稅後淨利僅$50,000, 扣除 10% 之法定公積後宣佈發放股利 $45,000。76 年度稅後淨利$400,000, 於扣除10%法定公積後, 宣佈發放股利$360,000。茲分別就特別股累積與否, 列示其股利之分配如下:

(1) 累積特別股之分配:

	六厘累積特別股	普通股	股利合計
七十五年度:			
應發放股息: $1,000,000×6%	$60,000		
減: 宣佈發放股利	45,000		$45,000
積欠股利	$15,000		
七十六年度:			
特別股股利: $1,000,000×6%	$60,000		
75年度特別股積欠股利	15,000		
普通股股利: $360,000−$75,000		$285,000	
合　計	$75,000	$285,000	$360,000

（2）非累積特別股之分配：

	六厘非累積特別股	普通股	股利合計
七十五年度：			
宣佈發放股利	$45,000		$45,000
七十六年度：			
特別股股利	$60,000		
普通股股利：$360,000－$60,000		$300,000	
合　計	$60,000	$300,000	$360,000

　　（3）參加特別股：凡特別股於公司分配股利時，除取得約定之股利率外，尙有權利參與普通股分配股利者，稱爲參加特別股（participating special stock）。換言之，特別股於普通股按特別股約定之股利率分配後，如尙有盈餘時，可與普通股共同參加分配股利。特別股依其參加之不同程度，又可分爲部份參加（partial participating）與全部參加（fully participating）兩種；凡每年分配給特別股的股利率有最高限制者，稱爲部份參加。換言之，當分配給普通股的股利率於超過特別股的股利率時，特別股仍可參與分配至某一特定之股利率。凡每年分配給特別股的股利，於超過約定的股利率外，尙可與普通股按資本額比例分配相同之分配權利者，稱爲全部參加；在全部參加之下，當公司的盈餘僅能分配特別股的股利時，普通股不能分配任何股利。但如公司的盈餘於分配特別股的股利後，分配普通股的股利率超過特別股的股利率時，剩餘部份應按二者之資本額比例分配，此時，二種股票所分配的股利，如依其股票面值計算時，比率相同。

　　（4）非參加特別股：凡特別股於公司分配股利時，除取得約定之股利外，卽無權參與普通股股利之分配者，稱爲非參加特別股（non-participating special stock）。

設新力股份有限公司之股本，包括六厘特別股 \$1,000,000， 普通股 \$3,000,000， 如 76 年度之稅後淨利爲 \$400,000， 宣佈發放股利\$360,000。茲分別就特別股是否參加及其參加程度之不同，列示股利之分配如下：

（1）參加特別股——全部參加：

	六厘參加特別股	普通股	股利合計
宣佈發放股利：\$360,000：			
特別股股利：\$1,000,000×6％	\$60,000		
普通股股利：\$3,000,000×6％		\$180,000	
剩餘股利之分配：按1：3比例分配	30,000	90,000	
股利合計	\$90,000	\$270,000	\$360,000
每股股利	\$ 4.50	\$ 9.00	
股利率	9％	9％	

$\$4.50 \div \$50 = 9\%$

$\$9.00 \div \$100 = 9\%$

（2）參加特別股——部份參加至 8％：

	六厘參加特別股	普通股	股利合計
宣佈發放股利 \$360,000：			
特別股股利	\$60,000		
普通股股利		\$180,000	
特別股股利：\$1,000,000×2％	20,000		
普通股股利		100,000	
合 計	\$80,000	\$280,000	\$360,000

(3) 非參加特別股之分配:

	六厘參加特別股	普通股	股利合計
宣佈發放股利　$360,000:			
特別股股利	$60,000		
普通股股利		$300,000	
合　計	$60,000	$300,000	$360,000

　　以上所討論者,均涉及特別股對於股利分配的特別權利。至於特別股優先分配公司在清算時剩餘財產的權利,也是特別股與普通股的另一項重大不同。當公司辦理清算時,於變賣資產以償還債務後,如剩餘資金不足以償還特別股及普通股股本時,首先要償還特別股股本,尚有剩餘時,才分配普通股股本。特別股與普通股的另一項區別,在於特別股一般均不具有投票權。此外,公司也可能同時發行二種以上具有不同優先權利的特別股票。公司發行特別股的原因,一般可能基於下列二個理由:

　　(1) 普通股東可掌握公司的控制權: 公司的經營管理控制權,一般落於普通股東,倘公司於剛成立時資金不足,或將來擴充業務急需資金時,可發行特別股以代替普通股,可使原有普通股東,仍能掌握公司的控制權,而不至於分散其經營管理權。設王君等七人,擬籌設新力股份有限公司, 需要資本 $4,000,000, 惟王君等七人只有資本 $3,000,000, 此時可發行普通股$3,000,000, 另$1,000,000向外發行無投票權累積特別股,則王君等七人仍可掌握公司 100% 之控制權。

　　(2) 普通股東可獲得 較高的投資 報酬率: 由於投資的槓桿作用 (leverage effect),公司發行特別股時,可使普通股東獲得較高的投資報酬率 (return on investment)。

　　設如前例,新力公司原發行普通股 $3,000,000, 特別股 $1,000,

000，如於第一年營業結果，獲得稅後淨利 $400,000，經提存法定公積10%後，全部盈餘分配如下：

	特別股*	普通股	合　計
發放股利　$360,000:	$60,000	$300,000	$360,000

　　　* 假定特別股票股利率為 6 %。

　　在此種情形下，普通股東所獲得的投資報酬率為10% ($300,000 ÷$3,000,000)。 反之， 如新力股份有限公司當初全部發行普通股，則普通股所得全部股利為 $360,000，其投資報酬率為僅 9 % ($360,000÷$4,000,000)。顯然發行特別股對普通股東而言，可獲得較高的投資報酬率。

16-5　面值與設定值及股票發行溢價

一　面值 (par value)

　　即指記載於股票票面上，登記於公司主管官署的價值。每股金額必須一律，在公司成立之初，即由公司自行決定之，諸如每股 $10, $50 或 $100 等，一經決定以後，不論公司之財務狀況如何，股票實值若干，在未經過法律程序變更之前，均不予變動，故又稱為名義價值 (nominal value)。公司於成立時，一般以面值表彰股票的價值，但經過若干期間後，股票的真實價值已非其面值所能代表，故面值往往無多大經濟意義。

二　設定值 (stated value)

　　係指公司發行無面值股票時，由董事會自行設定一項價值，以為列入股本帳戶之標準。美國若干州法律允許發行無面值股票，故設定

值股票，實卽變相的有面值股票。發行無面值股票時，應以設定值列入股本帳戶，超過設定值部份，則列入股本發行溢價帳戶。設無面值股票每股售價$11，公司之設定值 $8，則應按每股 $8列入股本帳戶，售價超過設定值$3，列爲資本公積—股本發行溢價；惟我國現行之公司法規定，股份有限公司之股票應爲有面值股。

三　股本發行溢價 (premium on stock)

股票常按大於面值發行， 其超過面值之部份， 稱爲股票發行溢價。股份有限公司應將全部資本分爲若干等份，投資人應按所認股份認繳； 就理論上言之， 新成立的公司， 股票沒有理由按大於面值發行；然而，經過若干時間之經營後，由於盈餘情形可以反映公司未來之前途，故一旦公司已成立有年，基礎漸趨穩固時，如需再擴充所發行的股本，自可按大於面值發行。

反之，股票如按小於面值發行，其低於面值之部份，稱爲股票發行折價(discount on stock)。惟我國公司法規定，股票之發行價格，不得低於面值。

一般言之，股票的發行價格，受下列各項因素的影響：

1. 發行公司的財務狀況、營業成果、及過去股利發放的情形。

2. 發行公司的潛在獲益能力。通常以其預計利潤被應得報酬率除之，藉以計算股票的獲益能力價值 (earning power value)， 故又稱爲股票的眞實價值 (true value)。

3. 市場上可提供爲投資資金之多寡。

4. 一般經濟情況及對未來投資之展望。

16-6　現金發行股份

公司的股本及股東權益，均應明確訂定於公司章程，其有關會計

處理，亦須以公司法及公司章程之規定為依據。公司發行股份時有認購即繳足股款者，有認足股份後才收取股款者，有分次發行者，發行價格又有平價、溢價、及折價之分。

　　茲分別就上述各種情形列示現金發行股份的會計處理方法如下：

一　認購股份並繳足股款者

　　1.　平價發行：股票按面值平價發行。設振遠股份有限公司發行股票 10,000股，每股按面值 $100發行，當即收到現金 $1,000,000，應分錄如下：

現金	1,000,000	
股本		1,000,000

　　2.　溢價發行：我國公司法允許股票得按高於面值發行；惟超過面值發行股票時，其溢價部份，應與股款同時繳納。設振遠股份有限公司發行面值 $100之股票 10,000股，每股按 $110發行，當即收到現金$1,100,000，其分錄如下：

現金	1,100,000	
股本		1,000,000
資本公積—股本發行溢價		100,000

　　「股本發行溢價」應累積為資本公積；資本公積與法定公積除填補公司虧損外，不得任意使用之。

　　3.　折價發行：股票按低於面值發行。設振遠股份有限公司發行面值$100之股票10,000股，每股按$95發行，當即收到現金$950,000，其分錄如下：

現金	950,000	
股本發行折價	50,000	
股本		1,000,000

我國公司法禁止股票折價發行；美國若干州法律允許股票折價發行，惟股東對於股票發行之折價部份，負有一項或有債務，即公司於辦理清算發生資產不足清償對外負債時，股東應即補足原有股票發行折價的部份。

二　認足股份後才收取股款者

公司按發起設立者，發起人應自行認足第一次應發行的股份。其第一次應發行的股份經發起人認足後，應即按股繳足股款，不得分期繳納。

公司如係募集設立者，發起人未能認足第一次應發行的股份時，即須對外公開招募。第一次發行股份總數募足時，發起人應即向各認股人催繳股款。

設振遠股份有限公司資本總額 $1,000,000，分為 $10,000 股，每股面值 $100，股份一次發行，由發起人認購 $400,000 後，其餘 $600,000向外募集。如認股時均按面值認足，並如數收到現金；有關分錄如下：

1. 認足股份10,000股，每股面值$100，應分錄如下：

應收股款　　　　　　1,000,000
　　已認股本　　　　　　　　　　1,000,000

2. 收到股款$1,000,000時，應分錄如下：

現金　　　　　　　　1,000,000
　　應收股款　　　　　　　　　　1,000,000

3. 發行股票時，應分錄如下：

已認股本　　　　　　1,000,000
　　股本　　　　　　　　　　　　1,000,000

三 股份分次發行，並採用額定股本的方式處理

設振遠股份有限公司資本總額$4,000,000，分為40,000股，每股面值 $100，股份分次發行，第一次發行 $1,000,000，由發起人認購 $400,000，其餘則向外募集。如認股時均按面值認足，如數收現，有關分錄如下：

1. 核定股本$4,000,000，作正式分錄如下：

   未發行股本　　　　　　　4,000,000

   　　核定股本　　　　　　　　　　　　4,000,000

2. 認購股本$1,000,000，應分錄如下：

   應收股款　　　　　　　　1,000,000

   　　已認股本　　　　　　　　　　　　1,000,000

3. 收到股款$1,000,000，應分錄如下：

   現金　　　　　　　　　　1,000,000

   　　應收股款　　　　　　　　　　　　1,000,000

4. 股票發行時，應分錄如下：

   已認股本　　　　　　　　1,000,000

   　　未發行股本　　　　　　　　　　　1,000,000

「核定股本」用以表示公司設立登記時的資本總額；至於「未發行股本」則表示公司的債權，惟此項債權如公司不再發行股份時，則屬於或有性質；故通常均將「未發行股本」用以抵銷「核定股本」，蓋此項抵銷與一般資產與負債的抵銷，不可同日而語矣！

茲將上述分錄結果，列報於資產負債表的情形，列示如下：

資產：

　　現金　　　　　　　　　　　　　　　　$1,000,000

業主權益：

股本:

　　核定股本　　　　　$4,000,000

　　減: 未發行股本　3,000,000

　　已發行股本　　　　　　　　　　　$1,000,000

四　延欠認繳股款

　　我國公司法規定: 認股人如延欠應繳納之股款時，發行人應定一個月以上的期限，催告該認股人照繳，並聲明逾期不繳納即失其權利。發起人已為上項之催告，認股人仍不照繳者，即失其權利，至於所認股份，另行募集; 如因而受有損害時，得向該認股人請求賠償。

　　按一般慣例，認股人延欠股款 (default) 時，應加算利息。如公司章程定有違約金時，除加計遲延利息外，應另收違約金。倘逾期不繳納者，公司得沒收並拍賣其股份，就其拍賣所得價款抵補之; 如仍不足時，仍得向原認股人要求補償。

　　設上述振遠股份有限公司之認股人高金樹君認購 500股，每股面值 $100，於繳付 $20,000後，即違約不繳; 該項股份乃由公司將其轉售他人，得款$45,000，並發生轉售費用$2,000。

　　茲將上列資料，按照下列二項假定，列示其會計處理如下:

　1. 假定由公司沒收已繳納之股款:

（1）高金樹君認繳 500 股時，應分錄如下:

　　應收股款　　　　　　　　50,000

　　　　已認股本　　　　　　　　　　　50,000

（2）高金樹君繳納部份股款計 $20,000 時，應分錄如下:

　　現金　　　　　　　　　　20,000

　　　　應收股款　　　　　　　　　　　20,000

（3）沒收高金樹君已繳股款的分錄:

已認股本	50,000	
應收股款		30,000
資本公積—沒收股款盈餘		20,000

(4) 將沒收股份轉售他人之分錄:

現金	45,000	
資本公積—沒收股款之投入資本	5,000	
股本		50,000

(5) 支付股份轉售費用$2,000, 應分錄如下:

資本公積—沒收股款之投入資本	2,000	
現金		2,000

美國若干州法律規定, 凡認股人未於規定時間內繳清股款時, 不論其股份是否另行轉售, 對於已繳納股款, 概不予退還。遇此情形, 上列「資本公積—沒收股款盈餘」帳戶之餘額, 屬於股東權益項下之「投入資本」的範圍。

2. 假定由公司退還已繳納股款

如由公司退還原認股人高金樹君之已繳納股款, 有關上述實例之分錄如下:

(1) 高金樹君認繳 500 股時, 其分錄同上。

(2) 高金樹君繳納部份股款計 $20,000 時, 其分錄同上。

(3) 冲轉認繳人違約的分錄如下:

已認股本	50,000	
應收股款		30,000
應付認繳人違約股款—高金樹		20,000

(4) 將違約股份轉售他人的分錄

現金	45,000	
應付認繳人違約股款—高金樹	5,000	

股本		50,000

(5) 支付股份轉售費用$2,000，應分錄如下：

應付認繳人違約股款─高金樹	2,000	
現金		2,000

(6) 退還認繳人剩餘之違約股款時，應分錄如下：

應付認繳人違約股款─高金樹	13,000	
現金		13,000

上列「應付認繳人違約股款」帳戶，如於期末仍有貸方餘額時，應列入年終時資產負債表之流動負債項下。

16-7　資產交換股份

公司常發行股份以交換所需用之非現金資產或勞務。在此種情況下，會計上將發生如何評價的問題。對於此一評價問題，一般應根據下列順序處理：

1. 按換入資產或發行股份之公平市價，以孰者比較明確者為評價標準。
2. 按外界評估人對換入資產之評估價值為準。
3. 按公司董事會對換入資產之評估價值為準。

設某公司發行普通股 10,000股，每股面值 $10，以交換一項專利權。另假定下列各種不同情況，分別列示其會計處理如下：

情況一：假定專利權的公平市價為$120,000，惟無法確定股票之公平市價時，應以專利權的公平市價為準，則資產交換股票時應分錄如下：

專利權	120,000	
股本		100,000
資本公積─股本發行溢價		20,000

情況二: 假定股票每股之公平市價為 $13，惟專利權之公平市價無法
確定時，應以股票的公平市價為準，則資產交換股票時應分
錄如下:

專利權	130,000	
股本		100,000
資本公積—股本發行溢價		30,000

情況三: 假定專利權及股票的公平市價均無法確定時，公司當局乃聘
請外界獨立評估人評估專利權之公平市價為 $125,000，則資
產交換股票時，應分錄如下:

專利權	125,000	
股本		100,000
資本公積—股本發行溢價		25,000

情況四: 假定專利權及股票均無公平市價，亦無法聘請獨立評估人評
定其價值，乃由公司董事會自行評定專利權的價值為 $128,
000，則資產交換股票的分錄如下:

專利權	128,000	
股本		100,000
資本公積--股本發行溢價		28,000

　　美國習慣法 (Common Law) 賦予公司董事會具有評定交換資產
的權利；惟董事會往往濫用此項權利，故意將交換資產的價值高估，
致發生股票攙水的現象，一般稱之為攙水股票 (watered stock)。另
一方面，董事會也可能以低估交換資產的方法，以達成隱藏秘密準備
(secret reserves) 之目的；凡此種種作法，將使會計資料失去準確
性，實與一般公認的會計原則不符。

公司與獨資及合夥的異同：請參閱表16-1。

公司之組織及種類

公司之組織
- 發起設立：由發起人認足並繳納第一次應發行之股份，而成立新公司，無須對外公開招募。
- 募集設立：發起人未認足第一次應發行之股份，而向外另公開招募者。

公司之種類
- 依公司法之規定而分：(1) 無限公司；(2) 有限公司；(3) 兩合公司；(4) 股份有限公司。
- 依公司所屬國籍而分：(1) 本國公司；(2) 外國公司。
- 依股東身份而分：(1) 公營公司；(2) 民營公司。
- 依股份是否公開發行而分：(1) 公開發行公司；(2) 非公開發行公司。
- 專門職業公司

股東及其權利

股東：乃公司股份或股票之持有人，亦卽公司之業主或投資人。

股東權利
- 管理表決權
- 盈餘分配權
- 優先認股權
- 剩餘財產分配權

普通股與特別股

普通股：普通股東爲公司經營利益之最後享受人，亦爲經營風險之最後承擔人，享有公司管理表決權及其他各項基本權利，故爲公司之主權股，與公司的關係最爲密切。

特別股
- 累積特別股與非累積特別股：公司如無盈餘，其所積欠之特別股股利，應於有盈餘年度補足者，稱爲累積特別股。反之，如無須補足者，爲非累積特別股。
- 參加特別股與非參加特別股：特別股除分配約定之股利率外，尚有權參與普通股分配股利者，爲參加特別股。反之，除約定之股利率外，別無額外之參與分配權利者，爲非參加特別股。

面值與設定值及股票溢價
- 面值：載明於股票票面上之價值。
- 設定值：公司發行無面值股票時，由董事會自行設定一項價值，作爲列帳基礎。
- 股票溢價：股票發行價格超過面值的部份，屬於資本公積項目之一。

公司會計──組成表解

現金發行股份 ┤
　　認購股份並繳足股款。
　　認足股份後才收取股款。
　　股份分次發行並採用額定股本方式處理
　　延欠認繳股款 ┤ 假定由公司沒收已繳納之股款
　　　　　　　　 └ 假定由公司退還已繳納之股款

資產交換股份：公司發行股份以交換所需之資產，其評價可依下列順序：
(1) 按換入資產或發行股份之公平市價，以孰者比較明確
爲準；(2) 按外界評估人對換入資產之評估價值爲準；
(3) 按公司董事會對換入資產之評估價值爲準。

問　　題

1. 試述公司之意義並列舉其種類。

2. 股份有限公司具有那些優劣點，並略加說明之。

3. 法律何以加諸於公司企業組織種種限制?

4. 股份有限公司之資本，應具有那些原則?

5. 何謂股份? 股東享有的權利有那些?

6. 略述股票的種類。普通股與特別股的主要不同何在?

7. 公司何以發行特別股? 試舉例說明之。

8. 一般人認為特別股的性質係介於普通股與債券之間，其故安在?

9. 公司設立時有那兩種方式? 兩種方式的區別何在?

10. 何謂溢價發行? 何謂折價發行? 我國公司法對於股票發行時，其票面金額高低有無限制?

11. 認股人如延欠股款時，會計上應如何處理? 試述其要。

12. 試分別就理論與實務兩方面，說明沒收股款的會計處理。

13. 獨資或合夥企業改組為公司時，其帳務處理應按何項要點辦理?

14. 獨資或合夥企業改組為公司時，如發行股票價值大於擬改組企業的淨資產價值，會計上處理其差額的方式有那二種?

15. 獨資或合夥企業改組為公司時，如發行股票價值小於擬改組企業的淨資產價值，會計上處理其差額的方式有那二種?

16. 解釋下列各名詞:

    (1) 累積特別股與非累積特別股 (cumulative & non-cumulative special stock)

    (2) 參加特別股與非參加特別股 (participating & non-participating special stock)

    (3) 全部參加與部份參加 (fully participating & partial participating)

    (4) 設定值 (stated value)

　(5) 帳面價值（book value）

　(6) 市場價值（market value）

　(7) 獲益能力價值（earnings power value）

　(8) 清算價值（liquidation value）

　(9) 槓桿作用（leverage effect）

選 擇 題

1. 某公司成立於民國七十六年一月二日，經核准發行普通股\$100,000股，每股面值 \$10。民國七十六年間，該公司發生下列資本交易事項：

　　　一月 十二 日：發行普通股20,000股，每股發行價格 \$12。

　　　四月二十三日：發行普通股 1,000股，以交換某甲對公司成立時所提供有關法律方面之服務；發行日，普通股每股公平市價為 \$14。

　民國七十六年十二月三十一日，該公司應列據「資本公積─普通股本發行溢價」若干？

　　（a） \$ 4,000　　　　（c） \$40,000

　　（b） \$14,000　　　　（d） \$44,000

2. 公司獲准發行不可贖回特別股，當每股之認購價格超過其面值時，其超過之部份，應貸記：

　　（a） 負債類帳戶

　　（b） 資本公積─特別股本發行溢價

　　（c） 保留盈餘

　　（d） 收入帳戶

3. 公司獲准發行普通股，如核准發行股份之認購價格超過其面值的部份，應於何時貸記資本公積─普通股本發行溢價帳戶？

　　（a） 認購股份時

　　（b） 繳納股款時

　　（c） 發行股份時

　　（d） 獲准發行時

4. 某公司於民國七十六年七月一日，發行普通股 1,000 股，每股面值 \$10 及可轉換特別股 2,000股，每股面值\$10，二種股票之發行總價為\$40,000。發行日，普通股及特別股每股公平市價分別為\$18及\$13.5。發行總價分攤於普通股及特別股之金額為若干？

    （a）$18,000 及 $22,000

    （b）$16,000 及 $24,000

    （c）$13,000 及 $27,000

    （d）$10,000 及 $30,000

5. 甲公司發行普通股 2,000股，每股面值 $10，用以交換乙公司所擁有之一塊土地。交換日，甲公司普通股每股公平市價為 $18。乙公司最近一期繳納地價稅時，稅單上評估土地價值 $24,000。甲公司發行股票時，應記錄「資本公積─股本發行溢價」帳戶之金額為若干？

    （a）$ 0   （c）$ 10,000

    （b）$4,000   （d）$ 16,000

6. 甲商店民國七十六年十二月三十一日之簡明資產負債表如下：

流動資產	$140,000
設備資產（淨額）	130,000
	$270,000
負　　債	$ 70,000
資本主投資─甲	200,000
	$270,000

民國七十六年十二月三十一日， 重估流動資產及固定資產之價值， 分別為 $160,000及$210,000；俟民國七十七年一月二日，甲商店正式改組為公司，發行股票 5,000股，每股面值 $10，「資本公積─股本發行溢價」應貸記若干？

    （a）$320,000   （c）$230,000

    （b）$250,000   （d）$200,000

7. 某公司成立於民國七十六年一月一日，由政府核准發行下列股票：

普通股：80,000股，無面值，每股設定值 $10。

特別股： 5,000股，每股面值 $10， 5％可累積。

民國七十六年間，共發行普通股 48,000股，每股發行價格 $12.50，特別股

3,000股，每股發行價格 $16。另於七十六年十二月二十日， 認股人某甲認購特別股1,000 ，每股認購價格為$17，股款於七十七年一月二日收妥。民國七十六年十二月三十一日， 該公司於資產負債表上， 應列報投入資本若干？

  （a）　$520,000　 （c）　$665,000

  （b）　$648,000　 （d）　$850,000

8. 某公司於民國七十六年度，發行可轉換特別股 5,000股，每股面值$100，發行價格$110。特別股每股可轉換為每股面值 $25之普通股 3 股，轉換與否，特別股東具有選擇之權利。民國七十六年十二月三十一日，所有特別股均已轉換為普通股；轉換日，普通股每股公平市價 $40。民國七十六年十二月三十一日，普通股本帳戶應貸記若干？

  （a）　$375,000　 （c）　$550,000

  （b）　$500,000　 （d）　$600,000

練　習

E 16-1　華興股份有限公司成立於74年 1 月 1 日。成立時發行普通股10,000股，每股面值 $100；另發行九厘特別股2,000股，每股面值$100；已知全部股份均按面值發行。三年來該公司淨利及股利發放之情形如下：

年　度	淨　　利	發 放 股 利
74	$ 60,000	$ — 0 —
75	100,000	— 0 —
76	150,000	198,000

試就下列各種假定，計算該公司普通股及特別股76年度應得之股利：

(1) 特別股為非累積非參加。

(2) 特別股為累積而非參加。

(3) 特別股為累積而部份參加至14%。

(4) 特別股為累積而全部參加。

E 16-2　華民股份有限公司76年12月31日之股東權益如下：

六厘特別股 5,000股，每股面值 $ 100………	$	500,000
普通股 10,000股，每股面值$50……………		500,000
資本公積─普通股本發行溢價…………………		20,000
保留盈餘…………………………………………		80,000
合　　計……………………………………………	$	1,100,000

該公司因受世界經濟不景氣的影響，營利欠佳，故於73年度最後一次發放股利以後，即未曾再分派。現悉76年度股利照發。

試就下列兩種情形，計算特別股及普通股每股帳面價值：

(1) 非累積特別股。

(2) 累積特別股。

E 16-3　華夏公司成立於76年 7 月 1 日，奉准發行普通股 20,000股，每股面值 $100，並發生下列交易：

7月10日，收到10,000股之認股書，每股認購價格 $ 100。

8月15日，收到7月10日已認股份之全部股款。

8月16日，發行已收股款之全部股票10,000股。

9月1日，收到 5,000股之認股書，每股認購價格 $ 105。

9月15日， 9月1日所收之認股書，本日已全部收到股款並發給股票。

10月1日，收到 5,000股之認股書，每股認購價格$108。

10月31日，收到10月1日所認股份中 2,000股之股款及其溢價。

試作:

(1) 股票交易之分錄。

(2) 過入有關分類帳。

(3) 編製 76 年10月31日止之資產負債表。 假定上述為該公司僅有之交易。

E16-4　設華國合夥商店，民國七十六年十二月三十一日時之資產負債表如下:

華國合夥商店

資產負債表

民國七十六年十二月三十一日

現　　金		$ 200,000	應付帳款		$ 120,000
應收帳款	$320,000		甲合夥人資本		300,000
減: 備抵壞帳	10,000	310,000	乙合夥人資本		300,000
存　　貨		160,000	丙合夥人資本		200,000
房屋	$500,000		丁合夥人資本		200,000
減: 累積折舊	50,000	450,000			
合　　計		$1,120,000	合　　計		$1,120,000

(1) 甲、乙、丙、丁四人損益按 3: 3: 2: 2分配。 茲決定於七十七年一月五日，擬將該合夥商店改組為華國股份有限公司，股本總額為 $1,500,000, 分為15,000股, 每股面值 $100。

(2) 資產經重估結果，存貨應增值 $40,000，房屋應增值 $55,000，備抵壞帳應增列$5,000，其餘尚屬正確。

(3) 華國股份有限公司給與甲、乙、丙、丁各合夥人股票共10,000股。另 5,000股則向外公開發行，按面值如數收到現金。

試記錄合夥改組爲公司及對外發行股票之有關事項，並編製改組後之資產負債表。

E 16-5　下列爲某公司民國75年度有關股東權益之交易事項:

7 月 1 日　經主管機關核准發行特別股10,000股，每股面值 $50，普通股 100,000股每股 $10。

7 月 5 日　發行普通股25,000股，每股發行價格 $12。

7 月 5 日　發行普通股 1,000股，以交換一項專利權，已知該項專利權之公平市價爲 $14,000。

7 月 8 日　收到投資人某甲的認股書，認購特別股10,000股，每股認購價格$52.50。

7 月 9 日　某甲認購特別股股款之60%，已繳來現金。

7 月15日　某甲繳清認購特別股之剩餘股款，並發給股票。

8 月 9 日　某乙經營獨資商店若干年，　下列各項資產均按公平市價評價:

土　　　地	$100,000
建　築　物	200,000
設　　　備	50,000

另悉某乙以建築物向銀行抵押借款，尙欠$ 50,000。

該公司與某乙達成協議，發行普通股票25,000股，以交換各項資產，並承擔銀行抵押借款。

8 月30日　發行普通股票3,000股，以交換機器一批，計$36,000。

試記錄上列各交易事項。

E 16-6　某公司75年12月31日之分類帳包括下列各項:

應收帳款　　　　　　　　　　　　　　　$ 35,000

機器設備	115,000
短期投資	80,000
土　　地	90,000
普通股本，每股面值 $10	800,000
保留盈餘	165,000
應收股款一普通股	75,000
特別股本，每股面值 $50	250,000
專利權	25,000
普通股已認股本	200,000
開辦費	20,000
資本公積一普通股發行溢價	85,000
資本公積一特別股發行溢價	90,000
捐贈資本	90,000

試求: 請根據上列資料，編製該公司75年12月31日資產負債表股東權益部份。

E16-7　某公司發行下列各項股票:

(1) 特別股5,000股，每股面值$100, 10％累積非參加。

(2) 普通股 200,000股，每股面值 $10。

另悉該公司五年來分配股利如下:

72年度:	$ — 0 —
73年度:	80,000
74年度:	130,000
75年度:	145,000
76年度:	200,000

請分別計算五年度特別股與普通股所獲得之股利。

E16-8　某公司的股東權益帳戶包括下列各項:

(1) 9 ％特別股 10,000股，每股面值 $50。

(2) 普通股 300,000股，每股面值 $10。

(3) 普通股發行溢價 $ 300,000。

(4) 特別股發行溢價 $ 40,000。

(5) 保留盈餘 $ 1,155,000。

試求:

(1) 假定特別股每股之清算價值為$60，請計算每一種股票的權益價值。

(2) 假定特別股每股之清算價值為 $60加積欠股利，而且僅當年度積欠一年度股利。請計算每一種股票的權益價值。

習　　題

P 16-1　益新公司成立於72年1月1日，成立時核准發行股本如下：

普通股10,000股，每股面值 $ 100。

六厘累積非參加特別股 2,000股，每股面值 $ 100。

截至76年12月31日時，已發行股本如下：

72年1月1日：發行普通股 2,500股，每股發行價格 $ 100。

72年1月10日：發行六厘特別股 1,000股，每股發行價格 $ 110。

74年1月1日：發行普通股2,500股，每股發行價格 $108。

自72年1月1日至76年12月31日間，該公司每年淨利及支付現金股利如下：

年度	稅後淨利（損）	法定公積	特別股股利	普通股股利	保留盈餘
72	$　50,000	$ 5,000	$　6,000	$　20,000	$　19,000
73	60,000	6,000	6,000	20,000	47,000
74	120,000	12,000	6,000	40,000	109,000
75	(150,000)	—	—	—	(41,000)
76	80,000	8,000			

現悉該公司由於75年度鉅額虧損，故76年度暫不發放任何股利。試計算76年12月31日每種股票之帳面價值。

P 16-2　益民合夥商店民國七十七年六月三十日之資產負債表如次頁：

益民合夥商店
資產負債表
民國七十七年六月三十日

現　　金		$ 280,000	應付帳款		$　252,000
應收帳款	$260,000		甲合夥人資本		600,000
減：備抵壞帳	16,000	244,000	乙合夥人資本		360,000
存　　貨		200,000			
辦公設備	$320,000				
減：累積折舊	32,000	288,000			
土　　地		200,000			
合　　計		$1,212,000	合　　計		$　1,212,000

　　該合夥商店擬改組為公司，並向外招募股份。已知甲、乙兩合夥人損益分配比率為 2：1。 新成立之公司定名為益民股份有限公司， 股本總額 $ 2,000,000， 分為 20,000 股，每股面值 $ 100。

　　新公司接受原合夥商店之資產，並承擔各項負債；惟各項資產經重新評價如下：

(1) 備抵壞帳應增列 100％。

(2) 存貨應增值20％。

(3) 土地應增值 $78,000。

(4) 應付費用應補列 $12,000。

甲、乙兩合夥人取得新公司之股票 10,000 股，其餘 10,000 股按每股 $105 之價格向外招募，經全部認足，繳清股款，股票亦已發行。

試求：

(1) 分錄各有關交易事項。

(2) 編製新公司成立時之資產負債表。

P 16-3　益欣公司成立於75年 1 月 2 日，並發行五厘累積特別股15,000股，每股

面值 $50，惟按每股 $54 售出。另發行無面值普通股票 12,500股，每股售價$ 23，董事會之設定值每股爲$ 20。

該公司每年淨利及股利之發放情形如下：

年度	淨　　利	股　　利
75	$ 140,000	$ 60,000
76	145,000	90,000

試根據下列假定，計算每年各種股票應分配之股利。

(1) 特別股爲非參加者。

(2) 特別股爲部份參加至 7 % 者。

(3) 特別股爲全部參加者。

P 16-4　益聲公司於七十六年 十二 月三十一日與華聲公司合併，另成立益華公司。合併後之資產負債表如下：

益 華 公 司

資 產 負 債 表

七十六年十二月三十一日

資　　產:			負債及業主權益:		
流動資產:			流動負債:		
現　　金	$172,000		應付帳款		$ 400,000
應收帳款	330,000		業主權益:		
短期投資	224,000		股　　本	$1,200,000	
存　　貨	156,000	$ 882,000	保留盈餘	400,000	1,600,000
廠房及設備資產:					
廠房及設備	$308,000				
機器及設備	810,000	1,118,000			
合　　計		$2,000,000	合　　計		$2,000,000

另悉:

(1) 益聲公司之資產包括:

現　　金	6%
應收帳款	15%
短期投資	12%
存　　貨	8%
廠房及設備	9%
機器及設備	50%
合　　計	100%

(2) 華聲公司負債及股東權益之比例如下:

流動負債: 股本: 盈餘 = 1: 2: 1

(3) 華聲公司股東權益總額等於益聲公司之機器及設備價值。

試編製兩公司合併前之資產負債表。

P 16-5　劉氏公司連續六年度之股利如下:

年度	股利發放數	特　別　股　股　利		普　通　股　股　利	
		合　計	每　股	合　計	每　股
71	$　10,000				
72	60,000				
73	80,000				
74	336,000				
75	448,000				
76	42,000				

　　在六年期間，股本包括十厘特別股4,000股，每股面值 $100，累積參加; 普通股 20,000股，每股面值 $100。特別股發行條款規定: 凡於普通股每股分配股利 $10後，特別股尚有權利按資本額比例參加普通股分配股利。

試:

(1) 請按所列示之表格, 計算六年度期間每一種股票之股利合計數及每股股利。

(2) 請計算六年度期間, 每一種股票之平均每股股利 。

P 16-6 利民公司76年 6 月 1 日各股東權益帳戶之餘額如下:

特別股核准發行10,000股, 每股面值 $50, 已發行
並流通在外 9,000股。 $ 450,000

普通股核准發行 100,000股, 每股面值 $10, 已發行
並流通在外 75,000股,   750,000

資本公積—特別股發行溢價   19,000

資本公積—普通股發行溢價   120,000

保留盈餘   190,000

6 月 3 日　召開股東大會, 通過董事會所提之擴充廠房方案, 根據此一方案, 需要擴充成本預計$475,000, 並循下列計畫進行:

6 月12日　發行普通股10,000股, 以交換土地及建築物; 已知土地及建築物之公平市價分別爲 $135,000 及 $35,000。

6 月24日　發行特別股 1,000股, 每股發行價格爲 $55, 收到現金。

6 月30日　向中國國際商業銀行借款 $ 250,000, 利率13%。

試:

(1) 分錄上述各交易事項。

(2) 編製76年 6 月30日資產負債表之股東權益部份:

第十七章 公司會計——增投資本、保留盈餘與股利

17-1 股東權益的組成因素

股東權益的組成因素甚多，一般可歸納爲下列三項：（1）投入資本；（2）保留盈餘；（3）未實現資本增值或損失。茲列示股東權益之組成因素一覽表如下：

表 17-1

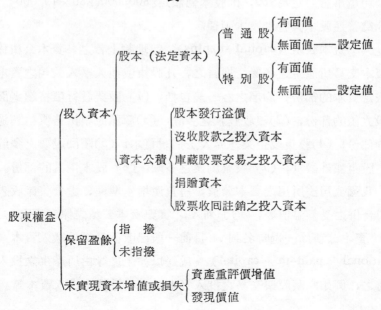

一 投入資本 (contributed capital)

乃股東或捐贈者所投入之資本, 通常又稱爲繳入資本 (paid-in capital)。一般包括下列二項:

1. 股本 (capital stock): 股本乃公司之法定資本 (legal capital)。股份有限公司將股本分爲若干相等的單位, 每一單位均稱爲股份 (share) 或簡稱股; 股本係指股份所代表的法定資本總額。公司爲表彰股東的權利, 並方便所有權之自由轉讓, 乃將股份用股票表示之。例如某公司將資本分成 10,000 等份, 每等份爲一股, 並發行股票 10,000 股以表彰股東之權利; 則該公司股本總額爲 $1,000,000 ($100×10,000)。 公司如發行無面值股票時, 股本則以設定值 (stated value) 表示之。 例如某公司發行無面值股票10,000股, 每股由公司董事會設定爲$80, 則股本總額爲$800,000($80×10,000)。股本分爲普通股本與特別股本兩種。

2. 資本公積 (capital surplus): 就理論上言之, 資本公積係指由資本交易所產生之多餘。換言之, 凡股東或他人繳入公司之資本超過法定資本的部份, 均屬之。一般包括: (1)股票發行價格超過面值或設立值的部份; (2)沒收股款之多餘; (3)庫藏股票出售價格超過成本的部份; (4)股東或企業外界人士捐贈資本; (5)贖回股票之多餘; (6)股東額外徵款; (7)股票調換之多餘; (8)股本削減的部份。

我國公司法所用之資本公積, 將資產增值準備、處分資產收入及公司合併之受盤溢價等, 均予列入, 實與資本公積之原意不合。 況且, 資本公積係一過時名詞, 目前一般已改稱爲額外繳入資本 (additional paid-in capital), 或逕以發生之緣由所產生之投入資本稱之, 例如庫藏股票交易之投入資本、沒收股款之投入資本等。

二　保留盈餘 (retained earnings)

係指公司歷年來由營業上所獲得之純益，其未分配給股東或未轉作資本或由資本公積或資本轉入以彌補虧損之剩餘累積數，過去均以盈餘公積 (earned surplus) 稱之，惟此一名詞現在已不再使用。

保留盈餘可分為已指撥與未指撥兩種。前者乃指公司因某些特定目的，而將保留盈餘的一部份，暫時予以轉入特定科目，使盈餘不分配給股東，俟特定目的達成後再予轉回；後者乃指保留盈餘之未加任何限制的部份，可充當任何必要之用途。

三　未實現資本增值或損失

乃公司資產增值或發現資產價值之貸方科目，為股東權之增加；反之，如公司資產發生減值的現象，則為未實現資本損失。資產增值在我國稱為「資產增值準備」，惟理論上應以「資產重評價增值」稱之。發現資產乃股東因公司發現某項天然資源之價值，而獲得額外權益之部份。

本書第十六章已討論過股本發行的有關會計處理方法，本章將繼續闡述股東權益的其他各項組成因素。

17-2　庫藏股票

一　庫藏股票的性質

稱庫藏股票 (treasury stock) 者，指公司自有之股票，曾發行在外，經重行收回而留存於公司庫存內，並未按照法定程序註銷其股權。因此，庫藏股票應具有下列三項條件：

　1. 係公司自有之股票，如持有他公司發行的股票，並非庫藏股

票。

2. 曾經發行在外，再予收回者，如未曾發行的股票，並非庫藏股票。

3. 未依法定程序註銷者，如已依法定程序註銷之股票，並非庫藏股票。

二 收回股票的法定原因

法律如任由公司收回自己發行的股票，不獨公司的資本因而減少，損害債權人的利益，且可能進而控制股票價格，擾亂股票市場，故為我國法律所禁止。但有下列情形之一者，不在此限：

1. 特別股之收回：特別股係股東平等原則之例外，如許其長久存在，影響普通股權益，故得以盈餘或發行新股所得股款收回之。

2. 少數股東請求收買：股份有限公司應經股東會決議之事項，均採多數表決方式，少數股東的意見，常不受尊重，公司法為彌補此項缺失，乃允許少數股東於發生上述情形時，得請求公司按公平市價買收其股份之權利，以保障少數股東的利益。

3. 股東於清算或受破產宣告時，如結欠公司的債務，公司得按市價收回其股份，抵償其於清算或破產宣告前結欠公司之債務。

依上列第一種情形收回者，其目的在於註銷特別股，不會構成庫藏股票之存在；第二及第三種情形，在收回後出售前，即構成庫藏股票的事實。

三 庫藏股票的會計處理

庫藏股票的會計處理方法有二：(1) 成本法；(2) 面值法。

1. 成本法 (cost method)

此法係以取得庫藏股票的成本，作為列帳的根據。出售庫藏股票

價格超過成本的部分，貸記「資本公積—庫藏股票交易之投入資本」帳戶，屬於投入資本之一。反之，如出售庫藏股票價格低於成本時，根據公認會計原則，其差額應根據下列順序彌補之：（1）出售同類庫藏股票所發生之多餘；（2）保留盈餘。此外，購入庫藏股票用以註銷股本時，原發行之股本溢價（或折價）帳戶，也應按比例冲銷之。

由上述可知，成本法將買入與出售庫藏股票視爲單一交易觀念（one-transaction concept）。庫藏股票於未出售時，並非資產，應將全部成本作爲股東權益總額的抵減項目。

茲舉一實例說明之。設福林公司之股東權益包括下列各項：

股東權益：

股本：10,000股@$10，全部發行在外流通	$100,000
資本公積—股本發行溢價：10,000股@$2	20,000
保留盈餘	32,000
合計	$152,000

（1）購入庫藏股票的分錄：

福林公司以每股$13購入庫藏股票1,000股，其分錄如下：

庫藏股票	13,000	
現金		13,000

保留盈餘之指用分錄如下：

保留盈餘	13,000	
購買庫藏股票指撥盈餘		13,000

（2）設福林公司以每股$16出售庫藏股票500股，應分錄如下：

現金	8,000	
庫藏股票		6,500
資本公積—庫藏股票交易之投入資本		1,500

（3）又假定福林公司註銷剩餘之庫藏股票500股時，應分錄如下：

股本	5,000	
資本公積─股本發行溢價	1,000	
資本公積─庫藏股票交易之		
投入資本	500	
庫藏股票		6,500

　　庫藏股票重新出售或註銷後，對於原來購買庫藏股票指用盈餘之分錄，應予解除如下：

購買庫藏股票指用盈餘	13,000	
保留盈餘		13,000

　　2. 面值法 (par value method)

　　稱面值法者，係指於購入或出售庫藏股票時，均按面值作為列入庫藏股票之根據。面值法將購入與出售庫藏股票，視為獨立的交易事項，又稱為雙重交易觀念 (dual transaction concept)。當購入庫藏股票時，視為贖回股本；當出售庫藏股票時，視為股本之新發行。

　　設如上述福林公司之例，列示其面值法之會計處理如下：

　　(1) 購入庫藏股票的分錄：

　　福林公司以每股 $13 購入庫藏股票1,000股，其分錄如下：

庫藏股票	10,000	
資本公積─股本發行溢價	2,000	
保留盈餘	1,000	
現金		13,000

　　在面值法之下，當購入庫藏股票時，視為贖回股本，故對於原來股本發行溢價或折價之部份，也應一併沖銷。

　　保留盈餘的指撥分錄如下：

保留盈餘	13,000	
購買庫藏股票指撥盈餘		13,000

(2) 福林公司以每股$16出售庫藏股票500股，應分錄如下：

現金	8,000	
庫藏股票		5,000
資本公積—股本發行溢價		3,000

出售庫藏股票時，凡售價超過面值的部份，視為新發行之股本發行溢價，貸記「資本公積—股本發行溢價」帳戶。如售價低於面值時，其差額比照上述原則，先以同類庫藏股票交易所發生之盈餘抵充之，如有不足，再以「保留盈餘」遞補。

(3) 又假定福林公司註銷剩餘之庫藏股票 500 股時，應分錄如下：

股本	5,000	
庫藏股票		5,000

在面值法之下，因庫藏股票已按股票面值列帳，故當股票註銷時，僅須將「庫藏股票」與「股本」帳戶，按面值予以沖銷即可。

解除原來「購買庫藏股票指撥盈餘」之分錄如下：

購買庫藏股票指撥盈餘	13,000	
保留盈餘		13,000

綜上所述，茲將庫藏股票之會計處理重點，臚列於後：

1. 「庫藏股票」並非資產。在成本法之下，「庫藏股本」應作為股東權益總數之抵減項目；在面值法之下，「庫藏股票」應就其面值部份直接列為股本之抵減項目。

2. 在庫藏股票交易中，不認定任何利益或損失。

3. 保留盈餘不因庫藏股票交易而增加，惟可能因此項交易而減少。

4. 因採用不同的會計處理方法，投入資本與保留盈餘數字，可能產生若干差異，惟其股東權益總額却不變。

5. 保留盈餘內相當於庫藏股票的數額，應予限制，不得發放股利。

17-3 捐贈資本

一般言之，捐贈資本發生之原因有二：(1)政府或地方人士之捐贈，其目的在於吸引企業在當地投資或設廠，藉以繁榮地方；(2)股東捐贈，以協助企業籌措資金。有關政府或地方人士之捐贈，吾人於本書第十二章內已討論過捐贈取得資產之會計處理方法。蓋捐贈取得資產時，應按取得資產的公平市價，借記「資產」帳戶，貸記「捐贈資本」帳戶。如為附有條件之捐贈，則於受贈時，對於所附條件是否能履行，尚在未定之數；因此，可先借記「或有資產」，貸記「或有捐贈資本」，俟將來條件履行後，再借記「資產」，貸記「捐贈資本」，並把原來受贈時之「或有資產」與「或有捐贈資本」沖銷。

設某公司於民國七十六年六月一日接受地方人士捐贈土地一方，作為建廠之用，言明須於二年內建廠完成，始能取得土地所有權。已知土地之公平市價$60,000，則受贈時應分錄如下：

或有土地	60,000	
或有捐贈資本		60,000

上列「或有土地」及「或有捐贈資本」，屬於或有性質，於資產負債表內，可用附註方式備註。

俟二年後建廠完成，正式取得捐贈資產時，應分錄如下：

土地	60,000	
捐贈資本		60,000

原來受贈時之分錄，應予沖銷如下：

或有捐贈資本	60,000	

或有土地	60,000

至於股東捐贈之資本，往往採用捐贈股票的方式，由公司於取得捐贈股票後，再重新對外發行，以增加公司可用的資金。股東採用此種捐贈股票的方式，於受贈當時，並不影響資產負債表的增減變化，僅於備忘簿內註明庫藏股票捐贈的日期及股數即可，不必作分錄。俟庫藏股票重新出售時，再按出售收入借記「現金」，貸記「捐贈資本」。

設某公司接受股東之捐贈，取得股票2,000股，每股面值$10；公司即予出售，每股售價$12，其分錄如下：

現金	24,000	
捐贈資本		24,000

捐贈資本屬於資本公積性質，根據我國公司法之規定，資本公積除填補虧損外，不得使用之。公司以資本公積彌補虧損時，非於盈餘公積有不足時，不得以資本公積補充之。

17-4 保留盈餘及其指撥

一 保留盈餘的內容

保留盈餘，係指公司企業歷年來，由營業或非營業所獲得之淨利，扣除已分派給股東及轉增資，或由資本公積或資本轉入以彌補虧損後之累積餘額，仍然留存於公司帳上的部份。

保留盈餘之內容極為廣泛，除營業之正常損益外，尚包括偶發事項、特殊損益項目、會計變更及前期損益調整等。如累積損失大於累積盈餘，產生借方餘額時，稱為累積虧絀 (cumulative deficit)。

茲列示保留盈餘之增減項目如次頁：

保　留　盈　餘

(1) 淨損（包括特殊損失項目）	(1) 淨利（包括特殊利益項目）
(2) 前期損失調整（包括會計錯誤借方數字）	(2) 前期利益調整（包括會計錯誤貸方數字）
(3) 庫藏股票交易產生淨資產減少	(3) 資本公積或資本轉入以彌補累積虧損
(4) 公司重整時消除資產高估價值	
(5) 現金股利	
(6) 股票股利	

二　保留盈餘的指撥

　　所謂保留盈餘的指撥（用）係指公司根據法令規定、契約限制、或基於本身需要，就盈餘中指定一部份作為某特定用途，不得分配股利者。因此，吾人分別就下列三點說明保留盈餘的指撥。

　　1.　根據法令規定指撥

　　我國公司法規定：公司每年所獲得之盈餘，於完納一切稅捐後，分派每一營業年度之盈餘時，應先提出百分之十為法定盈餘公積，但法定盈餘公債提存已達資本總額時，則不在此限 ❶。由此可知，法定盈餘公積係依公司法之規定，強制提存，不容公司章程或股東會之決議而加以變更者，故又稱為強制公積。

　　設某公司民國七十六年度稅前淨利為$1,000,000，假定預計所得稅為$290,000，並依法提存法定盈餘公積10%，茲列示法定盈餘公積之提存分錄如下：

$$(\$1,000,000-\$290,000)\times 10\% = \$71,000$$

---

❶　公司法第 237 條。

本期損益　　　　　　　71,000

　　法定盈餘公積　　　　　　　　　　71,000

　　上例係假定該公司並無前期虧損的情形。如前三年內有虧損時，得自本年度純益中扣除，抵減所得稅後，再提存法定盈餘公積。

　　法定盈餘公積有下列三項用途:

　　(1) 彌補虧損: 公司如發生虧損時，應先以盈餘公積抵充之，非於盈餘公積有不足時，不得以資本公積補充。按此處所稱盈餘公積者，係指法定盈餘公積而言。

　　公司以法定盈餘公積彌補虧損時，其分錄如下:

　　法定盈餘公積　　　　　×××

　　　累積虧損　　　　　　　　　×××

　　(2) 轉作資本: 公司於股份總額全部發行後，得由股東會之決議，將公積之全部或一部轉作資本，按股份原有比例發給新股。惟以法定盈餘公積擴充資本者，以該項盈餘公積已達資本總額，並以擴充其半數為限❷，以免失去提存法定盈餘公積之原意。其轉作資本之分錄如下:

　　法定盈餘公積　　　　　×××

　　　股本　　　　　　　　　　×××

　　(3) 分派股利: 公司如有虧損，應儘先以盈餘公積彌補; 蓋公司資本之維持，應優先於股利之分派，故法律規定公司非彌補虧損及提存法定盈餘公積後，不得分派股利。惟法定盈餘公積已超過資本總額百分之五十時，或於有盈餘年度所提存之盈餘公積有超過該盈餘百分之二十以上之數額，公司為維持股票價格，得以其超過部份派充股利❸。分派股利之分錄如次頁:

---

❷　公司法第 241 條。
❸　公司法第 232 條。

法定盈餘公積	×××	
應付股利（或現金）		×××

2. 根據契約指撥

公司發行債券時，為保障債權人權益，往往於其發行條款內規定，每年應按某一特定標準指撥償債基金準備，以限制股東盈餘之分配。此外，公司為減輕債券到期支付一筆鉅額債務之重擔，可另提存償債基金現金，專戶儲存備用。惟「準備」與「基金」完全不同，蓋前者係對盈餘用途之限制，並無實質現金或其他資產存在，不能用以還債；後者係由普通現金提存而來，具有實質現金或其他資產存在，可用於還債。

設某公司發行公司債$1,000,000，根據公司債發行條款之規定，公司每年應從盈餘中提撥$100,000，以限制盈餘之使用。其有關分錄如下：

(1) 提撥償債基金準備之分錄：

保留盈餘	100,000	
償債基金準備		100,000

(2) 公司如另提存償債基金現金$100,000時，應分錄如下：

償債基金現金	100,000	
現金		100,000

(3) 十年到期，償債基金現金已累積足額，以償債基金現金還債時，應分錄如下：

應付公司債	1,000,000	
償債基金現金		1,000,000

(4) 公司債已如期償還，償債基金準備提存之目的已達成，應將償債基金準備轉回保留盈餘。其分錄如下：

償債基金準備	1,000,000

保留盈餘　　　　　　　　　　　　　**1,000,000**

3. 根據公司需要提撥

公司有時為某些特定目的，可依公司章程、股東會或董事會之決議，由盈餘中任意提撥若干數額，以限制股東盈餘之分配，此即稱為特別盈餘公積 (special reserve) 或任意公積。特別盈餘公積之提存，視事實需要由公司自行決定，公司法不加干涉。特別盈餘公積係為特定用途而提存者，惟於提存時，事實尚未發生，故常以「各項準備」(reserve) 稱之，例如擴充營業準備、意外準備、平均股利準備、贖回特別股票準備等。

根據美國財務會計準則委員會的意見：凡經指撥後之保留盈餘，仍應列報於股東權益項下，並明白表示此項盈餘已受限制之事實。任何成本或損失，均不得冲抵此項已受限制之「準備」帳戶，亦不得將此項「準備」帳戶轉列淨利 ❹。

三　未指撥保留盈餘

凡盈餘未經指定作為某特定用途，或未受任何限制的部份均屬之。未指撥盈餘既係盈餘中之自由部份，可供股東分配股利之用，在會計上通常以「保留盈餘」稱之，我國法律上稱為「未分配盈餘」。

茲舉一項簡單實例，列示我國一般公司每年分派盈餘之情形。

設某公司民國七十六年度結算後稅前淨利為$1,000,000預計所得稅為$290,000，並假定按下列各項提撥及分配：

(1) 法定盈餘公積——10%

(2) 特別盈餘公積（假定按稅後及提存法定盈餘公積後之餘額為準）：

擴充廠房準備——10%

---

❹　*FASB Statement* No. 5, Par. 15, Mar., 1975.

意外準備——10%

(3) 應付股利——按股本總額$4,000,000之 8 %計算。

(4) 應付董監事酬勞——按盈餘扣除所得稅後之 5 %計算。

(5) 應付員工獎勵金——按盈餘扣除所得稅後之10%計算。

已知期初未指撥保留盈餘為$120,300。茲根據上列資料，分別就盈餘分配計算表、及其分配分錄，列示如下：

1. 盈餘分配計算表：

某公司七十六年度盈餘分配計算表

本期淨利		$1,000,000
減：預計所得稅		290,000
稅後淨利		$ 710,000
減：法定公積：$710,000×10%		71,000
餘額		$ 639,000
減：特別盈餘公積：		
擴充廠房準備：$ 639,000×10%＝$ 63,900		
意　外　準　備：$ 639,000×10%＝$ 63,900		
應　付　股　利：$4,000,000× 8 %＝ 320,000		
應付董監事酬勞：$ 710,000× 5 %＝ 35,500		
應付員工獎勵金：$ 710,000×10%＝ 71,000		554,300
本期未指撥保留盈餘		$ 84,700

2. 本期損益轉入保留盈餘的分錄：

本期損益	1,000,000	
保留盈餘		1,000,000

3. 盈餘分配的分錄：

保留盈餘	595,300	
股利	320,000	
應付估計所得稅		290,000
法定盈餘公積		71,000

擴充廠房準備	63,900
意外準備	63,900
應付股利	320,000
應付董監事酬勞	35,500
應付員工獎勵金	71,000

4. 股利轉入保留盈餘的分錄：

保留盈餘	320,000	
股利		320,000

17-5　股利之發放

　　股利（dividend）係指股東依持有股份比例，自公司所獲得之各項分派，包括現金、財物、債券、票據或股票等。我國公司法在民國五十九年九月四日修正之前，稱其為股利；現行公司法則改稱為股息及紅利。稱股息者，係指根據資本額所計算之利息；公司章程內得訂定股息利率之高低，亦可在股票上載明之；按此項利率所分派之盈餘，即稱為股息。公司除依照所約定之利率分派股息外，如尚有盈餘時，得再分派給各股東的部份，則稱為紅利。

　　組織公司之目的在於營利；公司每屆營業年度終了辦理結算後，如獲有盈餘時，於完納一切稅捐及提存法定盈餘公積後，應按各股東持有股份之比例，分派股利。又公司如因過去年度發生虧損而尚有未彌補之情形者，非於彌補虧損及提存法定盈餘公積後，不得分派股利。

　　一般言之，股利之發放，應遵守下列各項原則：(1) 股利來源，以盈餘為限；公司有盈餘，始有股利之分派：故我國公司法第 232 條規定：「公司無盈餘時，不得分派股息及紅利」。蓋股份有限公司純

以資本而結合，法定資本為公司債權人之唯一保障，故股利之分派，應以盈餘為原則，不得浸蝕公司之法定資本。(2) 股利發放，應力求穩定：公司每期所分派之股利，應保持一定之水準，不可忽高忽低，以免影響投資人之投資意願，俾能穩定股票之市價。(3) 發放時間應前後一致：公司每年發放股利之期間，應維持一致，不可任意提前或延後，以免影響投資者的心理。

我國一般公司對於股利之分派，係由董事會擬定議案，經提交股東會承認後才能確定，此與美國情形不同，蓋美國對於股利之分派係由董事會決議，無須經股東會承認。

公司發放現金股利時，有下列三個重要日期，代表三個不同的階段：

(1) 公告日：卽董事會所提出之盈餘分派案，經股東會認定後，公司對外正式公告之日。股利對外公告後，公司卽應承擔應付股利之債務，無法撤銷。

(2) 登記日：卽股東向公司登記股權之日，亦卽於除息或除權基準日之前，股東向公司辦理股票過戶之日。蓋上市公司之股票，在股票市場上公開買賣，股權屬誰，殊難確定，故應由公司訂定除息或除權基準日，由股東在規定期間內辦理股權登記過戶手續。但為方便公司內部整理股東名冊，公司法規定在除權基準日之前五日停止股票過戶。在股票過戶前附有股利之股票，稱為附息股票 (dividend-on stock)。

股票持有人向公司辦理過戶後，公司應將股東姓名、通訊地址或居所等登記於公司股東名簿內，並留存印鑑，以備發放股利之憑證。

(3) 發放日：卽公司支付股利之日。通常由公司按股東名簿簽發支票，並憑股東辦理過戶時所預留之印鑑領取。

股利依其發放之標的，可分(1) 現金股利；(2) 財產股利；(3)

建設股息；（4）股票股利。除股票股利留待下一節討論外，本節將闡明其他三種股利。

一　現金股利

現金股利是通常的一種股利發放方式；公司於公告現金股利之前，除應遵守前述之股利發放原則外，並須符合下列三項要件：（1）有足夠保留盈餘；（2）有充裕現金；（3）須經股東會決議。

特別股因具有優先分配股利的權利，故應與普通股分開，單獨設立股利帳戶。倘若特別股有二種以上，其優先權利各有不同，特別股股利帳戶宜再分設。當公司對外公告股利時，應借記「股利」帳戶，貸記「現金」帳戶；如股利公告日與發放日不同時間，則貸記「應付股利」帳戶。

設某公司民國七十六年度之盈餘分配案，經股東會決議通過，並於七十七年一月七日公告，普通股流通在外股票 1,000,000 股，每股發放現金股利 $0.32，訂定二月七日為除息基準日，在除息基準日之前五日內，停止股票過戶，二月二十二日正式發放。茲列示現金股利之各項分錄如下：

1. 77年1月7日股利公告日之分錄：

股利　　　　　　　　　320,000

　　應付股利　　　　　　　　　　320,000

$0.32 \times 1,000,000 = $320,000

2. 77年2月22日股利發放日之分錄：

應付股利　　　　　　　320,000

　　現金　　　　　　　　　　　　320,000

上列「應付股利」帳戶於未發放之前屬於流動負債帳戶。至於「股利」帳戶為抵銷保留盈餘之臨時性帳戶，應轉入保留盈餘，其冲

轉分錄如下:

保留盈餘	320,000	
股利		320,000

若干會計人員於公司對外公告股利時，直接借記「保留盈餘」帳戶，而不使用「股利」帳戶，此種處理方法稍欠妥當，蓋使用「股利」帳戶不但可顯示其用途，而且易於分辨保留盈餘的內容，有助於保留盈餘表之編製工作。

公司發放普通股股利之前，應先發放特別股股利，蓋特別股享有優先分配股利之權利故也。如為累積特別股，雖然對於過去公司所積欠的股利，具有累積的權利，惟於公司未正式對外公告之前，仍然非為負債。

二 財產股利

公司如缺乏現金可資發放股利時，可用現金以外之財產如證券、商品、不動產或其他財產代之，此稱為財產股利。一般而言，由於各項財產不易分割與運送中頗多困難，故財產股利之最常見者，莫不以證券為大宗。

財產股利為公司與股東之間一項非貨幣性資產的片面移轉，根據美國會計師協會之意見，認為應以財產之公平市價為列帳基礎，且於交換時所發生的利益或損失，也應加以認定❺。公平價值可參照相同或類似資產在現金交易下之預計可變現價值、市場報價、獨立評估價值、交換時所收受資產或勞務之預計公平價值，及其他可獲得之有關憑證酌酌決定之。

設某公司於民國七十六年二月一日，經股東會決議正式對外公告，將短期投資之成本 $80,000，分發股票股利，公告日短期投資之

❺ *APB Opinion* No. 29, Par. 18, 1973.

公平市價爲$120,000，並訂於三月十五日發放。有關分錄如下：

1. 76年 2 月 1 日公告發放財產股利：

短期投資（或有價證券）	40,000	
短期投資處分利益		40,000
股利	120,000	
應付財產股利		120,000

2. 76年 3 月15日發放財產股利：

應付財產股利	120,000	
短期投資		120,000

3. 將股利轉入保留盈餘：

保留盈餘	120,000	
股利		120,000

三　建設股息

原則上，公司有盈餘才有股息，惟若干公司所經營之事業，須經相當時間之準備，非短期間卽可開業。爲吸引投資者之興趣，特准於開業前分派股息，此稱爲建設股息。我國公司法第 234 條規定，公司依其業務之性質，自設立登記後，如需二年以上之準備始能開始營業者，經主管機關之許可，得以章程訂明於開始營業前分派股息 給 股東。

上項股息之分派，實質上爲公司之虧損，將來公司開始營業後，如有盈餘，原應先彌補，但如先彌補此項虧損，則開業後之初期，可能無盈餘可資分配，自非合理，故修正公司法特規定上項建設股息，得以預付股息列帳，公司開始營業後，每屆分派股息及紅利超過已收資本總額百分之六時，應以超過之金額扣抵冲銷之，俾得逐年匀支。

設某公司資本總額$1,000,000，分爲10,000股，每股$100，全部

發行流通在外。該公司成立於七十四年初,預計 2 年準備完成。

1. 七十四年底發放建設股息$60,000時,應分錄如下:

預付股息	60,000	
現金		60,000

2. 七十五年底又發放建設股息$60,000時,分錄如上。

3. 七十六年公司開始營業,該年底獲利並發放股息 8 %:

保留盈餘	80,000	
應付股息		80,000

4. 七十六年發放股息超過已收資本額 6 %時,應扣抵預付股息如下:

應付股息	80,000	
現金		60,000
預付股息		20,000

$$\$1,000,000 \times (8\% - 6\%) = \$20,000$$

上項預付股息至扣抵完了為止,否則一直留存帳上。

17-6　股票股利與股份分割

一　股票股利(stock dividends)

　　稱股票股利者,係指公司依各股東原持有股份比例,增發股票給各股東,作為股利分配方式;此項額外增加之股份,我國習慣上稱為「無償配股」;蓋公司分配股東股利時,各項資產與負債項目,並無任何變化,僅股數增加而已。

　　一般而言,股票股利將公司之保留盈餘予以資本化,轉為永久性之法定資本。保留盈餘原為股東權益的一部份,轉為法定資本後,乃屬於股東權益的範圍,股東權益並無變動。

（1）小額股票股利之情況：凡公司所增發作爲分派股票股利之額外股數，佔原流通在外股數之20％或25％以下者，稱爲小額股票股利（a small stock dividend）。在此一情況下，所增發之額外股數，應按股票之公平市價予以資本化。

（2）大額股票股利之情況：凡公司所增發作爲分派股票股利之額外股數，佔原流通在外股數之20％或25％以上者，稱爲大額股票股利（a large stock dividend）。在此一情況下，所增發之額外股票，應按法定最低額（legal minimum amount）亦卽票面價值予以資本化。

設華美公司民國七十六年十二月十五日之有關資料如下：

股本：核准發行 10,000股, 每股面值 $100,	
流通在外股數6,000股	$ 600,000
資本公積—股本發行溢價	60,000
保留盈餘	396,000
股東權益合計	$1,056,000
股票股利公告日股票之公	
平市價（每股）	$ 180

1. 小額股票股利之情況：

設華美公司於七十六年十二月十五日，經董事會之決議，公告發放10％之股票股利。

（1）12月15日股票股利公告日，應分錄如下：

股票股利	108,000	
應付股票股利		60,000
資本公積—股本發行溢價		48,000

上列股票股利亦可直接用「保留盈餘」列帳；至於「應付股票股利」並非負債，應列入股東權益之「股本」項下。

(2) 12月31日股票股利轉入保留盈餘之分錄：

保留盈餘　　　　　　　108,000

　　股票股利　　　　　　　　　　108,000

(3) 次年 1 月15日，發放股票股利之分錄：

應付股票股利　　　　　60,000

　　股本　　　　　　　　　　　　60,000

2. 大額股票股利之情況：

設華美公司於七十六年十二月十五日，經董事會之決議，公告發放25%之股票股利。

(1) 12月15日股票股利公告日，應分錄如下：

股票股利　　　　　　　150,000

　　應付股票股利　　　　　　　　150,000

6,000×25%×$100＝$150,000

(2) 12月31日股票股利轉入保留盈餘之分錄：

保留盈餘　　　　　　　150,000

　　股票股利　　　　　　　　　　150,000

(3) 次年 1 月15日發放股票股利之分錄：

應付股票股利　　　　　150,000

　　股本　　　　　　　　　　　　150,000

股票股利發放後，並不改變公司的資產及負債數額，股東權益總額也無任何增減。雖然股東所持有的股數增加，但股東對公司的持有比率，並無改變。設王君持有上述華美公司股票 900 股，茲將華美公司在大額股票股利之情況下，列示其股票股利發放前與發放後之股東權益比較如次頁：

	股票股利發放前	股票股利發放後
全部股權：		
股本	$　600,000	$　750,000
資本公積一股本發行溢價	60,000	60,000
保留盈餘	396,000	246,000
股東權益合計	$1,056,000	$1,056,000
流通在外股數	6,000	7,500
每股帳面價值	$　176.00	$　140.80
王君持有股權：		
股數	900	1,125
股權金額	$　158,400	$　158,400
持有比率	15%	15%

二　股份分割 (stock split)

公司企業為使所發行的股票，易於出售或流通，往往將股票面值予以降低，此一目的，可經由股份分割的過程而達成。

股份經分割後，流通在外的股數增加，每股面值相對減少，惟股本總額及保留盈餘仍然維持不變，僅於「股本」分類帳上註明股份分割後之面值及股數即可。

設某公司流通在外之股票為 100,000 股，每股 $50，當時每股市價$160，該公司為使股票之流通範圍更為廣大，乃決定將股份分割，每股由$50分割為$10，使原有之股票由100,000股增加為500,000股，股票每股市價可能降低80%(100%－20%)。

股份經由合併而增加其面值者，稱為股份反分割(reverse split)，在股份反分割之下，其情形恰與股份分割相反，股票面值將因而增加，流通在外股數相對減少，惟股本總額及保留盈餘均不變。

股份分割時，應收回流通在外之舊股票，另換發新股票，惟不必作任何分錄。

股份分割與股票股利一樣，均將使公司企業流通在外之股數增

加，股東權益總數及股東對公司的持有比率，均維持不變。然而，股份分割與股票股利不同之處，在於前者不必作任何分錄，而且股票面值也隨而降低。

17-7 前期損益調整

現代會計理論，對於損益表的編製，趨向於「全涵觀念」(all inclusive concept)，主張將各項損益項目，包括非常損益在內，均列入損益表內，至於前期損益調整 (prior period adjustments) 則仍列入保留盈餘表內❻。

根據美國財務會計準則委員會的意見，下列二項屬於前期損益調整，應列入保留盈餘表內：(1) 更正前期財務報表的錯誤；(2) 合併公司購買被合併公司時，被合併公司於合併前具有累積營業損失之存在，對於該項損失，而產生已實現所得稅節省之部份，應抵減合併公司購買被合併公司之原取得成本❼。

所謂前期損益調整，係指前期財務報表的錯誤事項，在前期未發現，俟當年度發現時，始加以更正的事項。這些錯誤調整事項，僅以數額相當可觀 (material) 為限，才按稅後淨額列為前期損益調整事項，在保留盈餘表內，應作為調整期初保留盈餘的增減項目。如編製比較財務報表時，應重編以前年度之財務報表，藉以反映正確的財務資訊。

一般常見的前期損益調整之錯誤包括：(1) 數字計算錯誤；(2) 誤用非一般公認之會計原則；(3) 誤用不切實際的資料所為之估計錯誤；(4) 會計分類錯誤導致損益錯誤；(5) 成本分攤錯誤等。

---

❻ *ARB* No. 43, Ch. 7, See. B, Par. 10, June, 1953.
❼ *FASB Statement* No. 16, Par. 10-12. 1977.

　　茲舉一簡單實例說明之。設某公司民國七十五年記錄機器折舊費用時，誤將$36,000列爲$63,000，致虛增當年費用$27,000（$63,000－$36,000），俟七十六年度發現時，應作下列稅後淨額（假定所得稅率爲30%）之調整：

　　　累積折舊—機器　　　　　　　27,000
　　　　前期損益調整　　　　　　　　　　　18,900
　　　　遞延所得稅負債　　　　　　　　　　 8,100
　　$27,000×70%=$18,900

　　上列前期損益調整帳戶，亦可直接用「保留盈餘」帳戶記錄之。前期損益調整$18,900，應列於保留盈餘表內，作爲期初餘額之調整。

17-8　未實現資本增值或損失

一　資產重評價增值

　　稱重評價增值者，係對廠房及設備資產、遞耗資產、及無形資產之增值，予以重評價所發生的增值。

　　在理論上，上列資產由於增值所發生的貸方數字，吾人應稱爲「重評價增值」，惟我國營利事業資產重估價辦法，則稱爲「資產增值準備」。茲分別就資產重估價辦法及理論上之會計處理，說明如下：

　　設某公司民國六十七年初裝置給水管，原價$1,000,000，預計可使用二十年，無殘值，採用平均法每年提列折舊$50,000。至七十五年初辦理重估價結果，給水設備重置價值爲$2,000,000，其他有關資料如下：

給水設備		累積折舊—給水設備	
1,000,000			400,000

1. 資產重估價辦法所規定之會計處理:

重置價值	$2,000,000	
減: 原始成本	1,000,000	
增值總額	$1,000,000	
補提以前年度折舊:		
($1,000,000÷20)×8	400,000	
重估增值淨額	$ 600,000	

重估價分錄如下:

(1) 重估增值之分錄:

給水設備	1,000,000	
資產增值準備		1,000,000

(2) 補提以前年度折舊之分錄:

資產增值準備	400,000	
累積折舊—給水設備		400,000

(3) 將資產增值準備轉入資本公積之分錄:

資產增值準備	600,000	
資本公積		600,000

經上述分錄後, 有關帳戶如下:

給水設備		累積折舊—給水設備	
1,000,000			400,000
			400,000
1,000,000			

資產增值準備		資本公積	
400,000	1,000,000		600,000
600,000	〜		
1,000,000	1,000,000		

2. 理論上之會計處理：

(1) 重估增值之分錄：

給水設備—增值　　　　　1,000,000

　　　資產重評價增值　　　　　　　　1,000,000

(2) 補提以前年度折舊之分錄：

保留盈餘（營業盈餘）　　400,0000

　　　累積折舊—給水設備增值　　　　400,000

經上述分錄後，有關帳戶如下：

給水設備		累積折舊—給水設備	
1,000,000			400,000

給水設備—增值		累積折舊—給水設備增值	
1,000,000			400,000

保留盈餘		資產重評價增值	
400,000	××		1,000,000

(3) 七十五年底及以後每年折舊之提存分錄：

折舊　　　　　　　　　　100,000

　　　累積折舊—給水設備　　　　　　50,000

　　　累積折舊—給水設備增值　　　　50,000

綜觀上述處理，資產重估價辦法將「資產重評價增值」列爲「資產增值準備」，複又冲抵以前年度少提的折舊後，再將其差額轉入「資本公積」項下。按資產重評價增值，乃指業務經營及資本交易以外之多餘，與營業盈餘及 「資本交易之多餘」 的來源及性質， 迥然不同，有獨樹一幟，自成一家之必要；此外，如採用理論上的方法，不但能求得正確的營業成本，而且又可維持資本之完整，故大多數的會計學者，均主張採用此法。

資產重評價增值除彌補虧損或轉作資本外，不得派作其他用途，資產重評價增值亦得留存帳面，不予轉帳。

營利事業之虧損，如需彌補時，應儘先以盈餘、公積及其他準備抵充，如尚有不足時，再以資產重評價增值冲轉，並應造具盈虧撥補表表明之。有關分錄如下：

(1) 轉作資本之分錄：

　　資產重評價增值　　　　×××
　　　股本　　　　　　　　　　　　×××

(2) 彌補虧損之分錄：

　　資產重評價增值　　　　×××
　　　累積虧損　　　　　　　　　　×××

營利事業之虧損，如以「資產重評價增值」彌補，以後年度發生之盈餘，除依照公司法、所得稅法之規定分配外，其餘應轉回「資產重評價增值」科目項下，在原撥補數額未轉回前，不得分派股利及充作其他用途。其轉回分錄如下：

　　　本期損益（或未分配盈餘）　×××
　　　　資產重評價增值　　　　　　　　×××

二　發現價值

企業的天然資源，如礦山、油井、或原始森林等，經探勘後，可能新發現更多的蘊藏量。此項新發現價值，可予正式分錄如下：

　　天然資源　　　　　　　　×××
　　　　未實現資本增值　　　　　　　×××

新發現之「天然資源」，經開採後，應逐年予以折耗，轉入產品成本。至於「未實現資本增值」，屬股東權益之一，列入投入資本與保留盈餘之間，隨實際折耗而將已實現部份，轉入「已實現資本增值」。此項「已實現資本增值」也如同「資產重評價增值」一樣，可以彌補虧損、轉為資本、或留存帳上。

17-9　保留盈餘表

保留盈餘表係表示公司企業在某一會計期間內，有關保留盈餘增減變動的報告表，並作為銜接損益表與資產負債表的橋樑。對於損益表的內容，現代會計理論趨向於採用全涵觀念，使保留盈餘表的範圍，大為緊縮。

表　17-2

某公司

保留盈餘表

民國七十六年度

可分配保留盈餘：		
期初餘額（76年1月1日）	$ 120,300	
加：前期損益調整—折舊費用虛增$27,000扣		
除應補繳所得稅$8,100	18,900	
調整後期初餘額	$ 139,200	
加：本期淨利（稅前）	1,000,000	
合計		$1,139,200

減：盈餘分配項目：			
預計所得稅		$ 290,000	
法定盈餘公積		71,000	
擴充廠房準備		63,900	
意外準備		63,900	
應付股利		320,000	
應付董監事酬勞		35,500	
應付員工獎勵金		71,000	915,300
未指撥保留盈餘			$ 223,900
已指撥保留盈餘：			
法定盈餘公積：			
期初餘額（76年1月1日）	$ 200,000*		
加：本期指撥	71,000		
期末餘額		$ 271,000	
擴充廠房準備：			
期初餘額	$ 100,000*		
加：本期指撥	63,900		
期末餘額		163,900	
意外準備：			
本期指撥		63,900	
合計			498,800
保留盈餘期末餘額合計數（76年12月31日）			$ 722,700

公司會計
——增投
資本、保
留盈餘與
股利表解

- **股東權益的組成因素**
  - **投入資本：** 乃股東或捐贈者的繳入資本，包括股本及資本公積二種。前者乃公司之法定資本，非經減資手續不得任意減少；後者乃由資本交易所產生之盈餘。
  - **保留盈餘：** 係指公司歷年來累積之淨利而未分配給股東或未轉作資本或由資本公積或資本轉入之剩餘部份。
  - **未實現資本增值或損失：** 乃公司資產增值或發現資產價值之貸方科目，爲股東權益之增加；反之，如公司資產發生減值的現象，則爲未實現資本損失，屬股東權益之減少。

- **庫藏股票**
  - **性質：** 乃指公司收回自己發行在外之股票而未予註銷者。
  - **收回股票的法定原因**
    - 特別股之收回與註銷——不產生庫藏股票問題
    - 少數股東請求收買——┐
    - 公司收回結欠公司債務股東之股票——┘ 產生庫藏股票問題
  - **會計處理**
    - **成本法：** 乃指以取得庫藏股票的成本，作爲列入庫藏股票帳戶之根據。
    - **面值法：** 乃指於購入或出售庫藏股票時，均按面值列入庫藏股票帳戶。

- **捐贈資本**
  - **政府或地方人士之捐贈**
    - **無條件捐贈：** 於受捐贈時，卽按取得捐贈資產之公平市價借記資產，貸記捐贈資產。
    - **附條件捐贈：** 於受捐贈時，先記入或有資產及或有捐贈資本，俟條件履行時，正式轉入資產與捐贈資本帳戶。
  - **股東捐贈：** 通常由股東捐贈股票給公司，以協助公司籌措款項。故於受捐贈時，不必作分錄，俟出售股票時，再按出售收入借記現金，貸記捐贈資本。

- **保留盈餘及其指撥**
  - **指撥**
    - **根據法令規定指撥：** 例如依公司法指撥法定盈餘公積。
    - **根據契約指撥：** 例如依公司債發行條款指撥償債基金準備。
    - **根據公司需要指撥：** 公司爲某些特定目的，可另指撥若干數額，以限制股東之分配。
  - **未指撥：** 卽盈餘之自由部份，可供股東分配股利之用。

- **股利之發放**
  - **現金股利：** 卽以現金分配之股利。公司決定是否分配現金股利時，應斟酌目前需要、未來發展計劃、及對股票市價之影響而後決定之。
  - **財產股利：** 卽以現金以外之財產作爲股利之分配。財產股利爲非貨幣性資產之片面移轉，應以財產之公平市價列帳，並認定財產處分所發生之損益。
  - **建設股息：** 此爲我國公司法之特色，規定公司依其業務之性質，自設立登記後二年以上始能開業者，經主管機關之許可，分配股息，惟不給紅利。

股票股利與股份分割
{
股票股利
{
小額股票股利．凡股票股利在 20% 或 25% 以下者，應按股票市價將保留盈餘轉作資本及資本公積（面值乘股數轉入資本，超過部份轉入資本公積。

大額股票股利．凡股票股利在20%或25%以上者，應按股票面值轉入資本。
}

股份分割：公司為使股票易於出售或流通，乃將股票之面值分割，以降低其面值，而使股數相對增加，惟股本總額仍然不變。
}

前期損益調整：一般公認會計原則主張將下列二項列為前期損益調整，並列入保留盈餘表內：(1) 更正前期財務報表的錯誤；(2) 合併公司購買被合併公司時，被合併公司於合併前具有累積營業損失存在，對於該項損失而產生所得稅節省之已實現部份，應抵減合併公司購買被合併公司之原取得成本。

未實現資本增值或損失：未實現資本增值乃指資產因增值而貸記之科目，俟該項資產因出售、交換，或使用而成為已實現時，再由未實現資本增值轉為已實現資本增值。因資產重評價增值所產生之未實現資本增值，在理論上應稱為「資產重評價增值」，我國資產重估價辦法則稱為「資產重估價準備」。

保留盈餘表：乃表示公司企業在某一會計期間有關保留盈餘增減變動的報告表。

問　　題

1. 試就廣義及狹義兩方面，說明公司盈餘的意義。

2. 試就公司資本公積的內容，列一圖表表示之。

3. 何謂保留盈餘? 盈餘何以應予指撥?

4. 法定盈餘公積何以又稱爲強制公積? 法定盈餘公積之用途爲何?

5. 何謂盈餘準備? 一般常出現的盈餘準備有那些?

6. 「準備」一詞在會計使用上有何趨勢?

7. 試列示一圖表以表示盈餘分配的內容。

8. 試分別就理論上與法律上的不同，列舉資本公積的內容。

9. 何謂資產重評價盈餘? 我國稅法上又以何項名稱稱之。

10. 股息及紅利有何區別?

11. 公司爲何發放股票股利? 美國會計師協會會計原則委員會對於股票股利發行時之會計處理有何意見?

12. 何謂建設股息? 根據我國公司法之規定，公司在何種情況之下得發放建設股息?

13. 何謂庫藏股票? 庫藏股票必須具備何種條件?

14. 試述公司收回或收買庫藏股票的法定原因。

15. 我國公司法對於公司債之發行有何限制與禁止?

16. 公司債何以有溢價發行與折價發行之分? 在何種情況之下應按溢價發行? 在何種情況之下應按折價發行?

17. 公司債溢價與折價在資產負債表應如何表示?

18. 公司債遇有遲延發行時，在會計上應如何處理?

19. 解釋下列各名詞:

    (1) 有擔保公司債與無擔保公司債 (secured & non-secured bonds)。

    (2) 可轉換與非轉換公司債 (convertible & non-convertible bonds)。

    (3) 名義利率與實際利率 (nominal rate & effect rate)。

    (4) 現金股利與股票股利 (cash dividends & stock dividends)。

選 擇 題

1. 某公司於民國七十五年十二月三十一日，股東權益包括下列各項：

   普通股：奉准發行1,000,000股，每股面值$10，已發行並在外流通

900,000股	$ 9,000,000
資本公積——普通股本發行溢價	2,700,000
保留盈餘	1,300,000
股東權益合計	$ 13,000,000

   已知所有在外流通股票，均按每股 $13發行。該公司於民國七十六年一月二日，購入其發行在外之股票100,000，並予以註銷，每股購價$12。於發生上列資本交易事項後，資本公積之餘額應為若干？

   （a） $ 2,800,000　　　　　　（c） $ 2,500,000

   （b） $ 2,600,000　　　　　　（d） $ 2,400,000

2. 某公司成立於民國七十六年一月三日，並奉准發行普通股50,000股，每股面值$10。民國七十六年間，該公司發生下列資本交易事項：

   一月七日：發行普通股20,000股，每股發行價格$12。

   十二月二日：購入普通股3,000股，每股購入成本$13，作為庫藏股票。

   已知該公司對於庫藏股票之記錄，採用成本法。另悉該公司於民國七十六年度獲利$150,000。民國七十六年十二月三十一日之年度終了日，股東權益總額應為若干？

   （a） $ 320,000　　　　　　（c） $ 354,000

   （b） $ 351,000　　　　　　（d） $ 360,000

3. 某公司於民國七十五年十二月三十一日之股東權益如下：

普通股：奉准發行30,000股，每股面值$10，已發行並流通在外，	
計9,000股	$ 90,000
資本公積：普通股本發行溢價	116,000
保留盈餘	146,000

合計 　　　　　　　　　　　　　　$ 352,000

民國七十六年三月三十一日，該公司宣告發放10%股票股利，計有 900股增
加發行，當時每股公平市價為 $16。截至民國七十六年三月三十一日為止之
三個月期間，該公司淨損 $32,000。試問該公司於民國七十六年三月三十一
日之「保留盈餘」帳戶餘額為若干？

(a) $ 99,600 　　　　　　　　　(c) $ 108,600

(b) $ 105,000 　　　　　　　　(d) $ 114,000

4. 甲公司擁有乙公司普通股10,000股，其取得成本為 $90,000。民國七十六年
九月二十日，甲公司公告發放財產股利，規定凡持有該公司普通股 5 股者，
即可獲得乙公司普通股一股， 每股市價 $15 。 公告日甲公司計有普通股
50,000股在外流通。甲公司發放財產股利時，應借記保留盈餘若干？

(a) $ 0 　　　　　　　　　　　(c) $ 90,000

(b) $ 60,000 　　　　　　　　(d) $ 150,000

5. 某公司於民國七十六年十二月三十一日，有下列二種股票在外流通:

普通股: 40,000股在外流通， 每股面值$10。

特別股: 1,000股在外流通， 每股面值$100, 6 ％累積全部參加。

民國七十四年度及七十五年度，特別股股利均未發放。民國七十六年十二月
三十一日，公告發放現金股利 $90,000; 普通股與特別股各發放股利若干?

(a) $57,600及$32,400

(b) $62,400及$27,600

(c) $67,200及$22,800

(d) $72,000及$18,000

6. 某公司於民國七十六年七月一日，發行並流通在外之普通股共計 6,000股，
每股面值$100，公平市價$500，該公司決定將普通股每股分割為10股; 股票
經分割後，每股面值:

(a) 維持相同。

(b) 每股面值減少$10。

(c) 每股面值減至$10。

（d） 每股面值減少$15。

7. 某公司於民國七十五年一月一日，賦予總經理一項認股權利，可按每股$40，認購該公司之普通股 2,000股。此項認股權利，自民國七十六年十二月三十一日起，於總經理繼續服務滿二年後即可行使認股權；已知上項認股權係於民國七十七年初行使。該公司普通股之公平市價如下：

75年 1 月 1 日	$ 60
76年12月31日	85

民國七十六年度，該公司應記錄酬勞成本若干？

（a） $ 0 　　　　　　　　　（c） $ 40,000

（b） $ 20,000 　　　　　　　（d） $ 45,000

8. 甲公司於民國七十六年三月二日，購買乙公司新發行之6%特別股2,000股，每股面值$100，總購價爲$217,000。每一特別股均搭配一張認股證，憑每張認股證可按每股$17購買乙公司之普通股一股，每股面值$10。民國七十六年三月三日，每一特別股（不包含認股證）市價$90，每張認股證市價$15。民國七十六年十二月三十一日，甲公司按$ 35,200之價格，出售全部認股證。甲公司出售認股證之損益應爲若干？

（a） $ 0 　　　　　　　　　（c） $　4,200

（b） $ 1,200 　　　　　　　（d） $　5,200

練　　習

E 17-1　國光股份有限公司成立於76年初，該年底資產負債表如下：

國光股份有限公司

資產負債表

民國七十六年十二月三十一日

現金	$ 330,000	應付帳款	$ 130,000
應收帳款	150,000	應付票據	70,000
存貨	420,000	股本	2,000,000
土地	700,000	本期損益	300,000
房屋	800,000		
器具及設備	100,000		
	$ 2,500,000		$ 2,500,000

七十六年度公司營業成果良好，經股東會決議盈餘分配如下：

(1) 提存所得稅$65,000。

(2) 法定盈餘公積提存10%。

(3) 特別盈餘公積：

　　償債基金準備10%。

　　擴充廠房準備20%。

(4) 撥付股利按 4 ％計算。

(5) 應付董監事酬勞 $30,000。

(6) 撥付員工獎金 $20,000。

該公司決定增資$500,000。設資產負債表中所列土地應增值$200,000，存貨應增值$100,000，擬轉作舊股東股本，其餘向外募足股份，計收到現金$220,000（溢價$20,000）。

試根據上列資料，作：

(1) 盈餘分配分錄。

(2) 股權調整分錄。

(3) 資本增資分錄。

(4) 增資後之資產負債表。

E17-2　國華公司成立於七十六年初，當年度期初及期末各項資產及負債變動情形如下：

	七十六年一月一日	七十六年十二月卅一日
現　　金	$ 300,000	$ 280,000
應收帳款	200,000	420,000
存　　貨	150,000	240,000
土　　地	400,000	400,000
房　　屋	200,000	200,000
應付票據	80,000	100,000
應付帳款	120,000	160,000
備抵壞帳	—	10,000
累積折舊—房屋	—	20,000

已知該公司發行股票時，曾有溢價 $50,000。除成立時發行股票外，不曾再發行。

七十六年度淨利經決定分配項目如下：

(1) 依法預估備繳所得稅 $40,000。

(2) 提存法定公積10%。

(3) 提存擴充廠房準備$20,000。

(4) 員工獎金$10,000。

(5) 應付股利：按10%計算。

試：(1) 列示七十六年度損益分配之分錄。

　　(2) 編製當年度淨利分配後之資產負債表。

E17-3　國泰公司成立於 72 年 1 月 1 日，其股本包括六厘累積非參加特別股 $500,000，及普通股$1,000,000。公司章程規定每年如有淨利時，除提存10%法定公積外，均先發放特別股股利，至於普通股利，則於分配特

別股股利後，另提存 $20,000之擴充廠房準備；如尚有剩餘，再按其剩餘金額的二分之一，分配普通股股利。

試完成下列表格：

年度	稅後淨利 （淨損）	法定 公積	特別股 股利	擴充廠 房準備	普通股 股利	保留盈餘
72	$100,000					
73	120,000					
74	(100,000)					
75	400,000					
76	120,000					

E 17-4 從下列資料，試為國賓公司計算其股東權益數額，並按適當的編排方式列示之：

特別股：核定2,000股，每股面值 $100，全部發行⋯⋯⋯$200,000

普通股：核定30,000股，每股面值$50，全部發行⋯⋯⋯1,500,000

庫藏股票：普通股（2,000股）⋯⋯⋯⋯⋯⋯⋯⋯⋯ 100,000

應付股利⋯⋯⋯⋯⋯⋯⋯⋯⋯⋯⋯⋯⋯⋯⋯⋯⋯ 330,000

股本折價⋯⋯⋯⋯⋯⋯⋯⋯⋯⋯⋯⋯⋯⋯⋯⋯⋯ 200,000

償債基金現金⋯⋯⋯⋯⋯⋯⋯⋯⋯⋯⋯⋯⋯⋯⋯ 300,000

開辦費⋯⋯⋯⋯⋯⋯⋯⋯⋯⋯⋯⋯⋯⋯⋯⋯⋯⋯ 150,000

捐贈資本⋯⋯⋯⋯⋯⋯⋯⋯⋯⋯⋯⋯⋯⋯⋯⋯⋯ 600,000

公司債溢價⋯⋯⋯⋯⋯⋯⋯⋯⋯⋯⋯⋯⋯⋯⋯⋯ 50,000

擴充廠房準備⋯⋯⋯⋯⋯⋯⋯⋯⋯⋯⋯⋯⋯⋯⋯ 240,000

商譽⋯⋯⋯⋯⋯⋯⋯⋯⋯⋯⋯⋯⋯⋯⋯⋯⋯⋯⋯ 250,000

法定盈餘公積⋯⋯⋯⋯⋯⋯⋯⋯⋯⋯⋯⋯⋯⋯⋯ 300,000

保留盈餘⋯⋯⋯⋯⋯⋯⋯⋯⋯⋯⋯⋯⋯⋯⋯⋯⋯ 460,000

E 17-5 國興公司於民國六十七年一月一日發行十年期六厘公司債$1,000,000，每張債券面值$1,000，按$950折價發行。債券利息每年12月31日付息一次。

　　根據公司債發行條款規定，發行公司每年應平均提撥等額之償債基金以備公司債到期償還之用。此外，公司債發行條款又規定，發行公司每年有盈餘時，應提存等額之償債基金準備，以資限制。

　　假定償債基金之提撥，不考慮利息因素。

試求:

(1) 六十七年度有關公司債發行之分錄。

(2) 七十七年一月一日公司債到期時之有關分錄。

習　　題

P 17-1　碩文公司76年1月1日之股東權益如下:

股本:

九厘特別股 8,000股，每股面值\$100……………\$　　800,000

普通股12,000股，每股面值\$100………………　　1,200,000

資本公積──股本發行溢價:

特別股………………………………………　　40,000

普通股………………………………………　　120,000

\$　2,160,000

盈餘:

法定盈餘公積………………\$　300,000

擴充廠房準備………………　200,000

保留盈餘………………………　340,000　　840,000

股東權益合計…………………………………\$　3,000,000

本年度股東權益的有關交易事項如下:

3月15日　支付上年度特別股股利9％，普通股每股股利 \$10。上項股
利均已於上年底公告發放。

4月15日　公告發放普通股股票股利 10％； 公告時普通股每股市價
\$120。

4月30日　分配普通股股票股利。

5月1日　經董事會之核准，擴充廠房準備增撥\$100,000。

12月31日　年度結算結果，稅前淨利 \$500,000； 其分配如下: 法定公
積: 10％，擴充廠房準備\$100,000，董監事酬勞 \$50,000，
特別股股利9％，普通股股利: 每股 \$10，其餘轉入保留盈
餘。

試求:

(1) 列示上述各交易事項應有之分錄。

(2) 設期末時資產總額為$4,200,000，試編製該公司76年底之資產負債表。

P 17-2　某公司民國七十六年十二月三十一日之簡明資產負債表包括下列各項:

資產總額	$	720,000
負債總額	$	200,000
股東權益:		
12%累積特別股2,000股，每股面值$50		100,000
無面值普通股20,000股，每股設定值$15		300,000
資本公積──特別股發行溢價		10,000
資本公積──普通股發行溢價		15,000
保留盈餘──指撥──擴充廠房準備		45,000
保留盈餘		50,000
負債及股東權益總額	$	720,000

另悉特別股的清算價值等於票面值加積欠股利。

試求:

(1) 假定特別股無積欠股利，試計算普通股每股之帳面價值。

(2) 假定特別股積欠74年及75年兩年度股利，試計算普通股每股之帳面價值。

P 17-3　某公司民國七十五年七月八日之股東權益內容如下:

普通股: 奉准發行40,000股，每股面值$10	$	400,000
資本公積──普通股發行溢價		80,000
保留盈餘		110,500
股東權益總額	$	590,500

下列為七月份與八月份股東權益之交易事項:

　　7月 9 日　購入3,000股，每股購價$15。

　　7月12日　將庫藏股票出售1,000股，每股售價$16。

　　7月18日　將庫藏股票出售1,000股，每股售價$14。

　　　　　8月15日　　出售剩餘之庫藏股票給公司員工，每股售價$9。

　　試分別按下列二種方法，將上述各項交易予以記錄之：

(1) 成本法

(2) 面值法

P 17-4　華夏公司七十六年度有關股東權益的交易事項如下：

　　　　　1月22日　　購入公司自行發行在外之股票2,000股，每股購價$31，
　　　　　　　　　　採用成本法。已知購入前流通在外股票計50,000股，每
　　　　　　　　　　股面值$10。

　　　　　4月10日　　公司董事會公告發放下列兩種股票之上半年股利：
　　　　　　　　　　特別股每股股利 $1.50（已知特別股流通在外股票共計
　　　　　　　　　　5,000股）。
　　　　　　　　　　普通股每股股利$0.50。
　　　　　　　　　　公司規定除息基準日為四月三十日，股利發放日為七月
　　　　　　　　　　十日。

　　　　　7月10日　　發放現金股利。

　　　　　8月22日　　出售庫藏股票300股，每股售價$35，收入現金。

　　　　 10月3日　　公司董事會公告發放下列兩種股票下半年之股利：
　　　　　　　　　　　　特別股每股股利$1.50。
　　　　　　　　　　　　普通股每股股利$0.60。
　　　　　　　　　　此外，另公告發行 5 ％之股票股利；公告日普通股每股
　　　　　　　　　　市價$35。

　　　　 11月16日　　發放現金股利及股票股利。

　　　　 12月31日　　公司董事會決議指撥購買庫藏股票之保留盈餘。

　　試記錄上列各項交易事項。

P 17-5　漢通公司民國七十六年一月一日各項股東權益帳戶如下：

　　　　普通股：核准發行 20,000股，每股面值 $100，已發行並流通在外
　　　　　　　　10,000股　　　　　　　　　　　　　　　　$　1,000,000

　　　　資本公積──普通股發行溢價　　　　　　　　　　　　125,000

保留盈餘——意外準備	50,000
保留盈餘——購買庫藏股票指撥盈餘	110,000
保留盈餘	575,500
庫藏股票（1,000股，每股成本$110）	110,000

下列爲當年度有關股東權益的交易事項：

1月30日　接收地方人士無條件捐贈土地一方，公平市價$50,000。

2月1日　支付普通股現金股利，每股$4，此項股利已於去年12月20日公告。

3月19日　出售所有庫藏股票，售價$125,000，如數收現。

4月29日　增加發行普通股 500 股，每股發行價格 $112，如數收現。

6月14日　公司董事會公告15%之普通股股票股利，當時每股公平市價爲$120。

8月18日　發放普通股股票股利。

11月10日　購入庫藏股票250股，每股成本$144。

12月21日　公司董事會決議增加$10,000意外準備之指撥。

12月24日　公告普通股現金股利，每股$4.80。

12月25日　公司董事會決議按實際庫藏股票調整保留盈餘指撥的數額。

12月31日　七十六年度淨利$219,250，轉入保留盈餘帳戶。

12月31日　將股利帳戶轉入保留盈餘。

試求：

(1) 請將76年初各股東權益帳戶之餘額，分別設立T字形帳戶。

(2) 分錄76年度各項股東權益的交易事項，並過入T字形帳戶內；如有新增加股東權益帳戶，亦請增設T字形帳戶。

(3) 編製76年12月31日資產負債表之股東權益部份。

第十八章　長期負債與長期債券投資

企業資金的來源有二：（1）業主投資及所獲得利潤之轉投資，（2）對外債務。對於前者，吾人已於前面各章內討論過股票發行及股東權益的有關會計問題；對於後者，其屬於流動負債的部份，亦已於第十四章內述及，本章將進而闡明長期負債的會計問題。就發行者的立場，發行長期債券為籌措大量資金的有效工具，是一種長期負債；就購買者的立場，債券投資可利用企業之剩餘資金，轉向於有利的投資途徑，是一項長期投資；故對於債券的交易事項，發行者與投資者，實處於相對的立場，而其會計處理方法，在觀念上是一致的，特於本章內一併討論之。

18-1　公司債的意義

企業需用大量長期資金時，往往對外發行具有書面憑證的債券（bonds）。稱債券者，就廣義言之，泛指所有各種涉及債務關係之證券；惟就狹義言之，僅指一般的公司債而言。公司債在本質上是一種書面的對外債務契約，由發行者（債務人）向購買者（債權人）承諾於未來某一特定日償付本金，並按約定利率逐期支付利息的一種要式流通有價證券。

由上述可知，公司債一般具有下列各項特徵：

1. 公司債之發行，法律限制綦嚴：

法律為保障多數債權人利益，對於公司債之發行，限制綦嚴。就

我國現行法律爲例，公司法規定公司債之發行，以股份有限公司爲限。此外，公司法對於公司債之發行，另訂有下列各項限制與禁止：

(1) 一般的限制與禁止：公司債之總額，不得逾公司現有全部資產減去全部負債及無形資產後之餘額。此外，有下列之情形者，禁止其發行公司債：

(A)對於前已發行之公司債或其他債務，有違約或遲延支付本息之事實尚在繼續中者。

(B)最近三年或開業不及三年之開業年度課稅後之平均淨利，未達原定發行公司債應負擔年息總額百分之一百者。

(2) 無擔保公司債的限制與禁止：無擔保公司債之總額，不得逾公司現有全部資產，減去全部負債及無形資產後餘額二分之一。有下列情形之一者，禁止其發行無擔保公司債：

(A)對於前已發行之公司債或其他債務，曾有違約或遲延支付本息之事實已了結者。蓋既曾有違約遲延情形，若准其再發行無擔保公司債，難免再有類似情事發生，故應予以禁止。

(B)最近三年或開業不及三年課稅後之平均淨利，未達原定之公司債應負擔年息總額百分之一百五十者。其所以異於前述百分之一百者，因無擔保之公司債債權人，應特別保護。

2. 公司債爲要式證券：債務人以發行公司債爲表彰債權債務關係之要式證券，必須編號載明發行之年月日及下列事項：(1)公司之名稱(2)公司債之總額及債券之金額(3)公司債之利率(4)公司債償還方法及期限(5)能轉換股份者，其轉換辦法(6)有擔保者，其擔保字樣。

3. 公司債可自由轉讓與設質：公司債無論爲記名或無記名，法律規定得就其債券權利自由轉讓。

公司債依其不同之分類標準，而有下列各項：

1. 有擔保與無擔保公司債 (secured & non-secured bonds)：公司債之發行，以公司全部或部份資產爲償還本利之擔保者，爲有擔保公司債（又稱爲抵押公司債 (mortgage bonds)。公司債之發行，如無特定之擔保品者，爲無擔保公司債，又稱爲信用公司債 (debenture bonds)。

2. 可轉換與不可轉換公司債 (convertible & non-convertible bonds)：公司債持有人，得以公司債轉換爲公司股份者，謂爲可轉換公司債；反之，則爲不可轉換公司債。

3. 記名公司債與無記名公司債 (registered bonds & coupon bonds)：公司債記載債權人之姓名者，爲記名公司債；反之，則爲無記名公司債。我國公司法允許公司債爲無記名之發行。

4. 本國公司債與外國公司債 (domestic bonds & foreign bonds)：公司債在本國募集者，爲本國公司債。公司債在外國募集者，爲外國公司債。

5. 一次與分期償還公司債 (term & serial bonds)：公司債本金一次清償者，稱一次償還公司債；反之，如係分期清償者，稱分期償還公司債。

6. 可贖回與不可贖回公司債(callable & non-callable bonds)：公司債之發行公司得於債券到期前依約定價格贖回者，稱爲可贖回公司債，否則屬於不可贖回公司債。

企業發行長期性債券的原因很多，惟下列二點，常爲管理當局所深思熟慮者：(1)可運用一部份外來資金，以其利率事先約定，一旦借入資金之投資報酬率大於約定利率時，剩餘部份盡歸普通股東享有，使業主可享受財務槓桿作用 (financial leverage) 的好處；(2)業主於需要資金時，如發行長期債券代替股本，由於債券持有人不能享有企業之經營管理權，使原有股東仍能以較少之資金，掌握公司之

經營管理權。

18-2　公司債的發行

　　任何公司於對外發行公司債後，隨即發生二項債務：

　　(1) 於未來某一特定日按債券面額支付本金,(2)按期支付債券利息。公司債票面所約定的利率，一般稱為約定利率 (contract rate) 或票面利率 (coupon rate)。 公司債於發行時，其票面利率往往與市場上按供需律決定的實際利率 (actual rate) 不同，此項於債券發行時之市場上通行利率， 又稱為市場利率 (market rate) 或有效利率 (effect rate)，債券之實際利息，應以實際利率為準，不能以票面利率為計算的根據。一般言之，當實際利率等於票面利率時，債券應按平價發行； 當實際利率大於票面利率時，債券應按折價發行；當實際利率小於票面利率時，債券應按溢價發行。為易於瞭解起見，茲以符號表示如下：

　　　　r＝票面利率
　　　　i＝實際利率
　　　　i＝r　　平價發行
　　　　i＞r　　折價發行
　　　　i＜r　　溢價發行

　　在理論上，公司債的發行價格，實等於未來各期間所支付的利息及其到期應償還之本金，按發行日之實際利率予以折現的現值之和。茲以公式列示如下：

$$P = F \cdot r \cdot p_{\overline{n}|i} + M(1+i)^{-n}$$

　　　　P＝公司債現值
　　　　F＝公司債面值

　　r＝每一付息期間之票面利率

　　i＝每一付息期間之實際利率

　　M＝到期值

　　n＝付息次數

　　$p_{\overline{n}|i}$＝ 按 n 期及利率 i 計算每元年金現值（查年金現值表）

　　$(1＋i)^{-n}$＝按 n 期及利率 i 計算每元現值（查現值表）

　　爲說明應付公司債發行價格之計算方法，吾人茲假定下列基本實
例:

　　海華公司於民國七十六年一月一日發行面值$100,000之公司債，
票面利率 5 ％四年後到期，利息於六月三十日及十二月三十一日
每半年付息一次。

　　1. 平價發行

　　　假定實際利率爲 5 ％，則公司債之發行價格計算如下:

　　　r＝5 ％÷2＝2.5%　　　i＝5 ％÷2＝2.5%

　　　N＝4×2＝8

　　　$P＝F \cdot r \cdot p_{\overline{n}|i}＋M^*(1＋i)^{-n}$

　　　　$＝\$100,000×2.5％×p_{\overline{8}|0.025}＋\$100,000(1＋0.025)^{-8}$

　　　　$＝\$2,500×7.17013717＋\$100,000×0.82074657$

　　　　＝$17,925.34＋$82,074.66

　　　　＝$100,000

　　　　$^*M＝F$

七十六年六月三十日公司債發行的分錄如下:

現金　　　　　　　　　　　　100,000

　　應付公司債　　　　　　　　　　　100,000

　　公司債發行後，每半年支付利息$2,500，應借記「利息費用」，
貸記「現金」。四年後公司債到期償還本金$100,000時，借記「應付
公司債」，貸記「現金」。

2. 折價發行

假定實際利率為 6 ％，則公司債之發行價格計算如下：

$$i = 6\% \div 2 = 3\%$$

$$P = F \cdot r \cdot p_{\overline{n}|i} + M(1+i)^{-n}$$

$$= \$100,000 \times 2.5\% \times p_{\overline{8}|0.03} + \$100,000(1+0.03)^{-8}$$

$$= \$2,500 \times 7.01969219 + \$100,000 \times 0.78940923$$

$$= \$17,549.23 + \$78,940.93$$

$$= \$96,490.16$$

七十六年六月三十日公司債發行的分錄如下：

現金	96,490.16	
公司債折價	3,509.84	
應付公司債		100,000

上列公司債折價 $3,509.84，可視為對公司債持有人的一項補償，蓋公司債發行時之市場利率為 6 ％，顯然高於公司債票面利率 5 ％，故應予折價發行，以示優待。另從公司債發行者的立場言之，四年後公司債到期時，發行者應償還本金 $100,000，惟發行日僅收現$96,490.16，因此，公司債折價 $3,509.84，應於未來四年內分攤之，以增加發行公司之利息費用。

3. 溢價發行

假定實際利率為 4 ％，則公司債之發行價格應計算如下：

$$i = 4\% \div 2 = 2\%$$

$$P = F \cdot r \cdot p_{\overline{n}|i} + M(1+i)^{-n}$$

$$= \$100,000 \times 2.5\% \times p_{\overline{8}|0.02} + \$100,000(1+0.02)^{-8}$$

$$= \$2,500 \times 7.32548144 + \$100,000 \times 0.85349037$$

$$= \$18,313.68 + \$85,349.04$$

$$= \$103,662.72$$

七十六年六月三十日公司債發行的分錄如下：

現金　　　　　　　　　103,662.72

　　應付公司債　　　　　　　　　　100,000.00

　　公司債溢價　　　　　　　　　　　3,662.72

　　上述對於公司債發行價格之計算，因市場利率與票面利率之不一
致，而發生平價、折價、及溢價的情形，吾人亦可從表18–1中，直接

表 18–1

每百元債券價格表

（四年期每半年付息一次）

年利率(%)	約定利率（票面利率）						
	3 %	3$\frac{1}{2}$%	4 %	4$\frac{1}{2}$%	5 %	6 %	7 %
4.00	96.34	98.17	100.00	101.83	103.66	107.33	110.99
4.10	95.98	97.81	99.63	101.45	103.29	106.94	110.60
4.125	95.89	97.72	99.54	101.37	103.20	106.85	110.50
4.20	95.62	97.45	99.27	101.09	102.92	106.56	110.21
4.25	95.45	97.27	99.09	100.91	102.73	106.38	110.02
4.30	95.27	97.09	98.91	100.73	102.55	106.19	109.83
4.375	95.00	96.82	98.64	100.45	102.27	105.90	109.54
4.40	94.92	96.73	98.55	100.36	102.18	105.81	109.44
4.50	94.56	96.38	98.19	100.00	101.81	105.44	109.06
4.60	94.21	96.02	97.83	99.64	101.45	105.06	108.68
4.625	94.13	95.93	97.74	99.55	101.36	104.97	108.58
4.70	93.87	95.67	97.47	99.28	101.08	104.69	108.30
4.75	93.69	95.49	97.30	99.10	100.90	104.51	108.11
4.80	93.52	95.32	97.12	98.92	100.72	104.32	107.92
4.875	93.26	95.06	96.85	98.65	100.45	104.04	107.64
4.90	93.17	94.97	96.77	98.56	100.35	103.95	107.54
5.00	92.83	94.62	96.41	98.21	100.00	103.59	107.17
5.10	92.49	94.28	96.06	97.85	99.64	103.22	106.80
5.125	92.40	94.19	95.98	97.77	99.55	103.13	106.70
5.20	92.15	93.93	95.72	97.50	99.29	102.86	106.43
5.25	91.98	93.76	95.54	97.33	99.11	102.67	106.24
5.30	91.81	93.59	95.37	97.15	98.93	102.49	106.06
5.375	91.55	93.33	95.11	96.87	98.67	102.22	105.78
5.40	91.47	93.25	95.02	96.80	98.58	102.13	105.69
5.50	91.13	92.91	94.68	96.45	98.23	101.77	105.32
5.625	90.71	92.48	94.25	96.02	97.79	101.33	104.86
5.75	90.30	92.06	93.83	95.59	97.35	100.88	104.41
5.875	89.88	91.64	93.40	95.16	96.92	100.44	103.96
6.00	89.47	91.23	92.98	94.74	96.49	100.00	103.51

市
場
利
率
（實
際
利
率）

查出，以資簡捷。

18-3 付息日間公司債的發行

應付公司債常於二個付息日間發行，此時應計算原來預定發行日（或上次付息日）至實際發行日間之應計利息。蓋公司債券係按約定利率支付每期之利息，而不問其實際發行日爲何時。因此，公司債遲延發行之應計利息，應由投資者預先付給發行者，加入於公司債發行價格之內。設上述海華公司之全部公司債遲延至七十六年四月一日才發行。

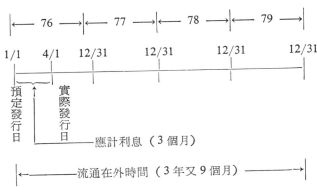

1. 平價發行（假定實際利率與票面利率均爲 5 %）：

應計利息：$\$100,000 \times 5\% \times \dfrac{3}{12} = \$1,250$

七十六年四月一日公司債發行之分錄：

現金	101,250	
應付公司債		100,000
利息費用（或應付利息）		1,250

2. 折價發行（假定實際利率爲 6 %，票面利率爲 5 %）：

公司債面值		$ 100,000.00
加：應付利息$100,000× 5 ％× $\frac{3}{12}$		1,250.00
合計		$ 101,250.00

減：實際現金收入數：

七十六年一月一日

　現值　　　　　　　$96,490.16

（計算過程已如前述）

加：實際利息

$96,490.16× 6 ％× $\frac{3}{12}$ 　1,447.35　　97,937.51

公司債折價		$　3,312.49

七十六年四月一日公司債發行之分錄：

現金	97,937.51	
債券折價	3,312.49	
應付公司債		100,000.00
利息費用（或應付利息）		1,250.00

3. 溢價發行（假定市場利率為 4 ％，票面利率為 5 ％）：

實際現金收入數：

七十六年一月一日現值　　$ 103,662.72

（計算過程已如前述）

加：實際利息：

$103,662.72×4％× $\frac{3}{12}$ 　　1,036.63 $ 104,699.35

減：公司債面值及應計利息：

公司債面值	$ 100,000.00	
加：應計利息	1,250.00	101,250.00

　　公司債溢價　　　　　　　　　　　　　　　　　$3,449.35

七十六年四月一日公司債發行之分錄：

　　現金　　　　　　　　　104,699.35

　　　　應付公司債　　　　　　　　　　　100,000.00

　　　　利息費用（或應付利息）　　　　　　1,250.00

　　　　公司債溢價　　　　　　　　　　　　3,449.35

18-4　利息的計算與溢、折價之攤銷

　　公司債之發行者及投資者，對於債券利息之計算，應以發行日市場上之實際利率為準，雙方才不會吃虧。如實際利率超過票面利率時，公司債應按折價發行，投資者以所獲得折價之利益來補償其接受較低票面利率的損失；因此，公司債折價應按期加以攤銷，藉以調整每期的利息數額。同理，如實際利率低於票面利率時，公司債應按溢價發行，投資者於購入時所支付公司債溢價的損失，可經由取得較高的票面利率獲得補償；因此，公司債溢價應按期加以攤銷，藉以調整每期之利息數額。

　　公司債折價與溢價的攤銷方法，一般有二種：

　　(1) 直線法 (straight–line method)，在直線法之下，每期應攤銷折價或溢價的金額，係以債券折價或溢價總額，除以自債券發行日（或購買日）至到期日之期數，以求得其平均數。

　　在實務上，以直線法計算每期應攤銷折價或溢價之平均數時，可選擇一項最小時間單位，以便於計算；通常可選擇「月」為最小單位，亦有選擇「季」、「半年」或「年」等。

　　(2) 利息法 (interest method)，係以付息日之期初帳面價值，乘實際利率，求得實際利息費用，再與每期所支付之利息費用比較，

以計算其差異，即爲每期應攤銷的債券折價或溢價數額。當每期之實際利息大於所支付利息時，表示市場上實際利率高於票面利率，是爲折價發行，故將折價攤銷的部份，轉列爲利息費用，加入按票面利率支付的利息費用，藉以調高使與實際利息相符；反之，當每期之實際利息小於所支付利息時，表示市場上實際利率低於票面利率，是爲溢價發行，故將溢價攤銷的部份，轉列爲利息費用，加入按票面利率支付的利息費用，藉以調低使與實際利息相符。

　　根據美國會計師協會會計原則委員會的意見，認爲利息法雖值得被推薦，然而，按直線法攤銷所求得的結果，如與利息法所求得者相差有限時，也可被接受❶。

一　債券折價的攤銷

　1. 直線法

　　茲以上述海華公司折價發行爲例，列示七十六年六月三十日公司債付息日之攤銷分錄如下：

```
利息費用              2,938.73
    現金                           2,500.00
    公司債折價                       438.73
```

$100,000 \times 5\% \div 2 = \$2,500$

$3,509.84 \div 8 = \$438.73$

直線法之債券折價攤銷表列示如表18-2。

---

❶ *APB Opinion* No. 21, Par. 14, 1971.

表 18-2 折價攤銷表——直線法

票面利率: 5 %　　　　實際利率: 6 %

付息次數	（貸）現　金	（貸）公司債折價	（借）利息費用	帳面價值
				96,490.16
1	2,500	438.73	2,938.73	96,928.89
2	2,500	438.73	2,938.73	97,367.62
3	2,500	438.73	2,938.73	97,806.35
4	2,500	438.73	2,938.73	98,245.08
5	2,500	438.73	2,938.73	98,683.81
6	2,500	438.73	2,938.73	99,122.54
7	2,500	438.73	2,938.73	99,561.27
8	2,500	438.73	2,938.73	100,000.00
合　計	20,000	3,509.84	23,509.84	

2. 利息法

在利息法之下，上述海華公司七十六年六月三十日公司債付息日之折價攤銷分錄如下:

利息費用	2,894.71	
現金		2,500.00
公司債折價		394.71

$96,490.16 \times 6 \% \div 2 = \$2,894.71$（實際利息）

$100,000 \times 5 \% \div 2 = \$2,500$（支付利息）

利息法之債券折價攤銷表列示如表18-3。

由表 18-3 可知， 在利息法攤銷債券折價之下， 具有下列各項特徵:

(1) 實際利息費用係按期初帳面價值，乘以實際利率後，再除以每年付息期數而得。由於帳面價值隨折價攤銷而逐期增加，故利息費用亦逐期遞增，惟實際利率仍然不變。

(2) 實際利息費用超過支付利息的部份，屬於折價攤銷，也隨實

際利息費用之逐期遞增而遞增。

(3) 未攤銷折價逐期轉列一部份到公司債帳面價值內，使帳面價值逐期遞增，俟到期時，公司債帳面價值可遞增至票面價值。

表 **18-3** *折價攤銷表——利息法*

票面利率: 5 %　　　實際利率: 6 %

付息次數	(貸) 現金	(貸) 公司債折價	(借) 利息費用	未攤銷折價	帳面價值
				3,509.84	96,490.16
1	2,500	394.71	2,894.71	3,115.13	96,884.87
2	2,500	406.55	2,906.55	2,708.58	97,291.42
3	2,500	418.74	2,918.74	2,289.84	97,710.16
4	2,500	431.30	2,931.30	1,858.54	98,141.46
5	2,500	444.24	2,944.24	1,414.30	98,585.70
6	2,500	457.57	2,957.57	956.73	99,043.27
7	2,500	471.30	2,971.30	485.43	99,514.57
8	2,500	485.43	2,985.43	—0—	100,000.00
合　計	20,000	3,509.84	23,509.84		

二 債券溢價的攤銷

公司債溢價與公司債折價相類似，應予攤銷。由前舉實例可知公司債折價攤銷的部份，逐期加入利息費用，惟公司債溢價攤銷的部份，應逐期由所支付之利息費用內扣除。

1. 直線法

茲仍以上述海華公司溢價發行為例，列示七十六年六月三十日公司債付息日之攤銷分錄如下：

利息費用	2,042.16	
公司債溢價	457.84	
現金		2,500.00

$$\$100,000 \times 5\,\% \div 2 = \$2,500$$

$$\$3,662.72 \div 8 = \$457.84$$

直線法之債券溢價攤銷表列示如表18-4。

表 18-4　溢價攤銷表——直線法

票面利率: 5 %　　　實際利率: 4 %

付息次數	(貸) 現　金	(借) 公司債溢價	(借)利息費用	帳 面 價 值
				103,662.72
1	2,500	457.84	2,042.16	103,204.88
2	2,500	457.84	2,042.16	102,747.04
3	2,500	457.84	2,042.16	102,289.20
4	2,500	457.84	2,042.16	101,831.36
5	2,500	457.84	2,042.16	101,373.52
6	2,500	457.84	2,042.16	100,915.68
7	2,500	457.84	2,042.16	100,457.84
8	2,500	457.84	2,042.16	100,000.00
合　計	20,000	3,662.72	16,337.28	

2. 利息法

在利息法之下，上述海華公司七十六年六月三十日公司債付息日之溢價攤銷分錄如下:

利息費用	2,073.26	
公司債溢價	426.74	
現金		2,500.00

$$\$103,662.72 \times 4\,\% \div 2 = \$2,073.26 \text{（實際利息）}$$

$$\$100,000 \times 5\,\% \div 2 = \$2,500 \text{（支付利息）}$$

利息法之債券溢價攤銷表列示如表18-5。

由表 **18-5** 可知，在利息法攤銷債券溢價之下，具有下列各項特徵:

（1）利息費用係按期初帳面價值，乘以實際利率後，再除以每年

付息次數而得。由於帳面價值隨溢價之攤銷而逐期遞減，故利息費用亦逐期遞減，惟實際利率仍然不變。

(2)支付利息超過實際利息費用的部份，屬於溢價攤銷，亦隨實

表 18-5　*溢價攤銷表──利息法*

票面利率: 5％　　　實際利率: 4％

付息次數	(貸)現金	(貸)公司債溢價	(借)利息費用	未攤銷溢價	帳面價值
				3,662.72	103,662.72
1	2,500	426.74	2,073.26	3,235.98	103,235.98
2	2,500	435.28	2,064.72	2,800.70	102,800.70
3	2,500	443.98	2,056.02	2,356.72	102,356.72
4	2,500	452.86	2,047.14	1,903.86	101,903.86
5	2,500	461.92	2,038.08	1,441.94	101,441.94
6	2,500	471.16	2,028.84	970.78	100,970.78
7	2,500	480.58	2,019.42	490.20	100,490.20
8	2,500	490.20	2,009.80	─0─	100,000.00
合　計	20,000	3,662.72	16,637.28		

際利息費用之逐期遞減而遞減。

(3)公司債帳面價值隨未攤銷溢價之攤銷而逐期遞減，俟債券到期時，已遞減至公司債票面價值。

18-5　年終應計利息的調整

如公司債之付息日與會計年度截止日不一致時，應於年終調整公司債的應計利息，才不致於低列利息費用。此外，如公司債發行時，另有折價或溢價之情形發生，則年終調整應計利息時，也應一併加以處理，才能求得正確的財務狀況及營業結果。

吾人仍然以上述海華公司發行四年期年利10％面值$100,000之公

司債折價為例，惟另假定發行日為民國七十六年三月三十一日，付息日每年於三月三十一日及九月三十日分二次支付。發行時實際利率仍然假定為 6 ％。

　　茲列示其有關分錄如下：

　　(1) 七十六年三月三十一日公司債發行的分錄如下：

現金	96,490.16*	
公司債折價	3,509.84	
應付公司債		100,000

　　(2) 七十六年九月三十日公司債付息的分錄如下：

利息費用	2,894.71*	
現金		2,500.00
公司債折價		394.71

　　＊請參閱表18-3

　　(3) 七十六年十二月三十一日應計利息的調整分錄如下：

利息費用	1,453.27	
應付利息		1,250.00
公司債折價		203.27

$(\$96,490.16 + \$394.71) \times 6\% \times 3/12 = \$1,453.27$

$\$100,000 \times 5\% \times 3/12 = \$1,250$

　　(4) 七十七年三月三十一日公司債付息的分錄如下：

利息費用	1,453.28	
應付利息	1,250.00	
現金		2,500.00
公司債折價		203.28

$\$100,000 \times 5\% \times 1/2 = \$2,500$

$(\$96,490.16 + \$394.71) \times 6\% \times 3/12 = \$1,453.28$

上列計算實際利息費用時，仍然以七十六年九月三十日之帳面價值$96,884.87($96,490.16+$394.71)為準,不得用七十六年十二月三十一日的帳面價值,否則會發生偏差,蓋利息係每半年支付一次故也。

茲根據上列實例，彙編部份之債券折價攤銷表如下：

表 18-6 　部份折價攤銷表——利息法

票面利率: 5 ％　　　　　實際利率: 6 ％

付 息 及 調 整 日	(貸)現金或 應 付 利 息	(貸) 公司債折價	(借) 利息費用	未攤銷折價	帳面價值
				3,509.84	96,490.16
76/ 9 /30	2,500	394.71	2,894.71	3,115.13	96,884.87
76/12/31	1,250	203.27	1,453.27	2,911.86	97,088.14
77/ 3 /31	1,250	203.28	1,453.28	2,708.58	97,291.42
77/ 9 /30	2,500	418.74	2,918.74	2,289.84	97,710.16

18-6　公司債之償還

公司債原則上應於到期時依約一次償還之。惟事實上，由於公司財務上之需要或其他不可預測原因，常發生提早或延後償還的情形。

1. 到期一次償還

此即公司債於約定之到期日，一次償還本金。蓋利息已逐 期 支付，公司債之溢價或折價亦已攤銷殆盡，故無任何損益發生。如公司債另設有償債基金時，通常均將償債基金用以購買證券或轉投資，以增加償債基金收入；俟債券到期時，再將基金內各項證券或轉投資，予以變現，以備償還之用。如公司債未設置償債基金時，則以普通現金償還之。設上述海華公司於七十六年一月一日所發行之四年期公司債$100,000,於八十年一月一日到期並以現金償還時,應分錄如次頁：

應付公司債	100,000	
現金		100,000

2. 期中贖回

公司債於發行時，常另訂有贖回條款，約定可於公司債到期前由發行公司按一定價格提早贖回；期中贖回價格 (call price) 通常高於公司債票面金額，以示補償公司債持有人之意，此項超過部份，稱爲贖回溢價 (call premium)。

公司債提前贖回時，必須將贖回價格與公司債面額、未攤銷折價或溢價及債券發行成本等，按比例冲銷，將其差額列爲債券贖回損益 (gains or losses from extinguishment of bonds)。根據美國會計原則委員會之主張：「提前償還債務之贖回價格與帳面價值之差額，應列爲當年度損益，並於損益表內單獨列報」❷。惟提前償還公司債如發生鉅額損益時，爲避免與正常損益相混淆，財務會計準則委員會主張：「凡因提前償還債券所發生之鉅額損益，應按稅後淨額 (net of tax effect) 列報爲非常損益項目」❸。

設上述海華公司按溢價發行並依直線法攤銷之公司債（請參閱表 18-4），於發行時，附有贖回條款，約定於發行二年後，公司可按債券面值之 104% 加應計利息贖回。七十八年四月一日，該公司依約贖回面值$50,000之公司債時，有關分錄如下：

應付公司債	50,000.00	
公司債溢價	915.68	
非常損益—提前贖回公司債	1,084.32	
現金		52,000.00

$$\$101,831.36 \times 1/2 - \$50,000 = \$915.68$$

---

❷ *APB Opinion* No. 26, Par. 20, Oct., 1972.
❸ *FASB Statement* No. 4, Par. 8, Mar., 1975.

$50,000 \times 104\% = \$52,000$

贖回債券之未攤銷溢價，亦可計算如下：

七十六年一月一日債券

發行日溢價總額 $\quad\quad\quad\quad\quad\quad\quad\quad$ $\$3,662.72$

減：已攤銷債　七十六年六月三十
　　　券折價　　日（第1次）　$\$457.84$

　　　　　　　七十六年十二月三
　　　　　　　十一日（第2次）　457.84

　　　　　　　七十七年六月三十
　　　　　　　日（第3次）　457.84

　　　　　　　七十七年十二月三
　　　　　　　十一日（第4次）　457.84　　1,831.36

未攤銷債券折價總額 $\quad\quad\quad\quad\quad\quad$ $\$1,831.36$

減：未贖回債券部份(50,000/100,000) $\quad\quad$ 915.68

贖回債券之未攤溢價(50,000/100,000) $\quad\quad$ $\$\quad915.68$

3. 公司債換新

　　企業常以新債收回舊債，此稱爲債券換新（bond refunding），債券換新有下列二種情形：

　　(1) 到期換新：企業於債券到期時，如因資金不足，可徵得債權人同意，另發行新債券以償還舊債券。由於舊債券利息已如期償還，債券溢價、債券折價及債券發行成本等，亦已攤銷殆盡，故舊債券收回與新債券發行，將無損益發生，僅作下列之冲轉分錄即可：

　　　　應付公司債（舊）　　　　×××

　　　　　應付公司債（新）　　　　　　×××

　　(2) 期中換新：若干公司常因下列二種情形於債券未到期時，另發行新債券以償還舊債券：

（a）新債券可按較低利率發行。

（b）舊債券可按較低價格在市場上收回。

期中債券換新之會計處理方法，與前述期中債券贖回相同，必須將舊債券之折價、溢價及發行成本等帳戶，一併沖銷。

設上述海華公司於七十六年一月一日按折價發行並依直線法攤銷債券(請參閱表18-2)，俟七十八年一月一日另發行新債券$100,000，按面值發行，利率4％，四年到期，每半年付息一次，以收回舊債券。發行新債券收回舊債券之差額，可計算如下：

新債券發行價格	$ 100,000.00
舊債券帳面價值	98,245.08
差額	$ 1,754.92

對於上項期中債券換新之差額，根據會計原則委員會之意見，應按稅後淨額列為債券收回損益，為避免影響正常損益，應將上項損益之稅後淨額，列為非常損益項目，單獨列報於損益表內。

4. 債券轉換股票

企業為吸引投資者購買債券，常發行可轉換債券（convertible bonds）規定債券持有人於債券發行後之未來某特定期間內，得依特定條件，按約定轉換率（conversion ratio），將債券轉換為股票。

設海華公司於七十六年一月一日發行5％，四年期可轉換公司債100張，每張$1,000，每年一月一日及七月一日各付息一次。發行條款規定，公司債發行二年後，債券持有人可隨時轉換為該公司之普通股100股，每股面值$10，並另假定下列各項事實。

（1）全部債券於七十六年一月一日按每張$1,020發行。

（2）七十八年一月一日債券持有人全部轉換為普通股票，每股市價$11。

（3）債券溢價採直線法攤銷。

　茲列示其有關分錄如下：

七十六年一月一日公司債發行時之分錄如下：

現金	102,000	
應付公司債		100,000
公司債溢價		2,000

七十八年一月一日公司債轉換為股票時， 有二種不同的處理方法：

（1）按股票市價為列帳基礎，承認轉換損益：

應付公司債	100,000	
公司債溢價	1,000	
公司債轉換損失	9,000	
普通股本		100,000
資本公積—普通股發行溢價		10,000

未攤銷公司債溢價： $\$20 \times 100 \div 4 \times 2 = \$1,000$

普通股本： $\$10 \times 100 \times 100 = \$100,000$

發行溢價： $\$1 \times 100 \times 100 = \$10,000$

（2）按債券帳面價值為列帳基礎，不承認轉換損益：

應付公司債	100,000	
公司債溢價	1,000	
普通股本		100,000
資本公積—普通股發行溢價		1,000

18-7　債券投資成本與記錄

　　債券投資成本包括購價及其他與取得債券有關的費用， 例如佣金、稅捐及手續費等。如債券係於兩收息日間取得，投資人另須支付

應計利息，此項應計利息包括自上次收息日起，至購買日止業已存在之利息。此項應計利息係屬預付性質，可於下次收息日收回；因此，應計利息並非成本，應借記「應收利息」或「利息收入」帳戶。

設華友公司購入長期債券面值$100,000之成本$102,000，另支付經紀人佣金$530及三個月應計利息$3,000；假定票面利率12%，每半年收息一次。

購入上項長期債券應分錄如下：

長期債券投資	102,530	
利息收入（或應收利息）	3,000	
現金		105,530

記載債券投資成本的帳戶，通常均彙記於單一帳戶內，對於債券之各項取得成本，均不另設立個別帳戶。此外，對於兩收息日間取得債券之應計利息，借記「利息收入」帳戶，最為恰當，蓋以「利息收入」之借方，可抵銷下次收息日「利息收入」之貸方數額。

設如上述華友公司的情形，次一收息日應分錄如下：

現金	6,000	
利息收入		6,000

$$\$100,000 \times 12\% \times 1/2 = \$6,000$$

經上述分錄後，華友公司債券投資三個月期間之利息收入為$3,000($6,000−$3,000)，能顯示其正確的利息收入數額。

投資人於購入一項長期債券時，其購價往往高於或低於其票面價值或原發行價格。如投資人購買債券之目的，在於長期持有該項債券，則對於債券溢價與折價的部份，根據公認的會計原則，雖不必單獨設立「債券溢價」或「債券折價」帳戶，惟為合理表示長期債券投資之帳面價值及其利息收入起見，仍然應於取得後剩餘期間內，逐期攤銷之。此一債券續後評價之會計問題，吾人將於下一節進一步說明之。

18-8　續後評價及投資收益

　　企業取得一項長期債券後，由於債券市價之變動及債券折價及溢價問題存在，乃發生債券投資的評價問題，進而影響債券投資收益的計算。

　　一般言之，債券投資的評價方法有三:

　　1. 成本法: 此法即按債券取得成本列帳，一旦入帳後，債券成本即不再改變，任何折價或溢價，概不處理。

　　2. 市價法: 此法乃債券投資之帳面價值，隨市價高低而調整，並認定市價變動之損益，惟對於債券折價或溢價之發生，則不予處理。

　　3. 有系統方法攤銷債券折價或溢價: 蓋債券折價之發生，乃債券票面利率低於實際利率所致，為使投資人不吃虧，債券應按折價發行，則投資人乃從取得成本折價中，獲得補償。因此，債券折價之攤銷，應借記「債券投資」帳戶，貸記「利息收入」，分別增加債券投資及利息收入。同理，債券溢價之攤銷，應借記「利息收入」，貸記「債券投資」帳戶，分別減少債券投資及利息收入。對於債券折價或溢價之攤銷，也如同債券發行一樣，可按直線法或利息法處理之。

　　綜觀上述三種債券評價方法，吾人認為市價法既不能符合收益實現之認定原則，又違背資產評價之穩健（保守）原則，故非為一般公認之會計處理程序與方法。成本法一方面無法合理反映債券投資之實際帳面價值，另一方面又不能顯示正確的投資（利息）收入。故對於長期債券投資之續後評價，一般均主張採用第三法，即按有系統的方法逐期攤銷債券折價或溢價。

　　債券投資與股票投資不同，蓋企業一旦投資於某項債券後，如無其他意外情形發生，一般均可按約定日期收取利息。收到長期債券投資的利息收入，應借記現金或其他各項資產，貸記利息收入。此外，如債券發行公司之付息日與投資公司之會計年度截止日不一致時，應於年終時調整應計利息，借記「應收利息」，貸記「利息收入」；如有折價或溢價取得之情形，也應一併調整之。此外，有關年終應計利息之調整分錄，應於下年度開始時，予以廻轉，作成廻轉分錄，借記「利息收入」，貸記「應收利息」，則於次一收息日收到利息時，直接按一般收息方式列帳，不必再參閱舊帳。

　　茲舉一實例說明之。設文華公司於七十六年四月一日購入海華公司發行之四年期債券$100,000票面利率 5 %，當時市場上同類型債券之實際利率 6 %，債券原預定一月一日發行，後來全部遲延至四月一日才發行，故另須支付自一月一日 至四月一日之應計利息 $1,250（$100,000×5 %×3/12）；利息每年於六月三十日 及十二月三十一日分二次支付（請參閱本章18-3-2折價發行）。

　　有關上項債券投資之分錄，分別列示如下：

　　1. 七十六年四月一日取得債券投資的分錄：

　　長期債券投資　　　　　96,687.51

　　利息收入　　　　　　　 1,250.00

　　　　現金　　　　　　　　　　　　　　97,937.51

　　2. 七十六年六月三十日收到六個月利息的分錄：

　　現金　　　　　　　　　 2,500.00

　　　　利息收入　　　　　　　　　　　 2,500.00

　　$100,000×5 %×6/12＝$2,500

　　另須作債券折價之攤銷分錄如下：

　　長期債券投資　　　　　　197.36

利息收入　　　　　　　　　　　　　　197.36

$96,490.16 \times 6\% \times 1/2 - \$2,500) \div 2 = \$197.36$

3. 七十六年十二月三十一日收到利息之分錄：

現金　　　　　　　　　2,500.00

長期債券投資　　　　　406.55

　利息收入　　　　　　　　　　　　2,906.55

$(\$96,687.51 + \$197.36) \times 6\% \div 2 = \$2,906.55$

　　茲將上述文華公司購買海華公司之長期債券投資各有關項目，彙
列一表如下：

表 18-7　長期債券投資折價攤銷表——利息法

票面利率：5%　　　　實際利率：6%

收 息 日	(借)現金	(借)長期債券投資	(貸)利息收入	未攤銷折價	帳面價值
4/1/76	(1,250)		(1,250.00)	3,312.49	96,687.51
6/30/76	2,500	197.36*	2,697.36	3,115.13	96,884.87
12/31/76	2,500	406.55	2,906.55	2,708.58	97,291.42
6/30/77	2,500	418.74	2,918.74	2,289.84	97,710.16
12/31/77	2,500	431.30	2,931.30	1,858.54	98,141.46
6/30/78	2,500	444.24	2,944.24	1,414.30	98,585.70
12/31/78	2,500	457.57	2,957.57	956.73	99,043.27
6/30/79	2,500	471.30	2,971.30	485.43	99,514.57
12/31/79	2,500	485.43	2,985.43	—0—	100,000.00
合　計	18,750	3,312.49	22,062.49		

* $96,490.16 \times 6\% \div 2 = 2,894.71$

$(2,894.71 - 2,500) \div 2 = 197.36$

18-9　債券投資的處分

　　長期債券投資出售時，應將售價扣除佣金支出及其他各項銷售成

本後，借記「現金」或其他適當的資產帳戶，並將該項投資之帳面價值，貸記「長期債券投資」帳戶，兩者之差額，則記入「出售債券投資損益」帳戶。

取得債券投資時，如發生債券折價或溢價情形，則應將債券折價或溢價，攤銷至出售日為止，才能求得債券投資之正確帳面價值。

此外，債券投資如於收息日前出售，則應計算自上次收息日起至出售日止之應計利息，此項應計利息乃債券投資讓與人之利息所得，應單獨貸記「利息收入」或「應收利息」帳戶，不得包括於債券投資之帳面價值內。

設上述文華公司購入海華公司之四年期長期債券，於七十八年九月三十日出售$99,000，佣金為售價之1/2%，已知上項售價未包括應計利息在內。

茲列示截至七十八年九月三十日債券投資之帳面價值及其出售損失如下：

債券帳面價值：

七十八年六月三十日債券投資帳
面價值 $98,585.70

加：七十八年六月三十日至九月
三十日應攤銷債券折價：

$98,585.70 × 6% × 3/12 $1,478.79

$100,000 × 5% × 3/12   1,250.00   228.79

七十八年九月三十日債券投資帳
面價值 $98,814.49

減：淨售價：$99,000−$99,000×1/2%   98,505.00

出售債券投資損失 $ 309.49

1. 債券折價之攤銷分錄如次頁：

長期債券投資	228.79	
利息收入		228.79

2. 出售債券投資之分錄如下：

現金	99,755.00	
出售債券投資損失	309.49	
利息收入		1,250.00
長期債券投資		98,814.49

出售債券投資現金收入：

售價	$ 99,000
減：佣金支出：$99,000×1/2%	495
淨售價	$ 98,505
加：應收利息：$100,000× 5 %×3/12	1,250
出售債券投資現金收入	$ 99,755

上述舉例係假定文華公司於債券未到期時，即予出售的情形。如上項債券投資繼續持有至到期始予出售時 ， 屆期債券折價已攤銷殆盡，投資人可按票面價值收回本金，其分錄如下：

現金	100,000	
長期債券投資		100,000

長期負債與長期債券投資表解

應付公司債的意義：乃指發行公司承諾於未來某特定日償還本金，並按約定利率逐期支付利息的一種要式流通有價證券。

公司債的發行
- 平價發行：當實際利率等於票面利率時，公司債應按平價發行。
- 折價發行：當實際利率大於票面利率時，公司債應按折價發行。
- 溢價發行：當實際利率小於票面利率時，公司債應按溢價發行。

付息日間公司債的發行：公司債訂有特定的付息日；當公司債於二個付息日間發行時，應計算預定發行日至實際發行日間之應計利息，由投資人預先付給發行公司；此項應計利息，就發行公司言，屬於預收性質，俟付息日，須再支付給投資人，故屬發行價格之一部份。

利息的計算與溢折價之攤銷

折價攤銷（利息加項）
- 直線法：每期折價攤銷額 = $\dfrac{公司債折價總額}{發行日至到期日之付息期數}$
- 利息法：折價攤銷額 = 當期利息（當期期初帳面價值×實際利率）－當期支付利息

溢價攤銷（利息減項）
- 直線法：每期溢價攤銷額 = $\dfrac{公司債溢價總額}{發行日至到期日之付息期數}$
- 利息法：溢價攤銷額 = 當期支付利息－當期利息（當期期初帳面價值×實際利率）

年終應計利息的調整：當公司債之付息日與會計年度截止日不一致時，應於年終調整公司債之應計利息，並攤銷公司債折價或溢價。

公司債之償還
- 到期一次償還：借記「應付公司債」，貸記「現金」或其他資產。
- 期中贖回：提前償還債務之收回價格與帳面價值之差額，應按稅後淨額，列報為非常損益項目。
- 公司債換新
  - 到期換新：將舊債轉為新債即可，無損益發生。
  - 期中換新：與上述期中贖回之會計處理相同。
  - 債券轉換股票：按股票市價列帳，承認轉換損益。按債券帳面價值列帳，不承認轉換損益。

債券投資成本與記錄
- 投資成本：包括購價及取得之相關成本；在兩收息日間取得另須支付之應計利息，不得計入投資成本之內。
- 投資記錄：取得成本記入單一帳戶，對於折價或溢價的部份，應逐期攤銷之。

續後評價及投資收益
- 成本法：按取得成本列帳。
- 市價法：隨債券市價高低調整長期投資帳戶。
- 有系統方法攤銷債券折價或溢價：按直線法或利息法攤銷之。

債券投資的處分：債券投資於出售時，應調整折價或溢價後，再認定其出售損益。

問　　題

1. 公司債之意義爲何?

2. 我國法律對於公司債之發行有何限制?

3. 公司債具有何種特徵?

4. 公司債之種類爲何?

5. 公司債發行之價格如何決定?

6. 何謂平價發行? 何謂折價發行? 何謂溢價發行?

7. 公司債於兩個付息日間發行時, 應計利息如何處理?

8. 公司債折價與溢價的攤銷方法有那些? 不同的攤銷方法對公司債利息有何影響?

9. 每屆年終時, 公司債利息應如何調整?

10. 公司債提早贖回時, 其贖回損益在會計上應如何處理?

11. 何謂公司債換新? 公司債換新有那些不同情形?

12. 公司債轉換爲股票時, 會計上應如何處理?

13. 債券投資成本應如何決定?

14. 債券投資續後應如何評價?

15. 處分債券投資時, 其處分損益應如何計算?

選 擇 題

1. 某公司於民國七十六年一月一日，發行10年期債券面值$1,000,000，債券票面利息 8 ％，每年於七月一日及一月一日各付息一次；已知該項債券之實際利率（市場利率）爲10%。茲列示各項現值因子如下：

   利率10％十年期每元現值　　　　　　　0.386

   利率 5 ％二十年期每元現值　　　　　　0.377

   利率10％十年期每元年金現值　　　　　6.145

   利率 5 ％二十年期每元年金現值　　　　12.462

   上項債券之發行價格應爲若干？

   （a）　$ 875,480　　　　　　　　（c）　$ 980,000

   （b）　$ 877,600　　　　　　　　（d）　$ 1,000,000

2. 某公司於民國七十六年一月一日，發行十年期債券面值$400,000，債券票面利率10%，實際利率12%，發行價格爲$354,000，發生債券折價 $46,000。債券利息於七月一日及一月一日分二次付息。民國七十六年六月三十日，該公司列報債券之利息費用若干？

   （a）　$ 24,000　　　　　　　　（c）　$ 21,240

   （b）　$ 22,300　　　　　　　　（d）　$ 20,000

3. 甲公司於民國七十六年七月一日，購買乙公司五年期債券 500張，每張面值$1,000，總購價爲$461,400，票面利率 8 ％，實際利率10%，每年於一月一日及七月一日分二次付息。已知該公司採用利息法攤銷債券折價。甲公司於民國七十六年十二月三十一日，應列報上項債券投資若干？

   （a）　$ 458,330　　　　　　　　（c）　$ 467,540

   （b）　$ 464,470　　　　　　　　（d）　$ 496,930

4. 某公司於民國七十六年六月三十日，發行票面 $1,000 之 20 年期應付債券 1,000 張，其發行價格爲 $1,020,000。 每張債券均搭配 5 張可分離之認股證，每張認股證均可按 $60 認購該公司之普通股一股。債券發行日，每一普

通股及認股證之公平市價分別爲 $50及$5。民國七十六年六月三十日所編製
之資產負債表，應列報應付公司債之帳面價值爲若干？

  （a）　$ 995,000　　　　　　　　（c）　$ 1,020,000

  （b）　$ 1,000,000　　　　　　　（d）　$ 1,045,000

5. 某公司於民國七十六年一月一日，發行面值$1,000,000，票面利率10％之十
年期公司債；已知實際利率爲12％，發行折價$114,500。每年於七月一日及
一月一日各付息一次。假設該公司按利息法攤銷債券折價；民國七十六年七
月一日，應攤銷債券折價若干？

  （a）　$ 1,145　　　　　　　　　（c）　$ 5,725

  （b）　$ 3,130　　　　　　　　　（d）　$ 6,870

6. 某公司於民國七十六年六月三十日，共有面值$1,000,000利率 8 ％之十五年
期債券在外流通，利息每年於六月三十日支付一次；當時未攤銷之債券折價
及債券發行成本，分別爲$35,000及$10,000。該公司於民國七十六年六月三
十日，按債券面值之94％，予以贖回並予註銷；如不考慮所得稅之因素，該
公司應列報提前償付債券之利益爲若干？

  （a）　$ 15,000　　　　　　　　（c）　$ 35,000

  （b）　$ 25,000　　　　　　　　（d）　$ 60,000

7. 某公司於民國七十六年六月三十日，計有面值$1,000,000，票面利率 8 ％之
五年期可轉換公司債在外流通；利息於六月三十日及十二月三十一日，分二
次支付，未攤銷公司債溢價 $50,000。當日，該公司將上述所有債券，予以
轉換爲普通股80,000股，每股面值$10，並發生$30,000之費用。如按債券帳
面價值列帳時，資本公積應增加若干？

  （a）　$ 180,000　　　　　　　　（c）　$ 220,000

  （b）　$ 200,000　　　　　　　　（d）　$ 250,000

練　習

E 18-1　某公司於民國七十六年一月一日發行 8％十年期面值 $1,000,000 之債券，利息於每年十二月三十一日支付一次；另悉市場利率為10％。

試求：

　　請計算民國七十六年一月一日債券發行時之價格，並作債券發行之分錄。

E 18-2　某公司於民國七十六年九月一日發行 8％二十年期面值$1,000,000之債券，按 $1,060,000 之價格發行，每年於三月一日及九月一日各付息一次。另悉該公司之會計年度終了日為十二月三十一日。

試求：

　　（a）　請列示該公司民國七十六年九月一日至民國七十七年九月一日之各項必要分錄；債券溢價按直線法攤銷。

　　（b）　假定市場利率為 7.4％，試按利息法列示上列（a）之各項分錄。

E 18-3　某公司於民國七十六年十二月一日發行 7％面值 $2,000,000 之債券，按$2,200,000加上應付利息發行。每年利息於十一月一日及五月一日分二次付息。俟民國七十八年十二月三十一日，包括未攤銷溢價在內，債券之帳面價值為$2,100,000。民國七十九年七月一日，該公司按債券面值之98％，加上應付利息，贖回全部在外流通之債券。

試求：

　　已知該公司按直線法攤銷債券溢價，請計算債券提早贖回損益，並列示債券提早贖回之分錄。

習　　題

P 18-1　利文公司於民國七十四年三月一日奉准發行 10 ％二十年期可轉換公司
債，面值$1,000,000，利息於每年之三月一日及九月一日各付息一次。
根據公司債轉換條款之規定，凡持有該公司所發行之公司債，自發行後
五年以內，每$1,000公司債可轉換面值$100之普通股六股，且截至轉換
日之應付利息，照付現金。如自發行後滿五年者，每$1,000公司債可轉
換面值$100之普通股五股，截至轉換日之應付利息，亦應照付。

利文公司所有公司債均遲延至七十六年六月三十日，始按 97.12％
之價格發行，另加應付利息。已知該公司每月調整一次，惟俟十二月三
十一日年終時，才結帳一次；利息均按時支付，從未遲延。民國七十六
年二月一日，某債券持有人將面值 $20,000之債券，轉換爲普通股。公
司債折價按直線法攤銷。

試求：

（a）　列示民國七十四年六月三十日、九月一日、民國七十五年十
二月三十一日（含結帳分錄）、民國七十六年二月一日及十
二月三十一日（含結帳分錄）之有關分錄。

（b）　請列示自74年 6 月30日起至76年12月31日止公司債折價餘額
之分析表。

P 18-2　眾文公司於七十年三月一日經核准發行六厘公司債$6,000,000，七年到
期。利息於每年三月一日及九月一日各支付一次。

（a）　試按照下列不同之發行情形，計算七十年及七十一年兩年度之利
息費用：

（1）全部債券均於七十年三月一日，按$5,958,000之價格發行。

（2）全部債券均於七十年五月一日，按面值加逾期利息發行。

（3）全部債券均於七十年七月一日，按 102％加逾期利息發行。

（b）　試按照下列公司債贖回的不同情形，計算其贖回損益：

　　　　(1) 按上列(a)之(1)所發行的公司債，於七十三年三月一日提早
　　　　　　贖回二分之一，其收回價格為$3,030,000。

　　　　(2) 按上列(a)之(3)所發行的公司債，於七十三年三月一日提早
　　　　　　贖回二分之一，其贖回價格為$3,030,000。

P 18-3　惠文公司於七十三年七月一日以每張面值$100，實售 $98之價格發行公
　　　　司債$500,000，年息6¹/₂%，每半年付息一次，二十年到期，公司債發
　　　　行費用$10,000。七十六年七月一日，復按面值發行新公司債$600,000，
　　　　年息4%，每半年付息一次，二十年到期，並立即以售得之價款提早贖
　　　　回全部舊債，收回價格為每張面值$100，實付$102.50。

　　　　試求:

　　　　　　請作七十六年七月一日發行新公司債及贖回舊公司債之有關分錄。

P 18-4　下列各帳戶係取自廣文公司的試算表:

	75年12月31日		76年12月31日
	調 整 前	調 整 後	調 整 前
公司債折價…………………	$ 59,500	$ 59,000	$ 54,000
公司債利息…………………	—	15,500	155,000
應付公司債利息……………	15,000	30,000	—
應付公司債—6%…………			
（85年10月31日到期）……	3,000,000	3,000,000	3,000,000

　　　　公司債十年到期，每年於10月31日及4月30日支付利息兩次。另悉公司
　　　　債於75年11月30日發行，發行時收到現金$2,955,500。

　　　　試根據上述資料，列示76年12月31日應調整的分錄。

P 18-5　博文公司為擴充廠房設備，原定72年4月1日發行公司債$1,000,000，
　　　　年息6%，每年4月1日及10月1日各付息一次，七年到期。嗣因擴充
　　　　計劃遲延，故實際上於同年8月1日始按$1,080,000之價格出售，另加
　　　　應計利息。公司債發行費用$24,000。

　　　　　　茲有利臺公司，於73年6月1日，在市場上購入上述博文公司的公司
　　　　債$100,000，作為短期投資，購買價格為$107,000，另加應計利息及

佣金 $2,500; 同年 9 月 1 日予以出售, 售價為 $105,000, 另加應計利息, 並扣除佣金$2,500。

77年 6 月 1 日, 博文公司以$498,000之價另加應計利息。贖回其所發行公司債之50%。

試作:

(1) 博文公司:

　　(1) 72年 8 月 1 日公司債發行的分錄。

　　(2) 73年12月31日年度結束時有關公司債的分錄。

　　(3) 77年 6 月 1 日贖回公司債的分錄。

(2) 利臺公司:

　　（a） 73年 6 月 1 日購入公司債的分錄。

　　（b） 73年 9 月 1 日出售公司債的分錄。

第十九章 長期股票投資與合併報表

　　企業爲增加利潤、或爲謀求對外之特殊利益，以協助其業務上之發展，往往於其主要的營業活動之外，另投資於其他公司之證券，包括股票及債券投資。長期債券投資已於第十八章內討論，本章將再繼續說明長期股票投資的會計處理。

19-1　長期股票投資的意義

　　企業爲達成各種特定目的，乃將一部份資金投資於其他公司之股票，並意圖長期持有，不輕易出售，以免影響公司之經營決策及效率。企業取得其他公司股票的方式有三：（1）組織新公司，提供新公司創業所需之資金，並取得新公司所發行的股票；（2）購買已存在公司之股東所持有的股票；（3）增發新股票以交換其他公司之股票。

　　一般言之，長期股票投資之目的，約有下列各項：

　　1.　建立或維持穩定的業務關係：企業持有其他公司之股票，可參與其業務之經營與管理，進而影響其經營決策，必能建立或維持穩定的業務關係，並有利於本公司對外業務之發展。

　　2.　有效控制其他公司：企業如資金充裕，可投資於取得其他公司50％以上之股票，卽可控制該公司，形成母子公司的關係，不但可避免競爭，而且由於多角化經營，使營業風險得以分散。

　　3.　增加利潤：企業可利用閒置資金，投資於利潤優厚公司惟無公開市場之股票，藉以增加企業之利潤。

　　凡基於上述各項特定目的所爲之投資，通常均屬於長期投資的性質；蓋企業一旦將該項投資出售，勢將影響其經營決策或效率，或因無公開市場，不能隨時變現，故應予列爲長期投資。

　　由上述可知，長期股票投資之目的，不僅在於獲得投資本身的利益，並且欲透過長期股票投資的途徑，尋求特殊的權益或關係，以達成長久性之利益目標。

19-2　長期股票投資的記錄

一、取得成本之決定及記錄：

　　長期股票投資之取得成本，包括購價加附帶發生之其他必要支出，例如佣金、手續費、及交易稅等。

　　設甲公司爲維持穩定的業務關係，乃購入乙公司股票10,000股，每股市價$18，另支付手續費$2,000及交易稅$1,000；購入時應分錄如下：

　　　　長期投資——乙公司股票　　　　185,400
　　　　　　現金　　　　　　　　　　　　　　　185,400

　　股票投資與債券投資之最大區別，在於股票投資所獲得之股利收入，取決於公司之盈虧情形、股利政策、及其他相關之因素，而不隨時間之經過而累積；至於債券投資之固定利息收入，完全與公司盈虧無關。因此，對於股票投資之利息收入，不予預估入帳。然而，如於股利公告日與除息日之間購入股票時，股票之取得價格，必將包含當期之應收股利在內，則應收股利應予單獨列帳，藉以反映正確的股票投資成本。設如上例，甲公司係於乙公司公告每股現金股利$1.50後及除息日之前購入股票，則上列購入股票時之分錄應修正如下：

　　　　長期投資——乙公司股票　　　　170,400

| 應收股利 | 15,000 | |
| 現金 | | 185,400 |

二、續後評價及股票投資收入：

　　股票投資於取得之後，由於被投資公司之盈虧情形，使股票投資之市價發生增減變動外，另產生股利收入，遂產生股票投資的評價及投資收益如何列帳的問題。美國會計師協會會計原則委員會於1971年提出第18號意見書，規定長期股票投資續後評價及投資收益之會計處理，胥依投資公司對被投資公司之影響力大小而定；影響力大小又隨投資公司對被投資公司持有股份比例而定。茲將該意見書對於長期股票投資續後評價及投資收益之會計處理，彙總如下：

表 19-1　長期股票投資會計處理一覽表

股 票 持 有 比 例	對被投資公司影 響 力	會計處理方法	財 務 報 表
享有投票權普通股 20% 以 下	(1) 無 影 響 力 (2) 有 反 證	(1) 成本法或成本與市價孰低法 (2) 權 益 法	(1) 成本法或成本與市價孰低法 (2) 權 益 法
享有投票權普通股 20% 至 50%	(1) 有重大影響力 (2) 有 反 證	(1) 權 益 法 (2) 成 本 法	(1) 權 益 法 (2) 成 本 法
享有投票權普通股 50% 以 上	有 控 制 能 力 (母子公司關係)	權 益 法	合 併 財 務 報 表

　　上述所稱投資公司對被投資公司之影響力，乃涵蓋下列四方面而言：(a) 出席董事會的代表權；(b) 參與公司決策之權利；(c) 投資公司與被投資公司之間交易額及彼此依存性大小；(d) 股票所有權集

中於小股東之程度。

美國財務會計準則委員會於1975年另提出第12號聲明書，規定凡投資於已公開上市之權益證券 (equity securities)， 如對被投資公司無重大影響力時， 應採用成本法或成本與市價孰低法評價；其餘情形則仍然根據第18號意見書的規定， 採用權益法之會計處理。

所謂「成本與市價孰低法」，係於會計年度終了時，將手存股票投資之成本與市價， 加以比較， 取其較低者作為股票投資之帳面價值。惟比較時， 係就總成本與總市價加以比較，而且長期投資與短期投資必須分開比較。當長期投資的總成本低於總市價時， 應以總成本為準； 反之， 當總市價低於總成本時， 應將總成本降低到總市價水準， 以其差額作成下列調整分錄：

　　未實現跌價損失　　　　　　　　　　×××
　　　　備抵跌價——長期投資　　　　　　　　　　×××

上項屬於長期投資之「未實現跌價損失」與短期投資之「未實現跌價損失」不同，蓋後者係為短期持有，故應予列為當期損失；至於前者係為長期持有，跌價有再回升之可能， 故不予列為當期損失，直接列為資產負債表內股東權益之減項。「備抵跌價——長期投資」則屬於評價帳戶，作為「長期投資——股票」之抵銷帳戶。

日後股票價格回升時，可於原來承認跌價損失之範圍內，認定股票價格回升之未實現增值利益。

股票出售時，售價與成本之差額，列為出售股票已實現損益。至於股票出售成本之認定，可採用個別識別法、先進先出法、後進先出法、或平均法。

當股票投資由長期投資改變為短期投資，或由短期投資改變為長期投資時，如市價低於成本，應將成本降低為市價，以市價作為新成本，其差額則認定為已實現跌價損失。

設某公司於民國七十五年三月一日購入下列各項股票作爲長期投資:

股 票 類 別	股　　數	每 股 單 價	取 得 成 本
A公司普通股	2,000	$ 15	$ 30,000
B公司普通股	3,000	20	60,000
合　計			$ 90,000

(1) 購入時，應分錄如下:

　　　長期投資——股票　　　　　　　　90,000
　　　　　現金　　　　　　　　　　　　　　　　90,000

(2) 收到民國七十五年度A公司普通股股利$4,000及B公司普通股股利$6,000，應分錄如下:

　　　現金　　　　　　　　　　　　　　10,000
　　　　　投資收入　　　　　　　　　　　　　　10,000

(3) 民國七十五年底，A公司股票每股市價$16，B公司股票每股市價$17。茲比較其總成本及總市價如下:

股 票 類 別	成　　本	市　　價	未實現跌價(損)益
A公司普通股	$ 30,000	$ 32,000	$2,000
B公司普通股	60,000	51,000	(9,000)
合　　計	$ 90,000	$ 83,000	($7,000)

在成本與市價孰低法之下，七十五年底應作調整分錄如下:

　　　未實現跌價損失　　　　　　　　　7,000
　　　　　備抵跌價——長期投資　　　　　　　　7,000

(4) 設民國七十六年度十二月一日，出售B公司全部股票，得款$57,000，出售時應分錄如下:

　　　現金　　　　　　　　　　　　　　57,000
　　　已實現跌價損失　　　　　　　　　3,000

長期投資——股票	60,000	

(5) 收到民國七十六年度A公司普通股股利$3,000, 應分錄如下:

現金	3,000	
投資收入		3,000

(6) 民國七十六年底, B公司普通股每股市價$13, 其總成本與總市價比較如下:

股票類別	成　　　本	市　　　價	未實現跌價(損)益
A公司普通股	$ 30,000	$ 26,000	$ (4,000)

上列總市價低於總成本$4,000, 爲七十六年底應有之備抵跌價, 再與上年底之$7,000比較, 備抵跌價帳戶應減少$3,000, 可作調整分錄如下:

備抵跌價——長期投資	3,000	
未實現跌價損失		3,000

(7) 民國七十七年底, 收到A公司普通股股利$3,000, 並將該項長期投資改變爲短期投資, 當時股票市價每股仍爲$13。

(a) 收到股利收入之分錄:

現金	3,000	
投資收入		3,000

(b) 長期投資改變爲短期投資之分錄

短期投資	26,000	
已實現跌價損失	4,000	
長期投資		30,000

茲將上述股票投資三年度在財務報表上表達情形, 彙總如次頁:

損　益　表

	75　年　度	76　年　度	77　年　度
投資收入（股利收入）	$ 10,000	$3,000	$3,000
已實現跌價損失		（ 3,000）	（ 4,000）
	$ 10,000	$ —0—	（$1,000）

資　產　負　債　表

	75年12月31日	76年12月31日	77年12月31日
資產：			
短期投資——股票			$26,000
長期投資——股票	$ 90,000	$ 30,000	
減：備抵評價損失	（ 7,000）	（ 4,000）	
	$ 83,000	$ 26,000	
股東權益：			
減：未實現跌價損失	（$ 7,000）	（$ 4,000）	

19-3　成本法與權益法

　　美國會計師協會會計原則委員會主張：凡投資公司對被投資公司無重大影響力時（即投資於享有投票權普通股20％以下，如無反證，應認定為無重大影響力），其投資應按成本法或成本與市價孰低法處理；反之，如投資公司對被投資公司有重大影響力時（即投資於享有投票權普通股20％以上，如無反證，應認定為具有重大影響力），其投資應按權益法處理。

　　茲將成本法與權益法之會計處理，分別說明如下：

一、成本法 (cost method)

　　採用成本法或稱法律基礎法 (legal basis method)，係指投資公

司對於被投資公司的長期投資帳戶，均按其原始成本或成本與市價孰低列帳，蓋成本爲購入股票實際代價，亦爲評價最有力的根據。且長期股票投資之目的，旣在長期持有被投資公司的股票。則被投資公司股票市價的漲跌，自不足以影響長期股票投資的評價。此外，對於被投資公司因盈虧而引起股東權益（帳面淨資產）之增減，投資公司均不予表示。被投資公司股利之分配，則視爲投資公司投資收入。

二、權益法 (equity method)

採用權益法或稱經濟基礎法 (economic basis method)，係指投資公司對於被投資公司的長期投資帳戶，每隨被投資公司帳面淨資產之增減變化而改變。

當採用權益法時，長期帳戶先按所取股票的成本列帳；惟取得後長期投資帳戶卽隨被投資公司淨資產之增減而調整；當被投資公司獲得淨利時，投資公司卽按其所持有股份比例，借記長期投資帳戶，貸記「投資收入」帳戶；反之，當被投資公司發生虧損時，投資公司亦按其所持有股份比率，借記「投資損失」，貸記長期投資帳戶。如被投資公司之損益當中包含有特殊損益項目在內時，投資公司應將此種特殊損益項目按其所持有比率列爲特殊投資損益，不能列記正常投資損益。

在權益法之下，如投資公司所支付之成本超過被投資公司之帳面價值時，具有下列二種可能：(1) 被投資公司資產之公平價值可能大於其帳面價值，(2) 被投資人有未列帳商譽 (unrecorded goodwill) 存在，此稱爲隱含商譽 (implied goodwill)；不論是資產低估或隱含商譽之存在，均將使投資公司在資產使用年度內受到利益。

19-4　母子公司

　　某一投資公司可透過直接或間接的方式，以收購另一家或數家被投資公司之在外流通股票，而達成企業聯合的目的。當某一投資公司，取得另一被投資公司在外流通而具有投票權之普通股票50％以上時，投資公司與被投資公司間，事實上已成爲母子公司 (parents and subsidiaries) 的關係，蓋投資公司可運用投票權，控制被投資公司；此項控制是多方面的，包括企業的經營及管理權，股利之分配等等。在法律上，營業個體雖各自獨立，而實際上，被投資公司實際上已成爲投資公司的子公司。二家或二家以上公司，經由股票所有權之結合，並且產生經營上之密切配合，一般稱其爲聯營公司 (affiliated companies) 或關係企業。

19-5　合併報表的意義

　　當某一投資公司擁有另一家或數家被投資公司 50％ 以上之股權時，投資公司通常已具有控制被投資公司的能力，母子公司的關係業已存在，則根據美國會計師協會會計原則委員會的規定，應就母子公司的財務報表，據以彙編合併報表 (consolidated statement)。故合併報表係於年終時，將母子公司的財務狀況及營業成果，視爲單一經濟個體 (an economic entity) 而彙編之。母子公司日常的會計事項，仍然按照獨立營業個體的基本假定處理，絲毫不受合併報表編製的影響。換言之，母子公司日常的會計處理，依然相同，年終的財務報表，仍按照經常的方法，個別編製。茲以圖形列示合併報表與營業個體的關係如次頁：

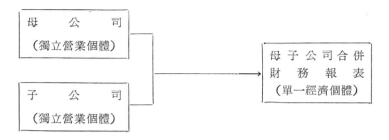

合併報表之編製， 係於經常性的個別報表之外， 由母公司彙編之。 母公司編製合併報表時， 應按逐項合併的基礎 (item-by-item basis) 編製之。

爲使一項合併報表之編製，符合外觀上與實體上之要求，並能達到令人滿意的編製效果，應具備下列二個基本條件：

1. 控制性 (controllability)

投資公司必須擁有被投資公司在外流通股票之50％以上時，才能控制被投資公司。惟此項條件，必須以被投資公司係採用投票權行使股東權利爲前提。如果無投票權，雖擁有50％以上的股權亦無法行使股東的權利。例如投資於外國公司的股權，由於外國政府限制投資人的投票權，在此種特殊情況之下，編製合併報表是不適宜的。

2. 協調性 (compatibility)

意指投資公司與被投資公司之間，在經營上具有關連，並能互爲補充者。 例如某一製造主要零件的公司， 與另一製造附屬零件的公司，在經營上具有互相配合之協調性，則適於編製合併報表。又如某一製造公司與銀行之間，在業務上缺乏互相配合的特性，則不適於編製合併報表。

19-6　合併報表的編製──購買法

一、取得日合併資產負債表的編製

　　當母公司對於子公司之投資，按購買法處理時，母公司必然擁有子公司全部或主要部份之股權；申言之，母公司以取得子公司絕大部份股權之方式，而擁有子公司之淨資產。因此，子公司之淨資產，應按其取得成本，列報於母公司的合併報表內。長期股票投資取得日，母公司帳上之「長期投資」帳戶，實為子公司分類帳各權益帳戶的合成體，其金額必須相等；如母公司取得子公司股權之成本，與子公司資產負債表各權益帳戶之和有任何差異時，必須在母公司之合併報表內予以認定之。

　　一般言之，投資公司對於被投資公司之資產投資收入，必須等到資產取得後，始得加以認定；因此，子公司帳上所累積之保留盈餘或利潤，其屬於取得日以前既已存在者，不得包括於合併資產負債表及合併損益表內，只有那些屬於取得日以後所獲得的部份，才能列入合併報表內。

　　1. 擁有子公司全部股權：取得成本等於帳面價值

　　假定金門公司於76年12月31日會計年度結束日，以現金$150,000，購入馬祖公司全部流通在外具有選舉權之普通股票10,000股，每股面值$10，已知金門公司之會計處理係採用購買法，二家公司皆採用相同之會計原則與處理程序，對於取得日前之事項，不必作任何調整。

　　金門公司投資時分錄如下：

　　　　長期投資──馬祖公司股票　　　　150,000

　　　　　　現金　　　　　　　　　　　　　　　　150,000

　　金門及馬祖公司76年12月31日投資後之資產負債表列示如次頁：

表 19-2
金門及馬祖公司
個別資產負債表
76年12月31日

	金 門 公 司	馬 祖 公 司
資產:		
現金	$ 55,000	$ 35,000
應收帳款（淨額）	15,000	30,000
應收帳款——馬祖公司	10,000	
存貨	170,000	70,000
長期投資——馬祖公司股票	150,000	
廠房及設備（淨額）	100,000	45,000
合計	$500,000	$180,000
負債:		
應付帳款	$ 60,000	$ 20,000
應付帳款——金門公司	—	10,000
股東權益:		
普通股本：每股$10	300,000	100,000
保留盈餘	140,000	50,000
合計	$500,000	$180,000

編製金門與馬祖公司之合併報表時，二家公司間之相對帳戶，應予沖銷 (eliminated)。換言之，金門公司之「長期投資——馬祖公司」帳戶，應與馬祖公司之各業主權益帳戶，包括「普通股本」及「保留盈餘」帳戶，相互沖銷。此外，金門公司之「應收帳款——馬祖公司」，與馬祖公司之「應付帳款——金門公司」二個內部債權債務帳戶，也應沖銷。馬祖公司其餘之各資產及負債帳戶，則分別加入金門公司之各相當帳戶內。茲列示金門及馬祖公司76年12月31日之合併報表工作底表如次頁：

表 19-3

金門及馬祖公司

合併資產負債表工作底表

76年12月31日　　　　　　　　　（購買法）

	金門公司	馬祖公司	冲銷或調整 借　方	冲銷或調整 貸　方	合　計
資　產					
現金	$ 55,000	$ 35,000			$ 90,000
應收帳款（淨額）	15,000	30,000			45,000
應收帳款—馬祖公司	10,000			(b) 10,000	
存貨	170,000	70,000			240,000
長期投資—馬祖公司 股票	150,000			(a) 150,000	
廠房及設備（淨額）	100,000	45,000			145,000
合　計	$500,000	$180,000			$520,000
應付帳款	$ 60,000	$ 20,000			$ 80,000
應付帳款—金門公司		10,000	(b) 10,000		
股　本—金門公司	300,000				300,000
股　本—馬祖公司		100,000	(a) 100,000		
保留盈餘—金門公司	140,000				140,000
保留盈餘—馬祖公司		50,000	(a) 50,000		
合　計	$500,000	$180,000	$160,000	$160,000	$520,000

（a）冲銷母公司之「長期投資」及子公司之權益帳戶。

（b）冲銷母子公司間之內部債權債務關係。

在編製合併報表工作底表時，對於冲銷分錄應加以說明者，計有下列二點：

(1) 冲銷分錄僅在合併報表工作底表內為之卽可，不必作正式之會計記錄。

(2) 冲銷分錄雖可反映子公司淨資產與公平市價之差異，應用冲銷分錄的方法，將其加入於合併報表內，惟根據一般公認會計原則，不得將資產按公平市價正式予以提高。

茲將金門及馬祖公司之正式「合併資產負債表」列示如下：

金門及馬祖公司

合併資產負債表

76年12月31日   （購買法）

資　　產		負　　債	
現金	$ 90,000	應付帳款	$ 80,000
應收帳款（淨額）	45,000	股東權益	
存貨	240,000	股本	300,000
廠房及設備（淨額）	145,000	保留盈餘	140,000
合計	$520,000	合計	$520,000

2. 擁有子公司全部股權：取得成本大於帳面價值

茲仍繼續上述實例，假定金門公司於 76 年 12 月 31 日，以現金 $165,000 購入馬祖公司全部流通在外具有投票權之股票10,000股。購入時金門公司應分錄如下：

　　　　長期投資——馬祖公司股票　　　　165,000
　　　　　　現金　　　　　　　　　　　　　　　　165,000

上列「長期投資——馬祖公司股票」帳戶借記$165,000，取得馬祖公司全部股權計$150,000，包括股本$100,000及保留盈餘$50,000；金門公司取得成本大於馬祖公司股東權益之帳面價值$15,000（$165,

000—$150,000)。

　　金門公司多付$15,000之可能原因有二: (1)馬祖公司資產之公平市價超過其帳面價值，亦卽資產價值之低估; (2)馬祖公司具有優越之獲益能力，隱含無形之商譽價值存在。

　　處理上項差異的會計問題，胥依差異發生的原因而定; 如由於資產低估而引起差異之發生，應重估被投資公司之各項資產; 如由於商譽價值存在，應將商譽價值列報於合併資產負債表內; 如兩種情形同時存在，應依實際情形分攤之。

　　為使讀者能了解以上二種情況之會計處理方法，茲假定上述金門公司多付$15,000，其中$5,000為馬祖公司資產低估，其餘$10,000為商譽價值。兩者彙總如下:

	馬　　祖　　公　　司		
	帳　面　價　位	公　平　市　價	增　　加
廠　房　及　設　備	$ 45,000	$ 50,000	$ 5,000
商　　　　譽	—0—	10,000	10,000
合　　　　計	$ 45,000	$ 60,000	$ 15,000

　　茲列示金門及馬祖公司 76 年 12 月 31 日之合併報表工作底表如次頁:

表 19-4

金門及馬祖公司

合併資產負債表工作底表

76年12月31日　　　　　　　　　　　　　（購買法）

	金門公司	馬祖公司	沖銷或調整 借方	沖銷或調整 貸方	合併
資　產					
現金	$ 40,000	$ 35,000			$ 75,000
應收帳款（淨額）	15,000	30,000			45,000
應收帳款—馬祖公司	10,000			(b)　10,000	
存貨	170,000	70,000			240,000
長期投資—馬祖公司股票	165,000			(a) 165,000	
廠房及設備（淨額）	100,000	45,000	(a)　5,000		150,000
商譽			(a)　10,000		10,000
合　計	$500,000	$180,000			$520,000
負債及股東權益					
應付帳款	$ 60,000	$ 20,000			$ 80,000
應付帳款—金門公司		10,000	(b)　10,000		
股　本—金門公司	300,000				300,000
股　本—馬祖公司		100,000	(a) 100,000		
保留盈餘—金門公司	140,000				140,000
保留盈餘—馬祖公司		50,000	(a)　50,000		
合　計	$500,000	$180,000	$175,000	$175,000	$520,000

（a）沖銷母公司之「長期投資」及子公司之權益帳戶。

（b）沖銷母子公司間之內部債權債務關係。

合併報表工作底表內最後一欄「合併」之數字，係表示母子公司

視爲單一經濟個體之財務狀況，可用一般慣例予以彙編母子公司正式之合併資產負債表如下：

金門及馬祖公司
合併資產負債表
76年12月31日　　　　　　　　　　　　（購買法）

資產：		負債：	
現金	$ 75,000	應付帳款	$ 80,000
應收帳款（淨額）	45,000	股東權益：	
存貨	240,000	股本	300,000
廠房及設備（淨額）	150,000	保留盈餘	140,000
商譽	10,000		
合計	$520,000	合計	$520,000

　3. 擁有子公司全部股權：取得成本小於帳面價值

　　設如上例，　假定金門公司以現金 **$132,000** 取得馬祖公司全部股權，　包括股本**$100,000**及保留盈餘**$50,000**。　金門及馬祖公司部份財務報表分別表達如下：

	資　　　產	股　東　權　益
金門公司		
長期投資——馬祖公司股票	$132,000	
馬祖公司：		
淨資產	150,000	
股本		$100,000
保留盈餘		50,000

　　上列金門公司之取得成本低於馬祖公司之股東權益 **$18,000**，　可能由於馬祖公司之資產高估或負債低估所致，應調整資產或負債之帳列金額，如調整後仍無法將差額全部冲銷時，屬於有利之交易，應將其餘額轉列遞延貸項，於續後年度逐年攤轉爲利益，其會計處理不再贅述。

　4. 擁有子公司部份股權：取得成本大於帳面價值

　　當某公司擬透過購買股權方式，藉以控制另一公司時，往往不可

能或不必要取得其全部股權。

　　茲繼續上舉金門公司與馬祖公司之例， 另假定金門公司以 現 金 $145,000, 購買馬祖公司80％股權；已知馬祖公司普通股本$100,000, 分10,000股， 每股面值$10， 保留盈餘$50,000。

　　金門公司購買馬祖公司80％股權之分錄如下：

　　　　長期投資——馬祖公司股票　　　　　145,000

　　　　　　現金　　　　　　　　　　　　　　　　　　145,000

　　金門公司支付成本 $145,000， 取得馬祖公司帳面價值 $120,000 ($150,000×80％)， 多付$25,000， 此項取得成本超過帳面價值之部 份， 此處假定歸因於馬祖公司之具有超額獲益能力， 故應列為商譽。

　　此外， 金門公司僅取得馬祖公司80％之股權， 僅能冲銷其股東權 益$150,000之80％， 計值$120,000， 其餘$30,000($150,000×20％) 屬於其他投資人， 一般稱為少數股權 (minority interest)。

　　茲將金門公司取得馬祖公司部份股權時， 在合併報表工作底表內 冲銷及產生少數股權之情形， 列示如下：

金門公司：
　　長期投資——馬祖公司股票⋯⋯⋯⋯⋯⋯⋯⋯⋯$145,000
　　減 ：冲銷馬祖公司普通股本$100,000之80％⋯⋯⋯$ 80,000◄────┐
　　　　冲銷馬祖公司保留盈餘$ 50,000之80％⋯⋯⋯　 40,000◄──┐ │
　　取得成本超過帳面價值（商譽）⋯⋯⋯⋯⋯⋯⋯⋯　　$ 25,000 │ │

馬祖公司：
　　普通股本⋯⋯⋯⋯⋯⋯⋯⋯⋯⋯⋯⋯⋯⋯⋯⋯⋯$100,000 │ │
　　減: 冲銷80％⋯⋯⋯⋯⋯⋯⋯⋯⋯⋯⋯⋯⋯⋯⋯　 80,000◄──────┘
　　餘款⋯⋯⋯⋯⋯⋯⋯⋯⋯⋯⋯⋯⋯⋯⋯⋯⋯⋯⋯　$ 20,000
　　保留盈餘⋯⋯⋯⋯⋯⋯⋯⋯⋯⋯⋯⋯⋯⋯⋯⋯⋯$ 50,000 │
　　減 ：冲銷80％⋯⋯⋯⋯⋯⋯⋯⋯⋯⋯⋯⋯⋯⋯⋯　 40,000◄────┘
　　餘額⋯⋯⋯⋯⋯⋯⋯⋯⋯⋯⋯⋯⋯⋯⋯⋯⋯⋯⋯　　 10,000
　少數股權⋯⋯⋯⋯⋯⋯⋯⋯⋯⋯⋯⋯⋯⋯⋯⋯⋯⋯　$ 30,000

表 19-5

金門及馬祖公司

合併資產負債表工作底表

76年12月31日　　　　　　　　　　（購買法）

	金門公司	馬祖公司	冲銷 借	冲銷 貸	合　併
資　產					
現金	$ 60,000	$ 35,000			$ 95,000
應收帳款（淨額）	15,000	30,000			45,000
應收帳款—馬祖公司	10,000			(b)$ 10,000	
存貨	170,000	70,000			240,000
長期投資—馬祖公司股票	145,000			(a) 145,000	
廠房及設備（淨額）	100,000	45,000			145,000
商　　　　　譽			(a)$ 25,000		25,000
	$500,000	$180,000			$550,000
負債及股東權益					
應付帳款	$ 60,000	$ 20,000			$ 80,000
應付帳款—金門公司		10,000	(b) 10,000		
少數股權				(a) 30,000	30,000
普通股本	300,000	100,000	(a) 100,000		300,000
保留盈餘	140,000	50,000	(a) 50,000		140,000
合　　計	$500,000	$180,000	$185,000	$185,000	$550,000

金門及馬祖公司
合併資產負債表
76年12月31日　　　　　　　（購買法）

資　　產		負債及股東權益	
現金	$ 95,000	應付帳款	$ 80,000
應收帳款（淨額）	45,000	少數股權	30,000
存貨	240,000	普通股本	300,000
廠房及設備（淨額）	145,000	保留盈餘	140,000
商譽	25,000		
合計	$550,000	合計	$550,000

　　上列子公司股東權益歸屬於其他投資人之少數股權，根據美國
"會計趨勢與技術"1982年調查結果顯示，絕大部份的公司，均將其
列於合併資產負債表之長期負債項下。

二、取得日後合併財務報表的編製：購買法

　　母公司取得子公司後，母公司之長期投資帳戶，將隨子公司之營
業結果而增減。換言之，子公司每年獲得淨利時，母公司將依其取得
股權比率，增加長期投資帳戶餘額，反之，子公司每年發生虧損時，
母公司將依其取得股權比率，減少長期投資帳戶餘額，此外，子公司
發放股利時，母公司之長期投資帳戶，亦隨而減少。另一方面，子公
司之保留盈餘帳戶，亦隨每年之淨利及股利發放數而增減。因此，合
併報表工作底表內之冲銷項目及其金額，逐年發生變化。

　　1. 擁有子公司全部股權：取得成本大於帳面價值

　　(1) 金門公司76年12月31日以現金$165,000，取得馬祖公司全部
股權；馬祖公司當時普通股本$100,000，保留盈餘$50,000。取得成
本超過帳面價值$15,000，其中$5,000為馬祖公司設備資產低估所
致，其餘$10,000為商譽價值。

　　(2) 77年度馬祖公司獲得淨利$14,000。

(3) 77年度馬祖公司發放股利$10,000。

(4) 金門公司77年度獲得淨利$33,000（包括馬祖公司之淨利）。

(5) 金門及馬祖公司76年度公司間銷貨收入$20,000。

(6) 馬祖公司應付金門公司貨款$6,000。

金門公司75年底及76年度有關「長期投資——馬祖公司股票」之分錄如下：

(1) 購入馬祖公司股票之分錄：

長期投資——馬祖公司股票	165,000	
現金		165,000

(2) 金門公司帳上反映馬祖公司77年度淨利之分錄：

長期投資——馬祖公司股票	14,000	
投資收入		14,000

(3) 金門公司收到馬祖公司77年度股利之分錄：

現金	10,000	
長期投資——馬祖公司股票		10,000

(4) 商譽攤銷及廠房設備折舊之分錄：

投資收入	1,000	
長期投資——馬祖公司股票		1,000

($10,000÷20)+($5,000÷10)=$1,000

在購買法之下，應作冲銷分錄如下：

(a) 金門公司之「長期投資——馬祖公司股票」帳戶與馬祖公司之股東權益冲銷,其差額借記「廠房及設備」及「商譽」,其冲銷分錄如下：

股本——馬祖公司	100,000
保留盈餘——馬祖公司	50,000
廠房及設備	5,000
商譽	10,000

　　　　長期投資——馬祖公司股票　　　　　165,000

　　(b) 金門公司之「應收帳款——馬祖公司」與馬祖公司之「應付帳款——金門公司」沖銷如下：

　　　　應付帳款——金門公司　　　　6,000

　　　　　應收帳款——馬祖公司　　　　　　　6,000

　　(c) 金門公司之「銷貨」與馬祖公司之「銷貨成本」沖銷如下：

　　　　銷貨　　　　　　　　　20,000

　　　　　銷貨成本　　　　　　　　　　20,000

　　(d) 金門公司之「長期投資——馬祖公司股票」與馬祖公司之「股利」沖銷如下：

　　　　長期投資——馬祖公司股票　　10,000

　　　　　股利　　　　　　　　　　　10,000

　　(e) 馬祖公司之廠房及設備，由於公平市價增加\$5,000，故應增加折舊\$500(\$5,000÷10)。應調整如下：

　　　　折舊　　　　　　　　　　500

　　　　　廠房及設備　　　　　　　　　500

　　按折舊之提存，原應貸記「累積折舊」帳戶，惟此處以淨額表示，故逕以「廠房及設備」帳戶代之。

　　(f) 商譽帳戶列記\$10,000，按20年攤銷，應調整如下：

　　　　攤銷　　　　　　　　　　500

　　　　　商譽　　　　　　　　　　　　500

　　(g) 「投資收入」與「長期投資——馬祖公司股票」應沖銷如下：

　　　　投資收入　　　　　　　13,000

　　　　　長期投資——馬祖公司股票　　　13,000

　　茲將金門及馬祖公司「合併損益表及資產負債表工作底表」列示如表19–6。

表 19-6

金門及馬祖公司

合併損益表及資產負債表工作底表

77年12月31日　　　　　　　　（購買法）

	金門公司	馬祖公司	冲銷或調整 借　方	冲銷或調整 貸　方	合　併
損益表					
銷貨	$400,000	$110,000	(c) $20,000		$490,000
減：銷貨成本	(220,000)	(59,000)		(c) $20,000	(259,000)
銷貨毛利	$180,000	$ 51,000			$231,000
減：營業費用	(130,000)	(26,500)			(156,500)
折舊—廠房設備	(10,000)	(4,500)	(e) 500		(15,000)
攤　銷			(f) 500		(500)
營業淨利	$ 40,000	$ 20,000			$ 59,000
加：投資收入	13,000		(g) 13,000		—0—
減：所得稅	(20,000)	(6,000)			(26,000)
淨利	$ 33,000	$ 14,000			$ 33,000
資產負債表					
現金	$ 61,000	$ 45,500			$106,500
應收帳款（淨額）	18,000	28,000			46,000
應收帳款—馬祖公司	6,000	—		(b) 6,000	
存貨	185,000	65,000			250,000
長期投資—馬祖公司股票	168,000	—	(d) 10,000	(a) 165,000 (g) 13,000 }	
廠房及設備（淨額）	90,000	40,500	(a) 5,000	(e) 500	135,000
商譽			(a) 10,000	(f) 500	9,500
合　計	$528,000	$179,000			$547,000
應付帳款	$ 55,000	$ 19,000			$ 74,000
應付帳款—金門公司		6,000	(b) 6,000		
股本—金門公司	300,000				300,000
股本—馬祖公司		100,000	(a) 100,000		
保留盈餘—金門公司	140,000				140,000
保留盈餘—馬祖公司		50,000	(a) 50,000		
股利		(10,000)		(d) 10,000	
淨利	33,000	14,000			33,000*
合計	$528,000	$179,000	$215,000	$215,000	$547,000*

*　由合併後損益表轉入

上述金門及馬祖公司77年度正式之合併報表列示如下：

金門及馬祖公司

合併損益表

77年度		（購買法）
銷貨		$490,000
減：銷貨成本		259,000
銷貨毛利		$231,000
減：營業費用（未包括折舊及攤銷）	$156,500	
折舊	15,000	
攤銷	500	172,000
營業淨利		$ 59,000
減：所得稅		26,000
淨利		$ 33,000

金門及馬祖公司

合併資產負債表

77年12月31日　　　　　　　　　　（購買法）

資產：		負債：	
現金	$106,500	應付帳款	$ 74,000
應收帳款（淨額）	46,000	股東權益：	
存貨	250,000	股本	300,000
廠房及設備（淨額）	135,000	保留盈餘	140,000
商譽	9,500	淨利	33,000
合　計	$547,000	合　計	$547,000

2. 擁有子公司部份股權: 取得成本大於帳面價值

根據美國會計協會會計原則委員會第十六號意見書之主張: 持有股權少於 100％之投資, 如其持有之比例在90％以下, 編製合併報表時, 一般應按購買法處理, 而不得採用權益結合法。

為說明持有股權少於100％之合併報表編製方法, 茲假定 76年12月 31 日, 金門公司 (母公司) 以現金 \$132,000 購買馬祖公司 (子公司) 全部在外流通股權10,000股之80％; 購買日金門公司之長期投資分錄如下:

　　　　長期投資—馬祖公司股票　　　　　132,000
　　　　　　現金　　　　　　　　　　　　　　　　　132,000

購買日馬祖公司的業主權益包括: 股本\$100,000及保留盈餘\$50,000。金門公司以 \$132,000 現金取得馬祖公司 \$120,000 (150,000×80％) 的股權, 顯然地, 金門公司溢付馬祖公司帳面價值計 \$12,000 (\$132,000－\$120,000); 假定金門公司逾付之原因, 係由於馬祖公司的廠房及設備之公平市價應增加\$5,000; 此外, 馬祖公司尚具有商譽存在。

茲分析其內容如下:

　　　購買馬祖公司80％股權之價格……………………\$132,000
　　　減: 馬祖公司帳面價值之80％:
　　　　(\$100,000＋\$50,000)×80％………………120,000
　　　溢付金額………………………………………\$ 12,000
　　　減: 調整乙公司廠房及設備之帳面價值:
　　　　\$5,000×80％……………………………… 4,000
　　　溢付差額—商譽……………………………………\$ 8,000

設77年12月31日, 金門及馬祖公司經一年之經營結果, 有關財務報表列示如次頁:

<table>
<tr><td></td><td colspan="2">77年12月31日</td></tr>
<tr><td></td><td>金門公司</td><td>馬祖公司</td></tr>
</table>

損益表:

銷貨⋯⋯⋯⋯⋯⋯⋯⋯⋯⋯⋯⋯⋯⋯⋯⋯⋯⋯⋯⋯⋯	$ 400,000	$ 110,000
投資收入—馬祖公司發放股利⋯⋯⋯⋯⋯⋯⋯⋯	10,400	
銷貨成本⋯⋯⋯⋯⋯⋯⋯⋯⋯⋯⋯⋯⋯⋯⋯⋯⋯	(220,000)	(59,000)
營業費用（折舊除外）⋯⋯⋯⋯⋯⋯⋯⋯⋯⋯	(130,000)	(26,500)
折舊⋯⋯⋯⋯⋯⋯⋯⋯⋯⋯⋯⋯⋯⋯⋯⋯⋯⋯⋯	(10,000)	(4,500)
所得稅⋯⋯⋯⋯⋯⋯⋯⋯⋯⋯⋯⋯⋯⋯⋯⋯⋯	(20,000)	(6,000)
淨利⋯⋯⋯⋯⋯⋯⋯⋯⋯⋯⋯⋯⋯⋯⋯⋯⋯⋯⋯	$ 30,400	$ 14,000

資產負債表:

現金⋯⋯⋯⋯⋯⋯⋯⋯⋯⋯⋯⋯⋯⋯⋯⋯⋯⋯⋯	$ 92,000	45,500
應收帳款（淨額）⋯⋯⋯⋯⋯⋯⋯⋯⋯⋯⋯⋯	18,000	28,000
應收帳款—馬祖公司⋯⋯⋯⋯⋯⋯⋯⋯⋯⋯⋯	6,000	—
存貨⋯⋯⋯⋯⋯⋯⋯⋯⋯⋯⋯⋯⋯⋯⋯⋯⋯⋯⋯	185,000	65,000
長期投資—馬祖公司股票（成本）⋯⋯⋯⋯⋯	134,400	—
廠房及設備⋯⋯⋯⋯⋯⋯⋯⋯⋯⋯⋯⋯⋯⋯⋯	90,000	40,500
	$ 525,400	$ 179,000
應付帳款⋯⋯⋯⋯⋯⋯⋯⋯⋯⋯⋯⋯⋯⋯⋯⋯	$ 55,000	$ 19,000
應付帳款—金門公司⋯⋯⋯⋯⋯⋯⋯⋯⋯⋯		6,000
股本（每股 $10）⋯⋯⋯⋯⋯⋯⋯⋯⋯⋯⋯	300,000	100,000
保留盈餘（期初）⋯⋯⋯⋯⋯⋯⋯⋯⋯⋯⋯	140,000	50,000
發放股利⋯⋯⋯⋯⋯⋯⋯⋯⋯⋯⋯⋯⋯⋯⋯		(10,000)
淨利（損益表移入）⋯⋯⋯⋯⋯⋯⋯⋯⋯⋯	30,400	14,000
合　計	$ 525,400	$ 179,000

冲銷分錄:

(a) 金門公司「長期投資」與馬祖公司股東權益冲銷，餘額列入廠房設備及商譽之帳：

股本—馬祖公司	80,000	
保留盈餘—馬祖公司	40,000	
廠房及設備	4,000	
商譽	8,000	
長期投資—馬祖公司股票		132,000

(b) 金門公司「應收帳款—馬祖公司」與馬祖公司「應付帳款—金門公司」冲銷如下：

應付帳款—金門公司	6,000	
應收帳款—馬祖公司		6,000

(c) 馬祖公司廠房及設備按公平市價列帳後，應補提列折舊之分錄如下：

折舊	400	
廠房及設備		400

$4,000 \div 10 = $400

(d) 馬祖公司具有之商譽，應攤銷如下：

攤銷	400	
商譽		400

(e) 馬祖公司之股利與金門公司之「長期投資」帳戶冲銷如下：

長期投資—馬祖公司股票	8,000	
股利		8,000

(f) 金門公司之「投資收入」與「長期投資」帳戶冲銷如下：

投資收入	10,400	
長期投資—馬祖公司股票		10,400

表 19-7

金門及馬祖公司
合併報表工作底表
77年12月31日
(購買法)

	金門公司	馬祖公司	沖銷或調整 借方	沖銷或調整 貸方	合併合計
損益表					
銷貨	$ 400,000	$ 110,000			$ 510,000
減：銷貨成本	(220,000)	(59,000)			(279,000)
銷貨毛利	$ 180,000	$ 51,000			$ 231,000
減：營業費用	(130,000)	(26,500)			(156,500)
折舊	(10,000)	(4,500)	(c) 400		(14,900)
攤銷			(d) 400		(400)
營業淨利	$ 40,000	$ 20,000			$ 59,200
加：投資收入	10,400		(f) 10,400		26,000
減：所得稅	(20,000)	(6,000)			$ 33,200
淨利	$ 30,400	$ 14,000			M(2,800)
少數股權：$14,000×20%					$ 30,400
母公司股權					
資產負債表					
現金	$ 92,000	$ 45,500			$ 137,500
應收帳款（淨額）	18,000	28,000			46,000
應收帳款—馬祖公司	6,000			(b) 6,000	

項目	金門公司	馬祖公司	調整與抵銷 借方	調整與抵銷 貸方	合併數
存貨	185,000	65,000			250,000
長期投資—馬祖公司股票	134,400			(a) 132,000	
廠房及設備（淨額）	90,000	40,500	(a) 8,000	(f) 10,400	134,100
商譽			(e) 8,000	(c) 400	7,600
合　計	$ 525,400	$ 179,000			$ 575,200
應付帳款	$ 55,000	$ 19,000			$ 74,000
應付帳款—金門公司		6,000	(b) 6,000		
股本—金門公司	300,000				300,000
股本—馬祖公司		100,000	(a) 80,000		M 20,000
保留盈餘—金門公司	140,000				M 140,000
保留盈餘—馬祖公司		50,000	(a) 40,000	(d) 400	M 10,000
股利		(10,000)		(e) 8,000	M(2,000)
淨利	30,400	14,000	(a) 4,000		
少數股權					M 2,800
母公司股權					M 30,400
合　計	$ 525,400	$ 179,000	$ 157,200	$ 157,200	$ 575,200

合併損益表及資產負債表列示如下:

金門及馬祖公司

合併損益表

77年度		(購買法)
銷貨		$510,000
減: 銷貨成本		279,000
銷貨毛利		$231,000
減: 營業費用 (不包括折舊、攤銷及所得稅)	$156,500	
折舊	14,900	
攤銷	400	
所得稅	26,000	197,800
合併淨利		$ 33,200
減: 少數股權淨利		2,800
母公司股權淨利合計數		$ 30,400

金門及馬祖公司

合併資產負債表

77年12月31日 (購買法)

資 產		負 債	
現金	$137,500	應付帳款	74,000
應收帳款 (淨額)	46,000	股東權益	
存貨	250,000	股本	300,000
廠房及設備 (淨額)	134,100	保留盈餘	170,400
商譽	7,600	少數股權	30,800
合計	$575,200	合計	$575,200

$140,000+$30,400=$170,400

$20,000+$10,000-$2,000+$2,800=$30,800

19-7 合併報表的編製——權益結合法

1940年代後期,權益結合法之企業合併,普遍受到注意;權益結

合法之最大特徵，在於投資公司發行股份以交換被投資公司之股份；故本質上為權益之結合或合併，而非為資產之取得。

權益結合法之會計處理，乃將投資公司與被投資公司之資產、負債、及保留盈餘，按照原有之帳面價值，繼續維持，而不考慮其公平價值。換言之，權益結合法乃投資公司按被投資公司淨資產之帳面價值記入投資帳戶，而非以投資公司所發行股票之市價記帳。因此，在權益結合法之下，不會產生商譽或遞延借項（負商譽）的問題。又被投資公司於取得日之保留盈餘，及取得日後盈餘，均併入合併個體之保留盈餘內，使權益結合法之保留盈餘，較購買法下之保留盈餘為大。尤有進者，權益結合法係按淨資產之帳面價值列帳，而不考慮其公平市價；故於物價上漲時，資產之折舊、攤銷、或銷貨成本等，均較購買法之下者為低，如其他情況均相同，則權益結合法之淨利，將比購買法下之淨利為大。

美國會計師協會會計原則委員會曾規定權益結合法採用時的許多條件，其中涵蓋下列最基本的二項：（1）合併一次完成或於一年內依特定計畫完成，惟非由於合併個體所能控制之原因而遲延者，不受限制；（2）投資公司持有被投資公司流通在外具有投票權之普通股90％以上之股權。

一　取得日合併資產負債表的編製

設金門公司於76年12月31日，發行股票10,000股以交換馬祖公司全部流通在外股票10,000股。交換後金門公司取得馬祖公司全部之股權。股票交換日金門公司應分錄如下：

長期投資—馬祖公司股票	150,000	
股本		100,000
資本公積—股本發行溢價		50,000

上列「長期投資」科目帳列 $150,000， 係馬祖公司「股本」與「保留盈餘」帳面價值之和（$100,000＋$50,000）。因金門公司已控制馬祖公司100％之股權，故金門公司之「長期投資」帳戶依馬祖公司淨資產之帳面價值表示之；「長期投資」與「股本」之差額，則以「資本公積—股本發行溢價」列示之。

由上述可知，經由股票交換而達成權益結合的方式，投資公司因無股票之購買， 故不牽涉成本的問題； 投資公司之「長期投資」帳戶，係以被投資公司淨資產之帳面價值為列帳之根據，故其帳面價值繼續維持下去，不受影響。

茲將金門及馬祖公司經上列股票交換後之合併資產負債表工作底表，列示如表19-8。

編製合併報表時，應將母子公司間之關連帳戶冲銷如下：

(a) 母公司之「長期投資」帳戶與子公司之「股本」帳戶冲銷，差額再冲銷母公司之「資本公積—股本發行溢價」帳戶：

股本—馬祖公司	100,000	
資本公積—股本發行溢價	50,000	
長期投資—馬祖公司股票		150,000

(b) 母子公司間內部債權債務帳戶之冲銷：

應付帳款—金門公司	10,000	
應收帳款—馬祖公司		10,000

表 19-8

金門及馬祖公司

合併資產負債表工作底表

76年12月31日　　　　　　　　　　　　　　權益結合法

	金門公司	馬祖公司	冲銷或調整借方	冲銷或調整貸方	合併
資　產					
現金	$205,000	$ 35,000			$240,000
應收帳款（淨額）	15,000	30,000			45,000
應收帳款—馬祖公司	10,000			(b)$ 10,000	
存貨	170,000	70,000			240,000
長期投資—馬祖公司股票	150,000			(a) 150,000	
廠房及設備（淨額）	100,000	45,000			145,000
合　計	$650,000	$180,000			$670,000
應付帳款	$ 60,000	$ 20,000			$ 80,000
應付帳款—金門公司		10,000	(a)$ 10,000		
股本—金門公司	400,000				400,000
股本—馬祖公司		100,000	(a) 100,000		
資本公積—股本發行溢價	50,000		(a) 50,000		
保留盈餘—金門公司	140,000				190,000
保留盈餘—馬祖公司		50,000			
合　計	$650,000	$180,000	$160,000	$160,000	$670,000

茲將金門及馬祖公司取得日之正式合併資產負債表列示如次頁：

金門及馬祖公司
合併資產負債表
76年12月31日　　　　　　　　　　（權益結合法）

資　　産		負　　債	
現金	$240,000	應付帳款	$ 80,000
應收帳款（淨額）	45,000	**股東權益**	
存貨	240,000	股本	400,000
廠房及設備（淨額）	145,000	保留盈餘	190,000
合計	$670,000	合計	$670,000

二　取得日後合併財務報表的編製

　　投資公司取得被投資公司之股權後，由於被投資公司之財務狀況及營業成果已發生變化，故合併報表工作底表之冲銷項目及金額，也逐年發生變化。

　　設金門及馬祖公司民國77年12月31日之個別損益表及資產負債表列示如下：

金門及馬祖公司
合併損益表
77年1月1日至12月31日　　　　　　　（權益結合法）

	金門公司	馬祖公司
銷貨收入	$ 400,000	$ 110,000
減：銷貨成本	(220,000)	(59,000)
銷貨毛利	$ 180,000	$ 51,000
減：營業費用（未包括折舊）	(130,000)	(26,500)
折舊	(10,000)	(4,500)
營業淨利	$ 40,000	$ 20,000
投資收入	10,000	
稅前淨利	$ 50,000	$ 20,000
減：所得稅	(20,000)	(6,000)
稅後淨利	$ 30,000	$ 14,000

表 19-9

金門及馬祖公司

合併資產負債表

77年12月31日　　　　　　　　　（權益結合法）

資產	金門公司	馬祖公司
現金	$226,000	$ 45,500
應收帳款	18,000	28,000
應收帳款—馬祖公司	6,000	
存貨	185,000	65,000
長期投資—馬祖公司股票	150,000	
廠房及設備（淨額）	90,000	40,500
合計	$675,000	$179,000
負債及股東權益		
應付帳款	$ 55,000	$ 19,000
應付帳款—金門公司		6,000
股本（每股$10）	400,000	100,000
資本公積—股本發行溢價	50,000	
保留盈餘	140,000	50,000
股利		（ 10,000）
稅後淨利	30,000	14,000
合計	$675,000	$179,000

金門及馬祖公司間之關連帳戶如下：

（a）金門公司之「長期投資」帳戶，自取得後並未變更；76年12月31日金門公司以股票交換馬祖公司之股票時，馬祖公司之「保留盈餘」為$50,000。

（b）金門公司之「應收帳款」計$6,000，係與馬祖公司之「應付帳款」為公司間之關連帳戶。

（c）廠房及設備按10年平均提存折舊。

（d）金門公司將成本$16,000之商品，售予馬祖公司$20,000。馬

祖公司對外出售\$25,000。

(e) 民國77年12月底，馬祖公司發放股利\$10,000。

根據上列母子公司間關連帳戶，應於合併財務報表內，作成下列各項冲銷分錄：

(a) 金門公司之「長期投資」與馬祖公司之「股本」帳戶冲銷，其差額再冲銷「資本公積—股本發行溢價」帳戶：

股本—馬祖公司	100,000	
資本公積—股本發行溢價	50,000	
長期投資—馬祖公司股票		150,000

(b) 金門公司之「應收帳款」與馬祖公司之「應付帳款」帳戶冲銷如下：

應付帳款—金門公司	6,000	
應收帳款—馬祖公司		6,000

(c) 金門與馬祖公司間內部銷貨交易與成本之高估情形如下：

	金門公司	馬祖公司	合 計	合 併	高 估
銷貨收入	\$ 20,000	\$ 25,000	\$ 45,000	\$ 25,000	\$ 20,000
銷貨成本	16,000	20,000	36,000	16,000	20,000
銷貨毛利	\$ 4,000	\$ 5,000	\$ 9,000	\$ 9,000	\$ —0—

從合一經濟主體立場而言，合併報表內之銷貨交易，僅限於出售給母子公司以下之第三者，才算收入；故上列母子公司間內部銷貨交易，祇能列報\$25,000。至於銷貨成本也僅列報\$16,000，超出部份應冲銷如下：

銷貨	20,000	
銷貨成本		20,000

(d) 股利應冲銷如下：

投資收入	10,000	
保留盈餘		10,000

表 19-10

金門及馬祖公司

合併報表工作底表

77年12月31日　　　　　　　　（權益結合法）

	金門公司	馬祖公司	沖銷分錄 借方	沖銷分錄 貸方	合併
損益表					
銷貨收入	$ 400,000	$ 110,000	(c)$ 20,000		$ 490,000
減：銷貨成本	(220,000)	(59,000)		(c)$ 20,000	259,000
銷貨毛利	$ 180,000	$ 51,000			$ 231,000
減：營業費用（未包括折舊）	(130,000)	(26,500)			(156,500)
折舊	(10,000)	(4,500)			(14,500)
營業淨利	$ 40,000	$ 20,000			$ 60,000
加：投資收入	10,000		(d) 10,000		
稅前淨利	$ 50,000	$ 20,000			$ 60,000
減：所得稅	(20,000)	(6,000)			(26,000)
稅後淨利	$ 30,000	$ 14,000			$ 34,000
資產負債表					
現金	$ 226,000	$ 45,500			$ 271,500
應收帳款（淨額）	18,000	28,000			46,000
應收帳款—馬祖公司	6,000			(b) 6,000	
存貨	185,000	65,000			250,000
長期投資—馬祖公司股票	150,000			(a) 150,000	
廠房及設備（淨額）	90,000	40,500			130,500
合　計	$ 675,000	$ 179,000			$ 698,000
應付帳款	$ 55,000	$ 19,000			$ 74,000
應付帳款—金門公司		6,000	(b) 6,000		
股本—金門公司	400,000				400,000
股本—馬祖公司		100,000	(a) 100,000		
資本公積—股本發行溢價	50,000		(a) 50,000		
保留盈餘—金門公司	140,000				190,000
保留盈餘—馬祖公司		50,000			
股利		(10,000)		(d) 10,000	
稅後淨利（損益表移入）	30,000	14,000			34,000
合　計	$ 675,000	$ 179,000	$186,000	$186,000	$ 698,000

金門及馬祖公司
合併損益表
77年度 （權益結合法）

銷貨收入		$490,000
減：銷貨成本		259,000
銷貨毛利		$231,000
減：營業費用（未包括折舊）	$156,500	
折舊	14,500	171,000
營業淨利		$ 60,000
減：所得稅		26,000
稅後淨利		$ 34,000

金門及馬祖公司
合併資產負債表
77年12月31日 （權益結合法）

資　　產		負　　債	
現金	$271,500	應付帳款	$74,000
應收帳款（淨額）	46,000	股東權益	
存貨	250,000	股本	400,000
廠房及設備（淨額）	130,500	保留盈餘	190,000
		稅後淨利	34,000
合　計	$698,000	合　計	$698,000

19-8　購買法與權益結合法的比較

購買法與權益結合法之會計處理方法，其不同者，約有下列各端：

1. 在購買法之下，母公司（投資公司）按取得子公司（被投資公司）之成本列入「長期投資」帳戶；如母公司之取得成本大於子公司淨資產價值時，將產生商譽價值。在權益結合法之下，母公司係以子

公司淨資產之帳面價值記入「長期投資」帳戶，而非以母公司所發行股票之市價記錄，故不產生商譽價值。

2. 購買法係以現金購入股份，故其現金將較權益結合法之下者為少；反之，權益結合法係由母公司發行新股份，以交換子公司之股權，故其合併股本較購買法之下者為多。

3. 在購買法之下，子公司之保留盈餘帳戶，已隨其股本帳戶與母公司之長期投資帳戶冲銷而不存在，故合併報表僅剩下母公司之保留盈餘帳戶；換言之，在購買法之下，母公司並不因購買子公司之股權而使其本身之股東權益增加。在權益結合法之下，子公司於企業合併日之保留盈餘及取得日後之盈餘，均併入合併個體之保留盈餘內，使權益結合法下之保留盈餘，較購買法之下者為大。

4. 在購買法之下，母公司按交付資產或股票之公平市價記錄；因此，在物價上漲趨勢之下，嗣後合併個體之折舊、攤銷、及銷貨成本等，均較權益結合法之下者為高；如其他條件均相同，在購買法下之淨利，將較權益結合法之下者為低。

長期股票投資與合併報表表解

長期股票投資的意義：企業常因各種目的，投資於其他公司之股票；凡所投資之股票無公開市場，或雖有公開市場，惟一旦擬出售所投資之股票時，將影響公司之營業決策或營運績效者，均屬於長期股票投資的範圍。

長期股票投資的記錄
- 取得成本之決定及記錄。
- 續後評價及股票投資收入。

成本法與權益法
- 成本法：投資公司對於被投資公司的長期投資帳戶，均按其原始成本或成本與市價孰低列帳；投資公司對被投資公司無重大影響力者，採用此法。
- 權益法：投資公司對於被投資公司的長期投資帳戶，隨被投資公司帳面淨資產之增減變化而改變；投資公司對被投資公司有重大影響力者，採用此法。

母子公司：當某一投資公司取得另一被投資公司在外流通而具有投票權之普通股票50％以上時，投資公司與被投資公司間，事實上已成為母子公司之關係。

合併報表的意義：合併報表係於年終時，將母子公司視為單一經濟個體，就其經常性之個別財務報表而彙編之。

合併報表的編製—購買法
- 取得日合併資產負債表的編製
  - 擁有子公司全部股權：取得成本等於帳面價值
  - 擁有子公司全部股權：取得成本大於帳面價值
  - 擁有子公司全部股權：取得成本小於帳面價值
  - 擁有子公司部份股權：取得成本大於帳面價值
- 取得日後合併財務報表的編製
  - 擁有子公司全部股權：取得成本大於帳面價值
  - 擁有子公司部份股權：取得成本大於帳面價值

合併報表的編製—權益結合法
- 取得日合併資產負債表的編製
- 取得日後合併財務報表的編製

購買法與權益結合法的比較。

問　題

1. 試述母子公司之關係。
2. 編製合併報表的基本條件爲何?
3. 「合併報表的概念與會計報告有關，與日常會計處理無關」，試申述其含義。
4. 權益結合法的意義爲何? 略述之。
5. 購買法的意義爲何? 略述之。
6. 試略述編製合併報表的程序。
7. 請解釋何以在沖銷時，須以母公司的長期投資科目，與子公司的股東權益帳戶相互沖銷。
8. 採用權益結合法的方式，在編製合併報表時，母公司係按子公司淨資產的帳面價值加以考慮，採用購買法的方式，則以其公平市價爲基礎，原因何在?
9. 採用權益結合法時，爲何不認定商譽之存在? 採用購買法的企業合併時，爲何認定商譽之存在?
10. 採用購買法的企業合併，對於所增加的折舊費用，一般須予認定，其故安在?
11. 說明下列各論點的理由:
    (1) 雖然各種條件均相同，但根據權益結合法所列報的淨利數字，大於購買法所列報的淨利數字。
    (2) 雖然其他條件均相同，但採用權益結合法的現金狀況(cash position)，優於購買法的現金狀況。
    (3) 雖然其他條件均相同，但採用權益結合法所列報的保留盈餘，大於購買法所列報者。
12. 解釋下列各名詞:
    (1) 母子公司 (parents & subsidiaries)
    (2) 控制性與和諧性 (controllability & compatibility)

(3) 權益結合法與購買法 (pooling of interests & purchase)

(4) 相互關連帳戶 (inter-company accounts)

(5) 多數股權與少數股權 (majority interests & minority interests)

選　擇　題

1. 甲公司於民國七十五年一月十五日，購入乙公司在外流通普通股股票之 10
   ％，共計10,000股，每股成本 $25, 作爲長期投資，並按成本法列帳。俟民
   國七十五年十二月三十一日，乙公司普通股股票每股市價爲 $24。民國七十
   六年間，乙公司因受匯率變動之影響，外銷受阻，乃發生重大之財務困難，
   使該公司之股票市價，大幅度滑跌。甲公司乃於民國七十六年十一月十日，
   按每股市價 $10，出售所持有乙公司之全部普通股股票。另悉民國七十六年
   度甲公司之所得稅有效稅率爲40％。甲公司於民國七十六年十二月三十一日
   之會計年度終了日，應列報上項出售長期投資損失若干？

   （a）$ 150,000　　　　　　（c）$ 90,000
   （b）$ 140,000　　　　　　（d）$ 84,000

2. 甲公司於七十六年一月二日，以現金 $258,000 購入乙公司在外流通普通股
   股票之 30 ％，並按權益法列帳。已知購買日乙公司之淨資產公平市價爲
   $620,000，其帳面價值與公平市價相符。民國七十六年度，乙公司獲得淨利
   $180,000，並宣告發放普通股現金股利 $20,000。另悉甲公司對於商譽之攤
   銷，係按40年爲準。民國七十六年十二月三十一日，甲公司對於乙公司股票
   之長期投資，其帳列餘額應爲若干？

   （a）$ 234,000　　　　　　（c）$ 304,200
   （b）$ 258,000　　　　　　（d）$ 306,000

3. 民國七十六年一月一日，甲公司購入乙公司在外流通普通股股票之25％。按
   權益法列帳，並無商譽之發生。民國七十六年度乙公司獲利$120,000，發放
   現金股利 $48,000。民國七十六年十二月三十一日，甲公司將上列對於乙公
   司股票投資之各事項予以紀錄後，其長期投資帳戶餘額爲$190,000。試問甲
   公司取得乙公司普通股股票25％之成本爲若干？

   （a）$ 172,000　　　　　　（c）$ 208,000
   （b）$ 202,000　　　　　　（d）$ 232,000

4. 甲公司於民國七十六年四月一日，以 1,600,000收購乙公司全部在外流通之
   普通股，符合購買法之會計處理。購買日乙公司帳列各項資產及負債如下：

現金	$ 160,000
存貨	480,000
廠房及設備資產（淨額）	960,000
負債	(360,000)

   購買日乙公司現金以外之資產，依其公平市價重估如下：

存貨	$ 460,000
廠房及設備資產	1,040,000

   試問經由上項企業合夥所產生之商譽為若干？

   （a） $ 0 （c） $ 300,000

   （b） $ 20,000 （d） $ 360,000

   第 5 題及第 6 題的答案，係根據下列資料求得：

   甲公司於民國七十六年一月一日，發行普通股10,000股，以交換乙公司全部
   在外流通之普通股。企業即將合併之前，各項有關資料如下：

	甲 公 司	乙 公 司
資產總額	$1,000,000	$ 500,000
負債總額	$ 300,000	$ 150,000
普通股本（每股面值 $10）	200,000	100,000
保留盈餘	500,000	250,000
負債及股東權總額	$1,000,000	$ 500,000

   民國七十六年一月一日，甲公司之普通股每股公平市價 $60，惟乙公司之股
   票市價不易確定。

5. 假定甲公司購買乙公司股票之企業合併，符合購買法之會計處理，而非為權
   益結合法，則企業合併後所立即編製之合併報表內，應列報「長期投資」若
   干？

   （a） $ 100,000 （c） $ 500,000

   （b） $ 350,000 （d） $ 600,000

6. 假定甲公司發行普通股以交換乙公司股票之企業合併，符合權益結合法之會計處理，而非為購買法，則企業合併後所立即編製之合併報表內，應列報「保留盈餘」若干？

  （a）　$ 500,000　 （c）　$ 750,000

  （b）　$ 600,000　 （d）　$ 850,000

7. 甲公司於民國七十六年一月一日，發行股票 200,000 股，每股面值 $5，以交換乙公司之全部普通股票，此項企業合併，符合權益結合法之會計處理。企業即將合併之前，甲、乙兩公司之股東權益總額分別為 $16,000,000 及 $4,000,000。民國七十六年度，甲、乙兩公司之淨利分別為 $1,500,000 及 $450,000。又甲公司於民國七十六年間，發放現金股利$750,000，乙公司則未發放任何股利。民國七十六年十二月三十一日，甲、乙兩公司之合併股東權益應為若干？

  （a）　$ 17,750,000　 （c）　$ 21,200,000

  （b）　$ 19,250,000　 （d）　$ 21,950,000

8. 民國七十六年六月三十日，甲公司購買乙公司 100,000股之全部在外流通普通股，每股面值 $10。購買日乙公司可辨認資產重估價值減去負債後之餘額為$1,400,000，其中包括廠房及設備資產$250,000，為該公司唯一之非流動資產。民國七十六年六年三十日，合併資產負債表內應列示：

  （a）　遞延貸項（負商譽）$150,000

  （b）　商譽$150,000

  （c）　遞延貸項（負商譽）$400,000

  （d）　商譽$400,000

9. 民國七十六年一月一日，甲公司將一項設備資產之成本$2,000,000，累積折舊$500,000，按 $1,800,000 出售給其所擁有全部股份之附屬公司。甲公司對於該項資產按直線法分20年提列折舊，估計無殘值；乙公司取得該項資產後，繼續按照甲公司的折舊方法提列。民國七十六年十二月三十一日，合併報表內應列報設備資產成本及累積折舊各若干？

  （a）　$1,500,000 及 $100,000

(b) $1,800,000 及 $100,000

(c) $2,000,000 及 $100,000

(d) $2,000,000 及 $600,000

10. 甲公司於民國七十四年持有乙公司在外流通股票之70%，民國七十五年度及民國七十六年度，乙公司各獲得淨利 $80,000 及 $90,000。於民國七十五年間，乙公司曾銷售商品 $10,000給甲公司，獲利$2,000。上項商品於民國七十六年間，再由甲公司以 $15,000之價格出售給第三者。甲公司於民國七十五年度及民國七十六年度編製合併報表時，對於乙公司之淨利，其屬於少數股權者，在二年度內各爲若干？

(a) $23,400 及 $27,600

(b) $24,000 及 $27,000

(c) $24,600 及 $26,400

(d) $26,000 及 $25,000

11. 民國七十六年二月十五日，甲公司以現金$1,500,000購買乙公司全部在外流通之普通股票；此項企業合併，符合購買法之會計處理。購買日，乙公司之各項資產、負債、及淨值的帳面價值及公平市價，列示如下：

	帳面價值	公平市價
現金	$ 160,000	$ 160,000
應收帳款	180,000	180,000
存貨	290,000	270,000
廠房及設備（淨額）	870,000	960,000
負債	(350,000)	(350,000)
淨值	$1,150,000	$1,220,000

上項企業合併之結果，將使商譽增加若干？

(a) $ 0　　　　　　　　　　(c) $ 280,000

(b) $ 70,000　　　　　　　　(d) $ 350,000

12. 甲公司於民國七十六年十一月一日，發行普通股以交換乙公司所有在外流通之普通股，此項企業合併符合權益結合法之會計處理。甲、乙兩家公司之個

別淨利如下：

	甲公司	乙公司
截至七十六年十二月三十一日之全年度淨利	$1,000,000	$ 600,000
七十六年十一月一日至十二月三十一日之二個月淨利	110,000	100,000

民國七十六年九月間，乙公司發放股利$300,000。截至民國七十六年十二月三十一日之會計年度終了日，甲、乙二家公司之合併報表內，應列報合併淨利為若干？

(a) $ 210,000　　　　　(c) $ 1,300,000

(b) $ 1,100,000　　　　(d) $ 1,600,000

下列各項係用於解答選擇題第13題至第14題之資料：

甲公司於民國七十六年一月一日，增加發行普通股 400,000 股， 每股面值 $10， 用於交換乙公司普通股票。 在企業合併之前， 甲公司之股東權益為 $16,000,000， 乙公司之股東權益為 $7,000,000。交換日，甲公司普通股每股公平市價為$20，乙公司淨資產公平市價為 $8,000,000。甲、乙兩家公司民國七十六年十二月三十一日會計年度終了日之淨利分別為 $2,500,000 及 $600,000，甲公司之淨利不含任何合併淨利在內。另悉甲公司於民國七十六年度發放現金股利$900,000；甲、乙二家公司於民國七十六年度內並無其他營業上之交易發生。

13. 假定上項企業合併符合權益結合法之會計處理，則甲、乙二家公司民國七十六年十二月三十一日之合併股東權益若干？

(a) $ 17,600,000　　　　(c) $ 26,100,000

(b) $ 18,200,000　　　　(d) $ 26,200,000

14. 假定上項企業合併符合購買法之會計處理，則甲、乙二家公司民國七十六年十二月三十一日之合併股東權益為若干？

(a) $ 17,600,000　　　　(c) $ 25,200,000

(b) $ 18,200,000　　　　(d) $ 26,200,000

下列各項係用於解答選擇題第15題至第16題之資料：

甲公司於民國七十六年三月一日，發行普通股 10,000 股，每股面值$1，用於交換乙公司所有在外流通之股票；交換日，甲公司普通股每股公平市價$50。此外，甲公司支付下列企業合併之有關成本：

介紹及顧問費	$ 20,000
證券交易所登記費	7,000

15. 假定上項企業合併符合權益結合法之會計處理，則民國七十六年應列報企業合併費用若干？

　　（a）$ 0　　　　　　　　　　（c）$ 20,000

　　（b）$ 7,000　　　　　　　　（d）$ 27,000

16. 假定上項企業合併符合購買法之會計處理，則購買成本應予資本化之數額為若干？

　　（a）$ 0　　　　　　　　　　（c）$ 520,000

　　（b）$ 500,000　　　　　　　（d）$ 527,000

17. 甲公司發行無選舉權之特別股，其公平市價為$4,000,000，用以交換乙公司所有在外流通之普通股票；交換日，乙公司淨資產帳面價值$2,000,000，惟其公平市價為$2,500,000。此外，甲公司另發行特別股面值$400,000，作為企業合併之介紹費及服務成本。上項企業合併結果，甲公司增加淨資產為若干？

　　（a）$ 2,000,000　　　　　　（c）$ 2,900,000

　　（b）$ 2,500,000　　　　　　（d）$ 4,400,000

18. 甲公司於民國七十六年一月一日，增加發行普通股 200,000 股，每股面值$10，用於交換乙公司所有在外流通之普通股，符合權益結合法之會計處理。截至民國七十六年十二月三十一日為止之會計年度終了日，甲、乙公司淨利分別為$2,600,000及$800,000，甲公司之淨利不含任何合併淨利在內。此外，民國七十六年度內，甲、乙公司分別發放股利$1,800,000及$500,000。民國七十六年十二月三十一日，甲、乙公司之合併淨利應為若干？

　　（a）$ 2,300,000　　　　　　（c）$ 3,100,000

　　（b）$ 2,900,000　　　　　　（d）$ 3,400,000

練　　習

E 19-1 東順公司與金洋公司76年1月1日合併前之資產負債表如下:

東順公司與金洋公司

資產負債表

76年1月1日

	東順公司	金洋公司
資產		
現金	$ 60,000	$ 2,000
存貨	40,000	4,000
廠房及設備（淨額）	100,000	14,000*
合計	$200,000	$ 20,000
負債及股東權益		
流動負債	$ 12,000	$ 2,000
股本（每股面值$10）	20,000	2,000
資本公積－股票溢價發行	60,000	4,000
保留盈餘	108,000	12,000
合計	$200,000	$ 20,000

*76年1月1日之公平市價為$30,000

（a）　假定東順公司於76年1月1日，以現金 $40,000購買金洋公司全部在外流通股票，符合購買方式之企業合併會計處理。試計算東順公司及金洋公司購買日合併資產負債表之商譽價值。

（b）　假定東順公司於76年1月1日，以現金 $30,000購買金洋公司全部在外流通股票，符合購買方式之企業合併會計處理。試計算東順及金洋公司購買日合併資產負債表之廠房及設備總額。

E 19-2 根據E 19-1之二種假定，分別列示東順公司與金洋公司企業合併之下列

各項:

(1) 東順公司購買金洋公司全部股票之分錄。

(2) 編製購買日合併資產負債表工作底表之資產增值及沖銷分錄。

(3) 編製購買日合併資產負債表工作底表。

E 19-3　錦記公司於76年7月31日取得速利公司流通在外股份之70%;　錦記公司
　　　　企業合併後之未合併資產負債表,以及母子公司合併後資產負債表列示
　　　　如下:

錦記公司及速利公司

未合併及合併後資產負債表

	錦記公司(未合併)	母子公司(合併後)
資產		
流動資產	$ 212,000	$ 292,000
長期投資—速利公司	200,000	
廠房及設備資產(淨額)	540,000	740,000
商譽	—	16,200
合計	$ 952,000	$1,048,200
負債及股東權益		
流動負債	$ 30,000	$ 56,000
少數股權		70,200
股本	700,000	700,000
保留盈餘	222,000	222,000
合計	$ 952,000	$1,048,200

　　　　已知上項企業合併符合購買法之會計處理;又錦記公司購買速利公司之
　　　　成本超過帳面價值的部份,其中 $20,000為廠房及設備資產之低估,其
　　　　餘則屬商譽。另悉速利公司之保留盈餘為 $34,000。試列示錦記公司與
　　　　速利公司企業合併前之個別資產負債表。

E 19-4　東來公司與亞倫公司76年1月1日合併前之資產負債表如次頁:

	東來公司	亞倫公司
資產		
現金	$　300,000	$　10,000
存貨	200,000	20,000
廠房及設備資產（淨額）	500,000	70,000
合計	$1,000,000	100,000
負債及股東權益		
流動負債	$　60,000	$　10,000
股本（每股面值$1）	100,000	10,000
資本公積－股票發行溢價	300,000	20,000
保留盈餘	540,000	60,000
合計	$1,000,000	$　100,000

　　東來公司於76年1月1日發行普通股9,000股，每股公平市價$10，以交換亞倫公司在外流通股票之90％。此項企業合併符合權益結合法之會計處理。

試列示下列各項：

(1) 東來公司發行股票交換亞倫公司股票之分錄。

(2) 編製取得日合併資產負債表工作底表之冲銷分錄。

(3) 編製取得日合併資產負債表工作底表。

習　　題

P 19-1　下列爲德隆公司與康福公司民國七十六年十二月三十一日會計年度結束
　　　　日之合併前資產負債表:

德隆公司與康福公司

個別資產負債表

76年12月31日

	德隆公司	康福公司
資產		
現金	$ 50,000	$ 20,000
存貨	75,000	55,000
其他流動資產	55,000	35,000
應收款項——康福公司	12,500	—0—
廠房及設備（淨額）	225,000	150,000
專利權	—0—	10,000
合計	$417,500	$270,000
負債及股東權益		
應付款項——德隆公司	$　—0—	$ 12,500
應付所得稅	33,000	5,000
其他應付款	142,500	57,500
股本——普通股（每股面值$5）	150,000	—0—
股本——普通股（每股面值$2.50）	—0—	100,000
資本公積——股本發行溢價	25,000	29,000
保留盈餘	67,000	66,000
合計	$417,500	$270,000

德隆公司於會計年度結束日，發行普通股 10,000 股（每股公平市價

$22.50）以交換康福公司在外流通之全部股份，並發生下列各項付現成本：

合併之法律費用及佣金	$ 25,000
證券登記費用	17,500
	$ 42,500

康福公司之可辨認資產與負債，除下列各項外，其公平價值均與帳面價值相符：

	公平市價
存貨	$ 67,500
廠房及設備（淨額）	182,500
專利權	12,500

另悉德隆公司企業合併之會計處理，採用購買法。

試求：

（a）列示德隆公司發行股票以交換康福公司股票之分錄。

（b）列示德隆公司發生付現成本之分錄。

（c）列示德隆公司購買日編製合併資產負債表工作底表時應有之增值及沖銷分錄。

（d）編製德隆公司與康福公司76年12月31日之合併資產負債表工作底表及正式合併資產負債表。

P 19-2　假定 P 19-1之德隆公司及康福公司的企業合併，係符合權益結合法而非為購買法，德隆公司於76年12月31日發行面值$5之普通股10,000股，以交換康福公司在外流通之全部股份，另支付 $42,500之企業合併有關付現成本。

試求：

（a）列示德隆公司發行股票以交換康福公司股票之分錄。

（b）列示德隆公司發生付現成本之分錄。

（c）列示德隆公司權益結合日編製合併資產負債表工作底表時應有之沖銷分錄。

（d） 編製德隆公司與康福公司76年12月31日之合併資產負債表工作底表。

P 19-3 下列爲錦昌公司與德記公司於76年6月30日會計年度結束日之資產負債表：

錦昌公司及德記公司

個別資產負債表

76年6月30日

	錦昌公司	德記公司
資產		
現金	$ 200,000	$ 50,000
存貨	400,000	250,000
其他流動資產	175,000	110,000
廠房及設備（淨額）	750,000	550,000
商譽	50,000	—
合計	$1,575,000	$ 960,000
負債及股東權益		
應付所得稅	$ 50,000	$ 38,000
其他應付款	225,000	435,000
股本（每股面值$10）	500,000	—
股本（每股面值$5）	—	200,000
資本公積——股票發行溢價	275,000	120,000
保留盈餘	525,000	167,000
合計	$1,575,000	$ 960,000

德記公司於76年6月30日除下列各項資產外，其公平價值均與帳面價值相符：

項　　目	公平價值
存貨	$ 263,000

廠房及設備（淨額）	645,000
租賃權益	15,000

錦昌公司於76年6月30日，發行普通股 18,000股，每股公平市價$30，以交換德記公司股票36,000股。

另悉錦昌公司對於上項企業合併係採用購買法之會計處理。又企業合併時支付下列各項付現成本：

合併之法律費用及佣金	$ 26,000
證券登記費用	36,500
	$ 62,500

試求：

（a）　列示錦昌公司發行股票以交換德記公司股票之分錄。

（b）　列示錦昌公司發生付現成本之分錄。

（c）　列示錦昌公司購買日編製合併資產負債表工作底表時應有之增值及沖銷分錄。

（d）　編製錦昌公司與德記公司76年6月30日之合併資產負債表工作底表。

第二十章　財務狀況變動表

20-1　財務狀況變動表的意義

　　二十世紀六十年代以前，會計上的財務報表，均以資產負債表及損益表爲財務上的兩大主要報表，及至1963年10月，美國會計師協會會計原則委員會始提出資金來源去路表 (the statement of source and application of funds)；由於該表頗能配合企業界之需要，乃將其列爲補充的財務報表。會計原則委員會復於1971年 3 月間，乃正式改稱爲財務狀況變動表，並硬性規定：「凡營利事業於每期對外提出損益表時，必須以財務狀況變動表爲基本財務報表」。至此，財務狀況變動表已確定基本財務報表的地位，而與資產負債表及損益表（包括保留盈餘表）成爲三足鼎立之勢。

　　所謂財務狀況變動表 (statement of changes in financial position) 乃顯示一企業在某特定期間內，有關資金來源（財務資源）、資金運用、及影響資金增減變動的流程表。申言之，財務狀況變動表係用以顯示在某特定期間內，一企業對於資金籌措、投資活動、財務風險及未來營運資金流量預測等的簡明彙總表。

　　由於資金 (funds) 一詞，具有各種不同的含義；因此，過去對於財務狀況變動表的名稱，極不統一；例如有資金來源運用表，資金表 (funds statement) 及現金流程表 (cash flow statement) 等。自從1971年會計原則委員會始將其改稱爲財務狀況變動表。

近年來，企業管理人員、投資人、債權人、以及財務報表分析者等，無不對一企業所編製的財務狀況變動表，寄予莫大的關切。蓋財務狀況變動表具有下列各項功能故也。

　　1. 可提供一企業有關資金籌措及投資活動的重要資訊，使報表閱讀者得以瞭解該企業的各項經營方針與決策。

　　2. 可作為企業向銀行或其他債權人辦理貸款的重要參考資料；蓋財務狀況變動表可顯示一企業各項營運資金的來龍去脈，使資款人獲得各項重要資料，並預測未來的償債能力，作為債權安全與否的衡量標準。

　　3. 可向投資人、公司董監事、各級員工及其他有關人員，分析與解釋各項財務資源的取得與運用情形，藉以評估其績效。

　　4. 可作為企業管理上重要的參考資料；蓋財務狀況變動表係表示一企業某特定期間內，企業人員對於資金籌措與使用之流程，提供事後查核與檢討的根據，作為未來管理決策上重要的參考資料。

　　5. 可作為一項資本支出計畫實施後追踪與考核的依據，並可據以估算其投資報酬率之高低。

　　6. 可提供財務報表分析者，以分析一企業財務狀況變動的重要資料；蓋財務狀況變動表係以有系統的方法，提供有關資金變動的完整資料，使各項資產與業主權益的增減變動情形，以及對資金的影響，作有系統的表達，而利於對企業的財務分析工作之進行。

20-2　資金的觀念

　　在傳統會計上，往往將資金 (funds) 稱為財務資源 (financial resource)；而資金一詞，具有各種不同的含義。由於觀念各殊，故對於財產狀況變動表的編製，乃產生重大的差異。

一般言之，資金具有下列三種不同的觀念：

一　現金流量觀念 (cash flow concept)

此項觀念係將資金解釋為現金及近似現金項目(near cash items)之和；　所謂近似現金係指銀行存款而言 。 財務狀況變動表如以現金流量觀念為基礎時，則財務狀況變動表內僅以現金及近似現金項目為限，此即一般所稱之現金流程表 (cash flow statement)。

二　淨速動資產流量觀念 (net quick asset flow concept)

此一觀念係將資金解釋為淨速動資產 (net quick asset)；稱淨速動資產者，係指現金、短期投資、及應收帳款之和再扣除流動負債後之餘額。財務狀況變動表如以淨速資產流量觀念為基礎，則財務狀況變動表內，僅以速動資金為對象。

三　營運資金流量觀念 (working capital flow concept)

此項觀念係將資金解釋為營運資金；稱營運資金者，係指企業的流動資產扣除流動負債後之淨額，亦有稱為營運資本者。財務狀況變動表如以營運資金流量觀念為基礎時，則財務狀況變動表內，係以營運資金為對象。

在傳統會計上，對於營運資金僅偏限於狹義的觀念，故凡對於某特定期間內所發生的重大財務交易事項，如不影響營運資金之增減變動者，均不予列入財務狀況變動表之內。 惟現代的會計理論， 則認為應根據廣義的觀念，亦即採用全部財務資源觀念 (full financial resources concept) 。根據會計原則委員會1971年 3 月所發表的第19號意見書之主張，財務狀況變動表除表達一企業在某特定期間內，除有關資金增減變動情形之外，凡該企業所發生的重大財務交易事項，涉及資金籌措或投資活動之事項，不論對資金之增減有無影響，均應

包括在內。例如某公司發行股票以取得機器，雖然就表面上看來，並無資金流入與流出，但此一交易事項應分別列報爲資金流入（發行股票）與資金流出（取得資產）。因此，根據該意見書的主張所編製的財務狀況變動表，更能符合充分表達的原則。

吾人茲將財務狀況變動表列報的內容，及兩個連續會計年度資產負債表之關係，以圖形列示如下：

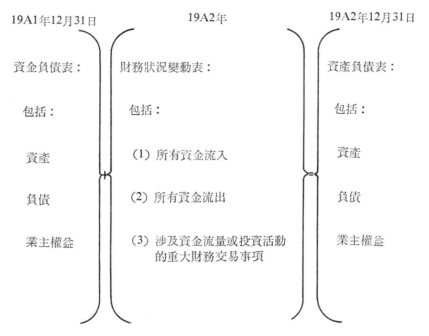

根據現代會計理論的廣義資金觀念，則財務狀況變動表的內容應包括下列各項：

1. 報導當期所有資金流入（funds inflow），並應確認與這些資金流入有關各項特定資產、負債及業主權益之變動。

2. 報導當期資金流出（funds outflow），並應確認與這些資金流出有關的各項特定資產、負債及業主權益的變動。

3. 報導當期資金的增減淨額。

本書乃以全部財務資源觀念下之營運資金及現金爲基礎，探討財務狀況變動表的編製方法。而淨速動資產流量觀念，以其應用不廣，姑且不予討論。

20-3 資金的來源與運用

財務狀況變動表的編製，係根據會計基本方程式，比較前後二個年度資產負債的增減變動金額，並經由借貸法則，以分析非資金項目 (non-fund items) 的增減變動情形，進而確定其原因，卽可得悉資金來源與運用的途徑。

吾人茲以營運資金流量觀念的財務狀況變動表爲例，並設下列各項符號代表有關資金與非資金項目：

FA＝資金資產項目 (fund assets items)

NFA＝非資金資產項目 (non-funds assets items)

FL＝資金負債項目 (fund liabilities items)

NFL＝非資金負債項目 (non-funds liabilities items)

NFO＝非資金業主權益 (non-funds owners equity items)

F＝資金* (funds)

＊此處資金特指營運資金而言

會計上借貸之平衡原理如下：

資產負債表

FA	FL
NFA	NFL
⟨	NFO
A	L＋OE

會計基本方程式爲:

$$A = L + OE$$

$$FA + NFA = FL + NFL + NFO$$

移項:

$$FA - FL = NFL + NFO - NFA$$

$$\because FA - FL = F$$

$$\therefore F = NFL + NFO - NFA \qquad （公式一）$$

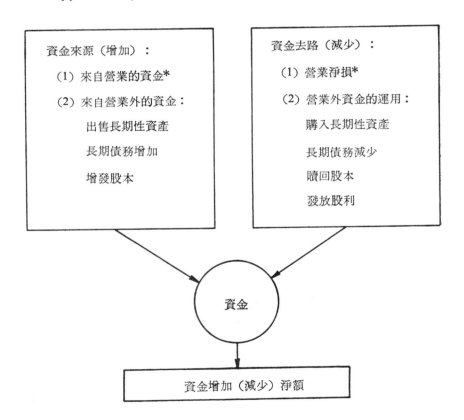

資金來源（增加）：

　(1) 來自營業的資金*

　(2) 來自營業外的資金：

　　　出售長期性資產

　　　長期債務增加

　　　增發股本

資金去路（減少）：

　(1) 營業淨損*

　(2) 營業外資金的運用：

　　　購入長期性資產

　　　長期債務減少

　　　贖回股本

　　　發放股利

資金

資金增加（減少）淨額

*包括淨利、淨損及不動用當期資金的各項因素。

上列公式一，實具有下列二種意義：

1. 表示資金的增減因素：

資金來源（增加）的因素包括：

(a) 非資金資產項目的減少

(b) 非資金負債項目的增加

(c) 非資金業主權益項目的增加（增加資本或發生營業淨利）

資金運用（減少）的因素包括：

(a) 非資金資產項目的增加

(b) 非資金負債項目的減少

(c) 非資金業主權益項目的減少（減少資本或發生營業淨損）

上列表示資金來源及運用的公式，吾人改用圖形列示如上。

20-4　資金變動的分析

　　所謂資金之變動，係指資金在前後二個年度發生增減變化的情形。上項變動情形，吾人可比較前後二個年度資產負債表各項目之增減變化數額，並據以編製資金變動明細表（schedule of changes working capital components）。根據會計原則委員會第19號意見書的規定，編製財務狀況變動表時，也必須編製資金變動明細表。

　　比較前後二個年度的資產負債表之目的，除顯示連續二個年度資金項目變動的情形以及資金增減淨額之外，並可進而分析非資金項目之變動原因。經由此項分析，不但可獲悉非資金項目變動的原因，而且可用以標示資金的來源與運用。茲以會計方程式列示連續二個年度非資金項目的增減變動，導致資金項目的增減變動。

<table>
<tr><td colspan="2" align="center">第一年度</td><td></td><td colspan="2" align="center">第二年度</td></tr>
<tr><td colspan="2" align="center">資產負債表</td><td></td><td colspan="2" align="center">資產負債表</td></tr>
</table>

FA_1	FL_1		FA_2	FL_2
NFA_1	NFL_1	資金變動 $\Rightarrow$	NFA_2	NFL_2
/	NFO_1		/	NFO_2
A_1	L_1+OE_1		A_2	L_2+OE_2

第一年度資金來源與運用的公式：

$$FA_1-FL_1=NFL_1+NFO_1-NFA_1$$

第二年度資金來源與運用的公式：

$$FA_2-FL_2=NFL_2+NFO_2-NFA_2$$

兩個年度之間資金變動的公式：

$$(FA_2-FL_2)-(FA_1-FL_1)=(NFL_2-NFL_1)+(NFO_2-$$
$$NFO_1)-(NFA_2-NFA_1) \qquad \text{（公式二）}$$

在上列公式二中，等號左邊表示兩個年度資金項目的增減變動數額；等號右邊表示非資金項目的增減變動數額。兩邊以等號連接，表示資金項目增減變動的數額，可由非資金項目增減變動說明其原因。

20-5 非常損益項目的表達

非常損益項目係指性質特殊，且不常發生之事項，通常非爲企業管理當局所能控制者，故應與正常損益項目分開，以免發生不良之影響。

根據美國會計師協會會計原則委員會之意見，由營業所產生之正

常營運資金，應與非常損益項目分開列示；換言之，凡非常損益項目所產生或耗用之營運資金，應從當期淨利中轉出，單獨表達；亦即非常利益應自當期淨利中減除，非常損失應加回當期淨利。茲列示其表達方式如下：

資金來源：

來自營業：

未加計非常損益前之淨利		$ ××
加：不動用當期營運資金之費用		××
減：不增加當期營運資金之利益		××
來自營業之營運資金		$ ××
非常損益項目	$ ××	
加（減）不動用（不增加）當期營 　運資金之項目	××	
來自非常損益項目之營運資金		××
來自營業及非常損益項目之營運資金		$ ××
非流動資產（非資金資產）項目之減少		××
非流動負債（非資金負債）項目之增加		××
業主權益（非資金業主權益）項目之增加		××
營運資金來源合計		$ ××

20-6　財務狀況變動表的編製

一　營運資金基礎之財務狀況變動表

營運資金就狹義而言，係指流動資產與流動負債的差額。因此，根據傳統會計的作法，凡涉及營運資金項目之增加與減少，始予列入

財務狀況變動表內；惟現代會計理論，對於資金觀念係採用廣義的解釋，除表達一企業營運資金項目的增減變動外，尚須包括該企業所發生的各項重大非營運資金財務交易事項。

財務狀況變動表可根據下列資料與步驟編製之：

(1) 列出連續兩期的資產負債表，俾能確定本期營運資金的增減變動數額及有關資料；此外，應另外分析各特定帳戶或記錄，以獲悉該企業所發生的重大非資金財務交易事項及其他有關資料。

(2) 比較各項目的增減變動數額，每一資金項目據以編製營運資金項目變動明細表。

(3) 分析非營運資金項目的增減數額，以確定其變動的原因，蓋經由此項分析可獲悉營運資金的來源及其運用的途徑。

(4) 冲銷各項不動用營運資金的數額。

(5) 凡對於長期性資產、長期投資、無形資產、長期負債、股本等各帳戶發生金額相同而借貸相反的情形，亦應列入財務狀況變動表內。

(6) 將上述影響營運資金的各項非營運資金項目，以及各項重大非營運資金財務交易事項，按照下列格式據以編製財務狀況變動表：

表 20-1

某　某　公　司

財務狀況變動表

民國××年度

資金來源：	
淨利（損）	$ ×××
加：不動用當年度營運資金的費用：	
折舊或攤銷	×××
來自營業的營運資金	$ ×××
出售長期性資產	×××
增加長期債務	×××

發行長期債券贖回特別股		×××
發行股本以投資於某公司		×××
合　　計		$ ×××
資金運用：		
購入長期性資產		$ ×××
發放股利，董監事酬勞，員工獎勵金		×××
償還長期債務		×××
贖回特別股		×××
投資某公司		×××
合　　計		$ ×××
營運資金增加（減少）淨額		$ ×××

1. 簡單實例

設紐約公司19A1年底及19A2年底之比較性資產負債表如下：

表 20-2

紐　約　公　司
比較性資產負債表

	\multicolumn{2}{c}{12月31日}	\multicolumn{2}{c}{增減變動}	
	19A 1 年	19A 2 年	借　方	貸　方
現　　金	$ 72,500	$ 95,000	$ 22,500	
應收帳款	121,000	136,000	15,000	
存　　款	48,000	60,000	12,000	
長期投資	75,000	45,000		$ 30,000
機　　器	37,500	60,000	22,500	
房　　屋	112,500	135,000	22,500	
資產總額	$466,500	$531,000		
累積折舊—機器	$ 4,500	$ 11,250		6,750
累積折舊—房屋	18,000	27,000		9,000
備抵壞帳	4,000	5,500		1,500
應付帳款	54,500	65,000		10,500
應付費用	5,250	6,750		1,500
應付抵押借款	60,000	52,500	7,500	

股　　本	285,000	285,000		
保留盈餘	35,250	78,000		42,750
負債及股東權益總額	$466,500	$531,000	$102,000	$102,000

19Ａ2年度之其他有關資料如下：

（1）出售長期投資37,500，其帳面價值爲$30,000，差額$7,500列爲長期投資出售利益。

（2）購入機器及房屋成本各爲$22,500。

（3）本期淨利爲$105,750，其中$7,500係出售長期投資利益。

（4）發放現金股利$42,750。

（5）抵押借款增加$7,500。

根據上列資料，茲分別列示其資金項目變動明細表及財務狀況變動表如下：

（a）資金項目變動明細表

表 20-3

紐　約　公　司

資金項目變動明細表

19Ａ2年度

	增　　加	減　　少
現金增加	$ 22,500	
應收帳款增加	15,000	
存款增加	12,000	
備抵壞帳增加		$ 1,500
應付帳款增加		10,500
應付費用增加		1,500
小　　　計	$ 49,500	$ 13,500
營運資金增加		36,000
合　　　計	$ 49,500	$ 49,500

(b) 財務狀況變動表

表 20-4

紐　約　公　司

營運資金基礎財務狀況變動表──全部財務資源觀念

19A 2年度

資金來源:	
來自營業:	
本期淨利	$ 97,500
加: 不動用當年度營運資金的費用:	
設備折舊	15,750
減: 非營業交易利益:	
出售長期投資利益	(7,500)
來自營業的營運資金	$ 105,750
出售長期投資	30,000
資金來源合計	$ 135,750
資金運用:	
購置機器	$ 22,500
購置房屋	22,500
發放股利	47,250
償還應付抵押借款	7,500
資金應用合計	$ 99,750
本期營運資金增加	$ 36,000

(c) 財務狀況變動圖

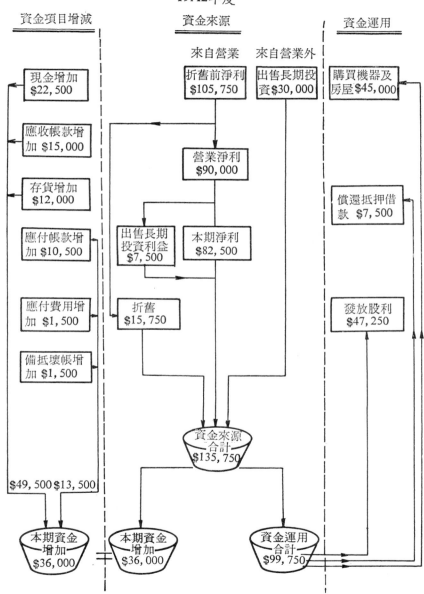

紐約公司財務狀況變動圖（營運資金基礎）
19A2年度

2. 複雜實例

在複雜的情況下編製財務狀況變動表時，通常可採用工作底表法。茲分別討論於後。

(1) 工作底表法 (work-sheet approach)

此法係將影響資金變動的交易事項，彙總於一張工作底表內，直接沖轉或再分類，以求得資金的變動情形。工作底表法乃編製財務狀況變動表的傳統方法，其優點在於方便未來之參考，而且其格式與方法，較能為會計人員所熟悉。

採用工作底表編製財務狀況變動表，通常係按下列步驟進行:

(a) 將連續兩期的資產負債表予以列報於工作底表內。

(b) 比較兩期各帳戶之增減數額；凡資產增加，負債及業主權益減少，均列入「變動」欄之借方，表示營運資金增加；凡資產減少，負債及業主權益增加，均列入「變動」欄之貸方，表示營運資金減少。

(c) 分析非資金項目之增減，以確定其變動的原因。

(d) 「調整」欄內沖銷各項不影響資金變動的項目，例如折舊、攤銷及本期損益轉入保留盈餘之分錄等。

(e) 將「變動」欄與「調整」欄相互抵銷後之數字，列入最後兩欄。

凡資金項目之變動數額，予以列入「資金項目增減」欄；凡非資金項目之變動數額，則予以列入「資金來源與運用」欄。

茲舉一實例說明之，設福記公司19Ａ1年底及19Ａ2年底比較性資產負債表及有關資料列示如次頁:

表 20-5

福 記 公 司

比較性資產負債表

	12月31日		增 減 變 動	
	19A1	19A2	借 方	貸 方
現　　金	$ 25,600	$197,560	$171,960	
應收帳款（淨額）	10,400	30,250	19,850	
存　　貨	8,750	89,850	81,100	
預付費用	910	3,750	2,840	
土　　地	0	200,000	200,000	
機　　器	21,000	196,000	175,000	
合　　計	$ 66,660	$717,410		
累積折舊—機器	$ 2,100	$ 14,200		$ 12,100
應付帳款	4,710	16,710		12,000
應付票據（短期）	5,000	0	5,000	
應付股利	0	40,000		40,000
應付費用	850	1,500		650
應付債券（利率15%）	0	300,000		300,000
應付債券溢價	0	9,000		9,000
特別股本	0	100,000		100,000
普通股本（每股$10）	53,500	153,500		100,000
資本公積—普通股發行溢價	0	2,000		2,000
保留盈餘	500	80,500		80,000
合　　計	$ 66,660	$717,410	$655,750	$655,750

其他補充資料如下：

(a) 19A2年度的淨利為$120,000。

(b) 19A2年12月15日公告發放股利$40,000，訂於19A3年1月
12日支付。

(c) 19A2年度購入機器$175,000。

(d) 19A2年度機器折舊$12,100。

(e) 19A2年1月1日按105％發行十年期面值\$200,000之15％應付債券。

(f) 19A2年12月31日按面值 \$100,000, 向外發行 15％ 應付債券，以交換等值之土地。

(g) 19A2年12月31日按面值發行可**轉換**特別股 \$100,000, 以交換等值之土地。

(h) 19A2年度，另按每股\$10.20發行10,000股之普通股票。

(i) 19A2年度應付債券溢價攤銷\$1,000。

茲根據上列各項資料，　列示福記公司的資金項目變動明細表如下：

表 20-6

福　記　公　司

資金項目變動明細表

19A 2 年度

| | 營　運　資　金 ||
	增　加	減　少
現金增加	\$171,960	
應收帳款（淨額）增加	19,850	
存貨增加	81,100	
預付保險費增加	2,840	
應付帳款增加		\$ 12,000
應付票據（短期）減少	5,000	
應付股利增加		40,000
應付費用增加		650
小　　計	\$280,750	\$ 52,650
營運資金增加		228,100
合　　計	\$280,750	\$280,750

　　茲將福記公司編製前與編製後之營運資金基礎財務狀況變動表工

作底表，列示如表20-7，20-8。

表 20-7

福　記　公　司

營運資金基礎財務狀況變動表工作底表

19A2年度

	期初餘額	期　間　分　析		期末餘額
		借　方	貸　方	
借　方				
營運資金	$ 35,100			$263,200
土　地	0			200,000
機　器	21,000			196,000
合　計	$ 56,100			$659,200
貸　方				
累積折舊—機器	$ 2,100			$ 14,200
應付債券 (15%)	0			300,000
應付債券溢價	0			9,000
特　別　股	0			100,000
普通股 (每股$10)	53,500			153,500
股本溢價	0			2,000
保留盈餘	500			80,500
合　計	$ 56,100			$659,200
資金來源：		×××		
資金運用：			×××	
資金增加（減少）			×××	
合　計		×××	×××	

表 20-8

福　記　公　司

營運資金基礎財務狀況變動表工作底表

19A 2年度

	期初餘額	期間分析 借方	期間分析 貸方	期末餘額
借　方				
營運資金	$ 35,100	(x)$228,100		$263,200
土　地	0	(f) 100,000		200,000
		(g) 100,000		
機　器	21,000	(c) 175,000		196,000
合　計	$ 56,100			659,200
累積折舊—機器	$ 2,100		(d)$ 12,100	$ 14,200
應付債券 (15%)	0		{ (e) 200,000	300,000
			(f) 100,000	
應付債券溢價	0	(i) 1,000	(e) 10,000	9,000
特別股本	0		(g) 100,000	100,000
普通股本 (每股$10)	53,500		(h) 100,000	153,500
股本溢價	0		(h) 2,000	2,000
保留盈餘	500	(b) 40,000	(a) 120,000	80,500
合　計	$ 56,100	$644,100	$644,100	$659,200
資金來源:				
來自營業:				
淨利		(a)$120,000		
加: 折舊—機器		(d) 12,100		
減: 應付債券溢價攤銷			(i)$ 1,000	
來自營業外:				
發行應付債券 (按 105%發行)		(e) 210,000		
發行應付債券 (按 100%發行) 交換土地		(f) 100,000		
發行特別股本		(g) 100,000		
發行普通股本		(h) 102,000		
資金運用:				
宣告發放股利			(b) 40,000	
購置機器			(c) 175,000	
應付債券交換土地			(f) 100,000	
			(g) 100,000	
資金來源合計		$644,100	$416,000	
資金增加			(x) 228,100	
合　計		$644,100	$644,100	

上列工作底表各項目，可進一步說明如下：

(a) 保留盈餘增加$80,000 ($80,500－$500)，此項增加係由分錄(a)及(b)合併結果而來。營運資金來自淨利的分錄：

資金來源—來自營業: 淨利　　　　120,000

　　　保留盈餘　　　　　　　　　　　　　120,000

(b) 19A2年度宣告發放股利 $40,000，使公司對外短期債務增加，導致營運資金相對之減少。影響營運資金的分錄如下：

保留盈餘　　　　　　　　　　40,000

　　　資金運用—宣告發放股利　　　　　　40,000

(c) 機器帳戶增加$175,000 ($196,000－$21,000)，乃向外購入而來，使當年度營運減少。影響營運資金的分錄如下：

機器　　　　　　　　　　175,000

　　　資金運用—購置機器　　　　　　　175,000

(d) 累積折舊—機器之金額增加$12,100($14,200－$2,100)，此係提存當年度機器折舊費用的結果。蓋機器成本於購入時，已一次支付，故折舊費用並不動用當年度的營運資金，應予加回。其影響營運資金的分錄如下：

資金來源—來自營業: 機器折舊　　12,100

　　　累積折舊—機器　　　　　　　　　　12,100

(e) 應付債券 (15%) 增加 $300,000，此係由分錄 (e) 及 (f) 而來。應付債券面值 $200,000 按105%發行，使營運資金增加 $210,000 ($200,000×105%)，其中$10,000 ($200,000×5%) 爲應付債券溢價，其影響營運資金的分錄如下：

資金來源—來自營業外:

　發行應付債券　　　　　　　210,000

　應付債券 (15%)　　　　　　　　　　　200,000

　　　　　應付債券溢價　　　　　　　　　　　　　　　10,000

(f) 應付債券$100,000按面值平價發行，對外換入等值的土地一
　　方。此項交易並不增加或減少當年度的營運資金，惟就全部
　　資源的觀點言之，此係重大的財務交易事項，已涉及資金籌
　　措或投資活動，亦應一併包括在財務狀況變動表之內。其分
　　錄如下：

　　資金來源—來自營業外：

　　　發行應付債券交換土地　　　　　　100,000

　　　　應付債券（15%）　　　　　　　　　　　　　100,000

　　土地　　　　　　　　　　　　　　　100,000

　　　　資金運用：發行應付債券交換土地　　　　　　100,000

(g) 按面值$100,000發行特別股，向外換入等值土地，此項交易
　　亦與（f）相同，屬重大財務交易事項，應分錄如下：

　　資金來源—來自營業外：

　　　發行特別股本交換土地　　　　　　100,000

　　　　特別股本　　　　　　　　　　　　　　　　100,000

　　土地　　　　　　　　　　　　　　　100,000

　　　　資金運用—發行特別股本交換土地　　　　　　100,000

(h) 按每股 $10.20 發行普通股本 10,000 股，使營運資金增加
　　$102,000，其影響當年度營運資金的分錄如下：

　　資金來源—來自營業外：

　　　發行普通股本　　　　　　　　　　102,000

　　　　普通股本　　　　　　　　　　　　　　　　100,000

　　　　資本公積—普通股發行溢價　　　　　　　　　2,000

(i) 應付債券溢價減少$1,000,此乃對債券溢價之攤銷：$10,000
　　÷10＝$1,000。攤銷應付債券溢價將減少利息費用，使當年

度淨利增加，惟此項增加並未增加來自營業的營運資金。故
爲減少來自營業的營運資金，應重新建立下列影響當年度營
運資金的分錄：

應付債券溢價　　　　　　　　　　　　1,000

　　資金來源—來自營業：應付債券溢價攤銷　　1,000

(x) 營運資金增加\$228,100 (\$263,200—\$35,100)，以(x)符號
　　表示之，顯示當年度營運資金之淨增加。吾人亦可彙總上列
　　影響當年度營運資金之各項分錄於單一的T字形帳戶內：

茲列示福記公司營運資金帳戶及其財務狀況變動表於後。

營　運　資　金

BB	\$ 35,100 (1)		
資金來源		**資金運用**	
來自營業：			
(a) 淨利	\$120,000	(b) 宣告發放股利	\$ 40,000
(d) 機器折舊	12,100	(c) 購置機器	175,000
(h) 應付債券溢		(f) 發行應付債券交換	
價攤銷	(1,000)	土地	100,000
來自營業外：		(g) 發行特別股本交換	
(e) 發行應付債券	210,000	土地	100.000
(f) 發行應付債券			
交換土地	100,000		
(g) 發行特別股本			
交換土地	100,000		
(h) 發行普通股本	102,000		
資金來源合計	\$643,10⁰	資金運用合計	\$415,000
		(x) 資金增加	228,100 (2)
合計	\$643,100	合計	\$643,100
EB＝(1)+(2)	\$263,200		

表 20-9

福　記　公　司

財務狀況變動表——營運資金基礎

19A 2 年度

資金來源：
　來自營業：
　　淨利···$120,000
　　加：不動用當期營運資金之費用：
　　　機器折舊····································· 12,100
　　　小　　計···$132,100
　　減：不產生當期營運資金之貸項：
　　　應付債券溢價攤銷······························ 1,000
　來自營業之營運資金································$131,100
　　來自營業外：
　　　發行應付債券（按105％發行）················210,000
　　　發行應付債券交換土地（按100％發行）······100,000
　　　發行特別股本交換土地·························100,000
　　　發行普通股本······························ 102,000　512,000
　資金來源合計·······································$643,100
資金運用：
　發放股利···$ 40,000
　購置機器··175,000
　發行應付債券交換土地······························100,000
　發行特別股本交換土地······························100,000
　資金運用合計···································· 415,000
營運資金增加··$228,100

二　現金基礎之財務狀況變動表

　　若干企業，往往以現金基礎編製其財務狀況變動表。在傳統會計
上，一般對於資金的觀念，均偏限於狹窄的現金流量觀念，只有影響
企業現金增減的交易事項，始包含於財務狀況變動表內；惟現代會計
理論，對於現金基礎之財務狀況變動表，則採用廣義的全部財務資源
觀念，凡有關營運資金之其他因素（如應收款項、存貨及應付 款項

等）的變動，如構成現金來源與運用之一部份者，也應於財務狀況變動表內揭露之。

有關廣義現金基礎之財務狀況變動表，特以圖形列示如下：

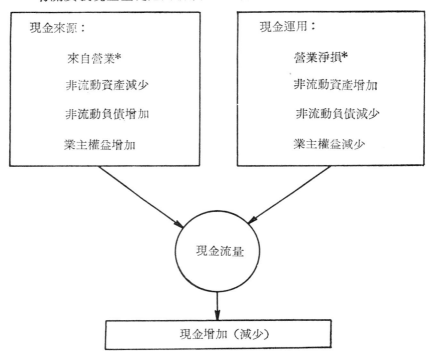

*應另調整不動用當期現金之因素。

來自營業之現金，乃現金最重要之來源。由於會計上採用應計基礎，故損益表之淨利（損）數字，並不足以代表當期之現金流量，故有進一步計算之必要。來自營業之現金，可按下列步驟求得：

$$來自營業之現金＋來自營業外之現金－現金運用＝現金增加$$

採用現金基礎之財務狀況變動表，也如同營運資金基礎之財務狀況變動表一樣，亦可按工作底表法編製之。

現金基礎之財務狀況變動表，與營運資金基礎之財務狀況變動表所採用的工作底表，在內容上稍有不同。蓋根據會計原則委員會第19號意見書的要求，現金基礎的財務狀況變動表，對於現金來源，不論來自營業外之其他途徑，均應詳細表達於財務狀況變動表內。換言之，在資產負債表內之各科目，除現金以外之其他帳戶，均須應用於分析現金的增減變動。

現金基礎之財務狀況變動工作底表，可採用下列格式:

	期初餘額	期　間　分　析		期末餘額
		借　方	貸　方	
借　　　方				
現金帳戶	$　×××			$　×××
非現金帳戶	×××			×××
合　　　計	$　×××			$　×××
貸　　　方				
負債及業主權益類帳戶	$　×××			$　×××
（包括評價帳戶）				
合　　　計	$　×××			$　×××
現金來源		$　×××		
現金運用			$　×××	
現金增加（或減少）			×××	
合　　　計		$　×××	×××	

茲將上述所列舉福記公司之實例，列示其現金基礎之財務狀況變

動表工作底表如表20-10。

表 20-10

福 記 公 司

現金基礎財務狀況變動表工作底表——全部財務資源觀念

19A 2年度

	19A 1年 12月31日 餘 額	期　間　分　析		19A 2年 12月31日 餘 額
		借　　方	貸　　方	
現　　　金	$ 25,600	(x)$171,960		$197,560
應收帳款（淨額）	10,400	(j) 19,850		30,250
存　　貨	8,750	(k) 81,100		89,850
預付費用	910	(l) 2,840		3,750
土　　地	—0—	(f) 100,000 } (g) 100,000 }		200,000
機　　器	21,000	(c) 175,000		196,000
	$ 66,660			$717,410
累積折舊—機器	$ 2,100		(d)$ 12,100	$ 14,200
應付帳款	4,710		(m) 12,000	16,710
應付票據（短期）	5,000	(n) 5,000		—0—
應付股利	—0—		(b) 40,000	40,000
應付費用	850		(o) 650	1,500
應付債券（15%）	—0—		(e) 200,000 } (f) 100,000 }	}300,000
應付債券溢價	—0—	(i) 1,000	(e) 10,000	9,000
特別股本	—0—		(g) 100,000	100,000
普通股本（每股$10）	53,500		(h) 100,000	153,500
股本溢價—普通股	—0—		(h) 2,000	2,000
保留盈餘	500	(b) 40,000	(a) 120,000	80,500
	$ 66,660	$696,750	$696,750	$717,410
現金來源:				
來自營業:				
淨　　利		(a)$120,000		
折舊費用		(d) 12,100		
應付債券溢價攤銷			(i)$ 1,000	
應收帳款增加			(j) 19,850	
存貨增加			(k) 81,100	
預付費用增加			(l) 2,840	
應付帳款增加		(m) 12,000		
應付票據（短期）減少			(n) 5,000	
應付費用增加		(o) 650		
來自營業外:				
發行應付債券		(e) 210,000		
發行普通股本		(h) 102,000		
現金運用:				
購置機器			(c) 175,000	
本年度現金增加			(x) 171,960	
		$456,750	$456,750	

上列現金基礎財務狀況工作底表各項目，可彙總於「現金」及「來自營業現金」T字形帳戶如下：

現　金

BB	25,600	(c) 購置機器	175,000
(e) 發行應付債券	210,000	EB	197,560
(h) 發行普通股本	102,000		
(p) 來自營業現金	34,960		≀
合　計	372,560	合　計	372,560

來自營業現金

(a) 淨　利	120,000	(i) 應付債券溢價攤銷	1,000
(d) 折舊費用	12,100	(j) 應收帳款增加	19,850
(m) 應付帳款增加	12,000	(k) 存貨增加	81,100
(o) 應付費用增加	650	(l) 預付費用增加	2,840
		(n) 應付票據（短期）減少	5,000
	≀	(p) 淨　額	34,960
合　計	144,750	合　計	144,750

　　根據上列福記公司之現金基礎財務狀況變動表工作底表，列示其正式之現金基礎財務狀況變動表如表20–11。

表 20-11

福 記 公 司

財務狀況變動表——現金基礎

19A 2年度

現金來源:			
來自營業:			
本期淨利			$120,000
加: 不動用當年度營運資金之費用:			
折舊費用		$ 12,100	
減: 不產生當年度營運資金之貸項		1,000	
			11,100
小　　計			$131,100
加: 營運資金減少，惟不動用現金:			
應付帳款增加		$ 12,000	
應付費用增加		650	12,650
減: 營運資金增加，惟不產生現金:			
應收帳款增加		$ 19,850	
存貨增加		81,100	
預付費用增加		2,840	
應付票據（短期）減少		5,000	108,790
來自營業現金合計			$ 34,960
來自營業外:			
發行應付債券		$210,000	
發行普通股本		102,000	312,000
不產生現金之財務資源來源			
發行應付債券交換土地		$100,000	
發行特別股本交換土地		100,000	200,000
現金來源合計			$546,960
現金運用:			
購置機器		$175,000	
不動用現金之財務資源運用:			
發行應付債券交換土地		100,000	
發行特別股本交換土地		100,000	
現金運用合計			375,000
現金增加			$171,960

財務狀況變動表表解 {

財務狀況變動表的意義：乃顯示一企業在某特定期間內，有關資金來源、資金運用、及影響資金增減變動的流程表。

資金的觀念 {

現　金　流量　觀　念：凡增加現金之交易，即視爲資金流入；反之，凡減少現金之交易，即視爲資金流出。現金包括手存現金及銀行存款而言。

淨速動資金（產）流量觀　　念：此一觀念將資金視爲淨速動資金；淨速動資金乃現金、短期投資、及應收帳款之和減去流動負債之餘額。

營運資金流量　觀　念：此一觀念乃將資金視爲流動資產扣除流動負債後之淨額。換言之，凡增加營運資金之交易，即視爲資金流入；反之，凡減少營運資金之交易，即視爲資金流出。

}

資金的來源與運用 {

資 金 來 源：(1) 非資金資產項目減少；(2) 非資金負債項目增加；(3) 非資金業主權益項目增加(包括由營業產生之淨利及發行股本)。

資 金 運 用：(1) 非資金資產項目增加；(2) 非資金負債項目減少；(3) 非資金業主權益項目減少（包括營業淨損及對股東之各項支付，例如支付股利、購買庫藏股票、及贖回特別股等。

}

資金變動的分析：乃分析資金在前後二個年度發生增減變化的情形，據以編製資金項目變動明細表，並進而分析非資金項目變動之原因，藉以記錄資金的來源與運用，此項記錄，即爲編製財務狀況變動表的根據。

非常損益項目的影響：非常損益項目包括：(1) 重大意外災害，(2) 外國政府之沒收，(3) 新法令禁止營業所發生之損失。由於非常損益項目通常金額頗鉅，且非爲企業管理當局所能控制，故凡來自非常損益項目之營運資金，應與來自正常損益項目之營運資金，分開表達。

財產狀況變動表的編製 {

營運資金基礎之財務狀況變動表編製實例 { 簡單實例　複雜實例

現金基礎之財務狀況變動表編製實例

}

}

問　　　題

1. 財務狀況變動表的意義為何?
2. 財務狀況變動表具有何種功能?
3. 編製財務狀況變動表時，資金一詞具有何種不同之觀念?
4. 何謂全部財務資源觀念?
5. 何謂資金變動明細表? 資金變動明細表之功用何在?
6. 非常損益項目在財務狀況變動表內應如何表達?
7. 試以會計方程式，列示財務狀況變動表編製之基本原理。
8. 編製營運資金基礎之財務狀況變動表時，何以應分析非常營運資金項目，而不分析營運資金項目?
9. 試述編製財務狀況變動表所根據之資料及其步驟。
10. 解釋下列各名詞:
    (1) 資金 (funds)
    (2) 工作底表法 (work-sheet approach)
    (3) T字形帳戶法 (T-account approach)
11. 折舊、攤銷及其他同性質之項目，何以被列為資金來源項目之一，其原因何在?
12. 按T字形帳戶法編製現金基礎之財務狀況變動表時，何以必須分別設置「現金」及「現金——來自營業」二個帳戶?

選 擇 題

1. 下列係選自某公司民國七十六年度之會計記錄:

來自營業之營運資金	$ 1,500,000
購買房屋及土地所發生之抵押借款	1,800,000
發行普通股以贖回特別股	500,000
出售設備資產之收入	400,000
購買辦公設備之成本	200,000

該公司編製截至民國七十六年十二月三十一日止之財務狀況變動表時, 應列報營運資金來源總額若干?

（a） $ 1,700,000　　　　（c） $ 3,700,000

（b） $ 2,400,000　　　　（d） $ 4,200,000

2. 某公司截至民國七十六年十二月三十一日止之會計年度, 獲得淨利 $4,000,000; 其他有關資料如下:

廠房及設備資產之折舊	$2,000,000
應收帳款（短期）備抵壞帳增加	200,000
應收帳款（長期）備抵壞帳增加	300,000
特別股股利	400,000

截至民國七十六年十二月三十一日止之會計年度, 該公司所編製之財務狀況變動表內, 所列報來自營業之營運資金, 應爲若干?

（a） $ 4,900,000　　　　（c） $ 6,300,000

（b） $ 6,000,000　　　　（d） $ 6,500,000

3. 某公司於民國七十六年一月十七日, 公告現金股利 $10,000, 此項股利規定於同年二月十日爲登記日, 並以同年三月二日爲發放日。上項現金股利將增加（減少）某一特定日之營運資金:

	一月十七日	二月十日
（a）	$ 0	$ 0

（b）	$ 10,000	$ 0
（c）	（$ 10,000）	$ 0
（d）	（$ 10,000）	$ 10,000

4. 攤銷長期債券之溢價，在財務狀況變動表內，應列爲下列那一項目？

（a） 資金之運用

（b） 資金之來源及運用

（c） 加入來自營業之淨利

（d） 自營業淨利項下扣除

下列各項係用於解答選擇題第 5 題至第 8 題之資料:

甲公司

資產負債表

	12月31日	
	76年	75年
資產:		
流動資產:		
現金	$ 300,000	$ 200,000
應收帳款（淨額）	840,000	580,000
存貨	660,000	420,000
預付費用	100,000	50,000
流動資產合計	$1,900,000	$1,250,000
長期投資	$ 80,000	…
廠房及設備資產	$1,130,000	$ 600,000
減: 累積折舊	110,000	50,000
	$1,020,000	$ 550,000
資產總額	$3,000,000	$1,800,000
負債:		
流動負債:		

應付帳款	$ 530,000	$ 440,000
應付費用	140,000	130,000
應付股利	70,000	—
流動負債合計	$ 740,000	$ 570,000
長期應付票據—79年到期	$ 500,000	—
股東權益:		
普通股本	$1,200,000	$ 900,000
保留盈餘	560,000	330,000
	$1,760,000	$1,230,000
負債及股東權益總額	$3,000,000	$1,800,000

甲公司

損益表

	1月1日至12月31日	
	76年	75年
銷貨淨額（賒銷）	$6,400,000	$4,000,000
銷貨成本	5,000,000	3,200,000
毛利	$1,400,000	$ 800,000
減: 費用（含所得稅）	1,000,000	520,000
淨利	$ 400,000	$ 280,000

其他有關資料如下:

(1) 該公司對於財務狀況變動表，係採用現金觀念。

(2) 應收帳款與應付帳款，均與買賣商品有關；應付帳款均按扣除折扣後之淨額列帳。76年底之備抵壞帳，與75年底之備抵壞帳相同。76年間，無壞帳發生。

(3) 長期應付票據係為購買廠房及設備資產而發生；普通股亦為購買廠房及設備資產所需要之資金而發行。

5. 民國七十六年間，應收帳款收到現金之數額為若干?

  （a） $ 5,560,000   （c） $ 6,140,000

  （b） $ 5,840,000   （d） $ 6,400,000

6. 民國七十六年間，應付帳款支付現金之數額為若干？

  （a） $ 4,670,000   （c） $ 5,000,000

  （b） $ 4,910,000   （d） $ 5,150,000

7. 民國七十六年間，來自非營業之現金收入為若干？

  （a） $ 140,000   （c） $ 500,000

  （b） $ 300,000   （d） $ 800,000

8. 民國七十六年間，購買非流動資產之現金為若干？

  （a） $ 80,000   （c） $ 610,000

  （b） $ 530,000   （d） $ 660,000

練　習

E 20-1　下列各項目爲某公司某年度之交易事項或有關科目之餘額。試根據營運資金觀念，列示各項目對財務狀況變動表之影響：

項　　　　　目	資金來源	資金運用	加入營業淨利	由營業淨利扣減	無影響
(1) 出售專利權					
(2) 存貨增加					
(3) 商譽攤銷					
(4) 債券發行溢價之攤銷					
(5) 預付費用減少					
(6) 發行普通股以交換設備資產					
(7) 贖回債券					
(8) 設備提列折舊費用					
(9) 出售投資之利益					
(10) 公告發放現金股利					

E 20-2　下列爲某公司民國七十五年及七十六年十二月三十一日之比較性資產負債表：

某公司

比較性資產負債表

民國七十五年及七十六年十二月三十一日

	12月31日		
	75　年	76　年	增　減*
資產			
現金	$　60,000	$　140,000	$ 80,000

應收帳款	210,000	220,000	10,000
存貨	530,000	520,000	10,000*
預付費用	12,000	8,000	4,000*
土地	60,000	44,000	16,000*
房屋	600,000	600,000	—
累積折舊—建築物	(140,000)	(200,000)	(60,000)
設備資產	300,000	400,000	100,000
累積折舊—設備資產	(140,000)	(160,000)	(20,000)
資產總額	$1,492,000	$1,572,000	$ 80,000
負債			
應付帳款	$ 100,000	$ 160,000	$ 60,000
應付股利	6,000	12,000	6,000
應付公司債	500,000	400,000	100,000*
負債總額	$ 606,000	$ 572,000	$ 34,000
股東權益			
普通股東	$ 600,000	$ 600,000	$ —
保留盈餘	286,000	400,000	114,000
股東權益總額	$ 886,000	$1,000,000	$ 114,000
負債及股東權益總額	$1,492,000	$1,572,000	$ 80,000

其他有關資料如下:

（a） 購買設備資產之成本$120,000；設備資產成本 $20,000，因已無使用價值，予以廢棄。

（b） 土地成本$16,000，出售得款$60,000，獲益$44,000。

（c） 應付公司債$100,000，按面值償還。

（d） 公告現金股利$40,000。

（e） 本期淨利$110,000（不包出售土地利益在內）。

（f） 設備資產折舊$40,000；房屋折舊$60,000。

試求: 請編製:

(a)　營運資金基礎之財務狀況變動表（附資金項目變動明細
　　　表）。

(b)　現金基礎之財務狀況變動表。

E 20-3　某公司民國七十五年及七十六年12月31日之資產負債表有關資料如下：

某公司

資產負債表

	75年12月31日	76年12月31日	增加（減少）
現金	$ 186,000	$ 145,000	$ (41,000)
應收帳款	273,000	253,000	(20,000)
存貨	538,000	483,000	(55,000)
有價證券—擴充廠房	—	150,000	150,000
機器及設備	647,000	927,000	280,000
租賃改良	87,000	87,000	—
專利權	30,000	27,800	(2,200)
合計	$1,761,000	$2,072,800	$ 311,800
備抵壞帳	$ 17,000	$ 14,000	$ (3,000)
累積折舊—機器及設備	372,000	416,000	44,000
累積攤銷—租賃改良	49,000	58,000	9,000
應付帳款	105,000	232,800	127,800
應付股利	—	40,000	40,000
一年內到期之應付公司債	50,000	50,000	—
六厘分期償還公司債	300,000	250,000	(50,000)
特別股	100,000	90,000	(10,000)
普通股	500,000	500,000	—
保留盈餘	268,000	422,000	154,000
合計	$1,761,000	$2,072,800	$ 311,800

又75年度及76年度之比較性保留盈餘表有關資料如下：

12月31日

	75 年	76 年
期初保留盈餘： 1月1日	$ 131,000	$ 268,000
淨利	172,000	195,000
	$ 303,000	$ 463,000
公告股利	(35,000)	(40,000)
購入特別股溢價	―	(1,000)
期末保留盈餘： 12月31日	$ 268,000	$ 422,000

76年度另發生下列交易事項：

(1) 購入新機器成本 $386,000； 若干不合時宜之舊機器帳面價值 $61,000，出售得款$48,000。機器及設備除提列折舊外，別無 其他交易事項發生。

(2) 該公司支付$2,000之法律費用，成功地保護其專利權。專利權 攤銷費用為$4,200。

(3) 特別股每股面值$100，按每股$110之價格購入，並予註銷。購 入溢價轉入保留盈餘。

(4) 該公司董事會於民國七十六年十二月十日，公告發放普通股每 股現金股利 $0.20，並訂於民國七十七年元月十日支付。

試求： 請按全部資源觀念，並依T字形帳戶法，編製該公司民國76年度 營運資金基礎之財務狀況變動表。

習　　題

P 20-1　下列為正記公司民國七十五年及七十六年十二月三十一日之比較性資產
負債表及民國七十六年度損益表與保留盈餘表:

正記公司

比較性資產負債表

	75年12月31日	76年12月31日	增加（減少）
資產			
現金	$　180,000	$　275,000	$　95,000
應收帳款（淨額）	305,000	295,000	10,000
存貨	431,000	549,000	118,000
投資子公司普通股	60,000	73,000	13,000
土地	200,000	350,000	150,000
廠房及設備	606,000	624,000	18,000
減: 累積折舊	(107,000)	(139,000)	32,000
商譽	20,000	16,000	(4,000)
資產合計	$1,695,000	$2,043,000	$　348,000
負債及股東權益			
應付帳款及應付費用	$　563,000	$　604,000	$　41,000
長期應付票據	—	150,000	150,000
應付公司債	210,000	160,000	(50,000)
遞延所得稅	30,000	41,000	11,000
普通股本: 每股面值$10	400,000	430,000	30,000
資本公積—普通股發行溢價	175,000	226,000	51,000
保留盈餘	334,000	432,000	98,000
庫藏股票: 成本	(17,000)	—	17,000
負債及股東權益合計	$1,695,000	$2,043,000	$　348,000

正記公司

損益表及保留盈餘表

民國七十六年度

銷貨淨額:		$1,950,000
減: 銷貨成本及營業費用:		
銷貨成本	$1,150,000	
銷管費用	505,000	
折舊	53,000	1,708,000
營業淨利		$ 242,000
減: 其他費用（收益）:		
利息費用	$ 15,000	
投資子公司利益	(13,000)	
出售設備損失	5,000	
商譽攤銷	4,000	11,000
稅前淨利		$ 231,000
減: 所得稅:		
當期	$ 79,000	
前期遞延	11,000	90,000
淨利		$ 141,000
加: 期初保留盈餘: 76年 1 月 1 日		334,000
		$ 475,000
減: 現金股利76年 8 月14日		43,000
期末保留盈餘: 76年12月31日		$ 432,000

其他補充資料如下:

　(1) 民國七十六年十二月三十一日之年度終了日，甲公司淨利為
　　　$496,000。

(2) 沖銷無法收回之應收帳款$4,000。

(3) 甲公司於民國七十二年投資於子公司，取得子公司在外流通普通股票之3％；民國七十六年度，甲公司出售 $26,000之該項投資。

(4) 民國七十六年度專利權攤銷$3,000。

(5) 甲公司於民國七十六年一月一日，支付現金 $72,000，發行特別股3,500股及普通股2,400股，按資產之帳面價值，取得丑公司在外流通股票之90％（45,000股，每股面值 $10），符合購買法之會計處理。交易事項發生日，甲公司股票之公平市價如下：

　　　　　特別股，每股公平市價$3

　　　　　普通股，每股公平市價$12

丑公司所經營之事業性質，與甲公司不同，故不予編製合併報表。民國七十六年十二月三十一日截止之會計年度終了日，丑公司獲得淨利$150,000。

(6) 民國七十六年度，甲公司出售機器及設備得款$3,200；該項資產係於民國七十年購入，成本$22,000，已提列折舊$17,600。此外，另購入新機器及設備之成本 $81,000。機器及設備帳戶其餘所增加之價值，均係重大修理費用予以資本化而來。

(7) 民國七十六年一月一日，甲公司公告普通股4％之股票股利，公告日普通每股公平市價爲 $12，該項價值不因股票股利之分派而受影響。民國七十六年十二月三十一日，普通股及特別股之現金股利如下：

　　　　　特別股現金股利　$ 36,000

　　　　　普通股現金股利　$145,000

(8) 民國七十六年十二月間，因訴訟關係而由保留盈餘轉入意外損失準備$85,000。

試求：

請按全部資源觀念，並依Ｔ字形帳戶法，編製甲公司民國七十六年度營運資金基礎之財務狀況變動表。

P 20-2　正宏公司民國七十五年及七十六年十二月三十一日之資產負債表如下：

正宏公司
資產負債表

	75年12月31日	76年12月31日
資產		
流動資產：		
現金	$ 423,600	$ 400,690
應收帳款	517,230	687,590
存貨	2,370,370	2,434,020
流動資產合計	$3,311,200	$3,522,300
非流動資產：		
投資	$ 300,000	$ 350,000
土地	1,140,000	1,050,000
房屋	2,250,000	3,900,000
累積折舊—房屋	(475,000)	430,000
設備資產	2,400,000	2,800,000
累積折舊—設備資產	(1,289,000)	(1,375,000)
運輸設備	29,500	37,500
累積折舊—運輸設備	(13,000)	(16,500)
租賃改良	72,000	69,000
償債基金	250,000	300,000
商譽	60,000	50,000
非流動資產合計	$4,724,500	$ 6,735,000
資產合計	$ 8,035,700	$10,257,300
負債及股東權益		

流動負債:

應付帳款	$ 291,080	$ 373,140
短期應付票據	730,520	815,090
流動負債合計	$1,021,600	$1,188,230

長期負債:

應付公司債	$1,000,000	$1,900,000
公司債折價	(104,651)	(202,461)
長期負債合計	$ 895,349	$1,697,539
負債合計	$1,916,949	$2,885,769

股東權益:

特別股本	$ 302,000	$ 937,000
資本公債—特別股發行溢價	—	18,570
普通股本	2,000,000	2,000,000
保留盈餘	3,816,751	4,415,961
股東權益合計	$6,118,751	$7,371,531
負債及股東權益合計	$8,035,700	$10,257,300

其他補充資料如下:

(1) 民國七十六年度淨利 $818,300。當年度公告發放特別股股利$97,900, 普通股股利$121,190。

(2) 出售土地得款$105,000, 其帳面價值為$90,000。

(3) 出售房屋得款$110,000, 其原始成本為$414,000; 七十六年度提列房屋折舊$197,000。

(4) 設備資產之帳面價值為$42,000, 出售得款$39,000; 七十六年度提列設備資產折舊$214,000。

(5) 民國七十六年一月一日流通在外之應付公司債, 其票面利率為4 %, 此項公司債係於數年前發行, 發行時之市場利率為5 %; 公司債折價按利息法攤銷。另於民國七十六年十二月三十一日發行 5 %公司債$900,000, 其市場利率為 6 %。

    (6) 民國七十六年度未曾出售任何運輸設備。

試求:

    請按全部資源觀念,並依T字形帳戶法,編製正宏公司民國七十六
    年度營運資金基礎之財務狀況變動表。

P 20-3 甲公司民國七十五年及七十六年十二月三十一日之比較性資產負債表列
    示如下:

甲公司

比較性資產負債表

	75年12月31日	76年12月31日	增加(減少)
資產			
流動資產:			
現金	$ 287,000	$ 450,000	$ 163,000
應收票據	50,000	45,000	(5,000)
應收帳款(扣除備抵壞帳分別為			
$17,100及$24,700)	380,000	479,200	99,200
存貨	298,000	460,000	162,000
流動資產合計	$1,015,000	$1,434,200	$ 419,200
投資子公司普通股	$ 39,000	$ —	$ (39,000)
投資丑公司普通股	—	246,300	246,300
投資合計	$ 39,000	$ 246,300	$ 207,300
機器及設備	$ 381,000	$ 455,000	$ 74,000
減:累積折舊	(144,000)	(193,000)	49,000
廠房及設備資產合計	$ 237,000	$ 262,000	$ 25,000
專利權(淨額)	$ 19,000	$ 26,000	$ 7,000
資產合計	$1,310,000	$1,968,500	$ 658,500
負債及股東權益			
流動負債:			

應付股利	$　　—	$ 181,000	$ 181,000
應付帳款	40,800	156,000	115,200
應計負債	84,000	92,000	8,000
流動負債合計	$ 124,800	$ 429,000	$ 304,200

股東權益:

特別股本: 核准發行50,000股,			
每股面值$2	$　53,000	$　60,000	$　7,000
普通股本: 核准發行100,000股,			
每股面值$10	$ 700,000	$ 752,000	$ 52,000
資本公積—特別股本			
發行溢價	2,500	6,000	3,500
資本公積—普通股本			
發行溢價	9,600	20,000	10,400
意外損失準備	—	85,000	85,000
保留盈餘	420,100	616,500	196,400
股東權益合計	$1,185,200	$1,539,500	$ 354,300
負債及股東權益合計	$1,310,000	$1,968,500	$ 658,500

其他補充資料如下:

(1) 76年1月2日，出售設備得款$19,000,已知其成本爲$45,000,帳面價值$24,000。

(2) 76年4月1日，發行普通股1,000股，收到現金$23,000。

(3) 76年5月15日，出售所有庫藏股票，收到現金$25,000。

(4) 76年6月1日，某一債券持有人,以可轉換公司債面值$50,000,轉換爲面值$20,000（2,000股，每股面值$10）。

(5) 76年7月1日，購入設備$63,000。

(6) 76年12月31日，以發行長期應付票據$150,000，交換公平市價$150,000之土地。應付票據附有利息15%，其到期日爲81年12月31日。

(7) 遞延所得稅乃時間差異所引起；該公司對於折舊性資產，係按直線法作為列報財務報表之根據；至於報稅資料，則按加速折舊法。

試求:

請按現金基礎，編製正記公司民國七十六年度之財務狀況變動表。

第二十一章　財務報表分析

21-1　財務報表分析的意義

　　所謂財務報表分析 (financial statement analysis)，根據美國南加州大學教授 Walter B. Meigs 的解釋:「財務報表分析的本質，乃在於搜集與決策有關的各項財務資訊，予以分析與解釋的一種技術;因此，財務報表分析乃選擇財務資訊、分析與解釋各項財務資訊的相關性，並評核其結果的整個過程。首先從企業所提供的各項財務資訊中，僅選擇與決策有關連者爲限;其次，將所選擇的各項財務資訊，依妥善的方式加以安排，俾能顯現各項財務資訊所隱含的重要關係;最後乃研究各項財務資訊所隱含的重要關係，並解釋其結果。」

　　另有美國紐約市立大學教授 Leopold A. Bernstein 對財務報表分析定義如下:「財務報表分析」係一種判斷的過程 (judgemental process)，旨在評估一企業現在或過去的財務狀況及營業成果， 其主要目的則在於對企業未來財務狀況及經營績效，達成最佳之預測。」

　　由此可見，財務報表分析在於將一企業某一會計年度終了時所編製的財務報表，以及其他有關的會計記錄，選擇與決策有關的各項資訊，予以適當安排，俾能顯示各項資訊間隱含重要意義的相互關係，進而分析與解釋各項關係，藉以評估該企業之財務狀況、經營成果及其他各項有用的資訊，作爲決策的依據。

　　根據上述解釋，財務報表分析係以審愼選擇財務資訊爲起點，作爲探討的根據;以分析資訊爲重心，藉以顯示其相關性;以研究資訊

的相關性爲手段，俾能評核其結果。總之，財務報表分析僅係一種手段而已，以瞭解一企業的財務狀況、經營得失、及其他各項有用的資訊，其最終目的則在於作爲決策的參考。

21-2　財務報表分析的方法

財務報表分析乃在於研究一企業所隱含的長短期財力 （financial strength）之大小； 所謂財力， 係指一企業對於下列三方面的能力：(1) 償還能力：此項能力不僅爲一企業應付目前經濟及業務情況下的償還能力，同時也能顯示在未來不利情況下的償還能力；(2) 投資能力：係指一企業利用目前擁有的財務資源，或經由發行長期債券與發行股票以從事於營運或擴大投資的力量；(3) 支付股利能力：企業之投資人，透過財務報表分析，得悉已投資或擬投資企業支付股利之能力，俾作爲決策之依據。

財務報表分析人員爲達成上述目的，舉凡財務報表分析的各種方法， 均爲達成此目的而設計。 財務報表分析的方法很多， 一般常用者，計有下列各項：

一、比較財務報表 （comparative financial statement）

所謂比較財務報表，係將二期以上的資產負債表、損益表，或保留盈餘表等，予以並列，互相比較。比較的方式有下列各種：

1. 絕對數字比較
2. 絕對數字增減變動比較
3. 百分比增減變動比較
4. 比率增減變動比較
5. 圖解法

二、趨勢分析 (trend analysis)

包括財務狀況、經營成果、及財務狀況變動之趨勢分析等。

三、共同比分析 (common-size anaylsis)

包括資產負債表、損益表、及保留盈餘表內個別項目對總額的百分率分析。

四、比率分析 (ratio analysis)

包括資產、負債、業主權益、及損益各項目的比率分析。

五、特定分析 (specialized analysis)

1. 資金流量分析
2. 財務狀況變動分析
3. 銷貨毛利變動分析
4. 利量分析

21-3　比較財務報表

比較財務報表係就二年度以上之財務報表予以併列，互相比較，經由各年度財務報表之互相比較後，不但可顯示一企業財務狀況之消長及潛在獲益能力之高低，而且亦可評估企業之管理績效。因此，美國會計師協會早於一九五三年在會計研究公報第 43 號 (Accounting Research Bulletin No. 43) 內，就極力強調比較財務報表的重要性。比較財務報表通常包括比較資產負債表、比較損益表、及比較保留盈餘表等。茲將「比較資產負債表」及「比較損益表」，予以說明於後：

一、比較資産負債表

如將二期以上之資産負債表的絕對數字增減變動，及其百分比增減變動，同時並列，將使財務報表更有意義。此項百分比增減變動的分析，爲橫向分析的一種形式。茲列示美濃公司19Ａ1年及19Ａ2年12月31日之比較資産負債表如下：

連續二年的比較資産負債表，應以第一年爲基期；百分比通常計算至小數點以下一位數。

表列美濃公司19Ａ2年現金增加$16,000，如以百分比比較之，則增加100％（$16,000÷$16,000）。19Ａ2年應收帳款增加$8,000，百分比增加30.8％（$8,000÷$26,000）；其餘可照比計算之。

除逐項比較外，亦可作分類比較。例如比較二年度流動資産之增減變化情形。19Ａ2年流動資産增加$33,000，流動資産百分比增加42.3％（$33,000÷$78,000）。惟流動負債僅增加10.9％，顯示其短期償債能力增强不少。同理，吾人亦可進一步作總額項目之比較，例如該公司19Ａ2年資産總額增加$28,000，總資産百分比則增加12.2％（$28,000÷$229,000）。

又19Ａ2年股東權益增加23.3％，此項增加反映於營運資金之增加，並非由於擧債而來，蓋應付票據及應付抵押借款均呈現減少的可喜現象。此外，營運資金增加的另一項原因，則係由於增發普通股本而來。

表 21-1

美 濃 公 司

比較資產負債表

19A 1 年及19A 2 年12月31日

	19A 1 年	19A 2 年	19A 2 年 增（減） 金　　額	19A 2 年 增（減） 百 分 比
資　產				
流動資產：				
現　　金	$ 16,000	$ 32,000	$ 16,000	100.0
應收帳款	26,000	34,000	8,000	30.8
存　　貨	36,000	45,000	9,000	25.0
流動資產合計	$ 78,000	$111,000	$ 33,000	42.3
廠房及設備資產：				
土　　地	$ 7,000	$ 7,000	$　　0	0.0
房屋（淨額）	119,000	116,000	(3,000)	(2.5)
設　　備	25,000	23,000	(2,000)	(8.0)
廠房及設備資產合計	$151,000	$146,000	$(5,000)	(3.3)
資產總額	$229,000	$257,000	$ 28,000	12.2
負債及股東權益				
流動負債：				
應付帳款	$ 23,000	$ 26,550	$　3,550	15.4
應付票據	20,000	19,000	(1,000)	(5.0)
應付費用	8,000	11,000	3,000	37.5
流動負債合計	$ 51,000	$ 56,550	$　5,550	10.9
長期負債：				
抵押應付款	60,000	55,000	(5,000)	(8.3)
負債總額	$111,000	$111,550	$　　550	0.5
股東權益：				
普通股本（每股$10）	$100,000	$109,000	$　9,000	9.0
保留盈餘	18,000	36,450	18,450	102.5
股東權益淨額	$118,000	$145,450	$ 27,450	23.3
負債及股東權益總額	$229,000	$257,000	$ 28,000	12.2

二、比較損益表

　　單一年度的損益表，無法顯示一企業前後年度營業績效增減變化的情形。比較損益表不但可作爲趨勢分析的有效工具，而且可作爲預測未來年度營業決策的主要根據。

　　美濃公司19Ａ0年度至19Ａ2年度之比較損益表列示如圖表21-2。該項比較損益表以 19Ａ1 年度爲基期， 19Ａ2 年度毛利增加 25.4％（$15,000÷59,000），營業費用總額不但未增加，而且減少了0.6％，促使稅前淨利增加達 67.2％ （$15,450÷$23,000）， 此項有利的變化，主要係由於銷貨增加的結果。

　　美濃公司之銷貨、銷貨成本、及稅前淨利三者之間，具有密切的關連性。由於若干成本項目維持不變，故於銷貨量大幅度增加之際，稅前淨利顯著增加。 當19Ａ2年銷貨額增加30.5％時， 稅前淨利却增加 67.2％。 同理， 當銷貨量驟然下降時， 淨利降低的幅度將更爲劇烈。

　　上述比較財務報表，也可選擇某一年度爲基期，先將各年度的絕對數字化爲百分率之後，再加以比較，以觀察其變化的趨勢，此乃稱爲趨勢百分率比較財務報表。

　　吾人如以 19Ａ0年度爲基期， 則列示其趨勢百分率比較損益表如表21-3。

表 **21-2**

美 濃 公 司

比 較 損 益 表

19A 0年度至19A 2年度

	19A 0 年 度	19A 1 年 度	19A 2 年 度	19A 1 年度及 19A 2年度比較 增（減） 金 額	增（減） 百分比
銷貨淨額	$123,000	$151,000	$197,000	$ 46,000	30.5%
銷貨成本	74,000	92,000	123,000	31,000	33.7
毛　利	$ 49,000	$ 59,000	74,000	$ 15,000	25.4
推銷費用：					
廣 告 費	$　900	$ 1,100	$ 1,200	$　100	9.1
推銷員薪金	17,100	17,900	18,300	400	2.2
銷貨部門折舊	2,000	2,000	2,000	—0—	0.0
合　　計	$ 20,000	$ 21,000	$ 21,500	500	2.4
管理費用：					
保 險 費	$　600	$　650	$　675	$　25	3.8
管理部門薪金	8,200	8,000	7,200	(800)	(10.0)
管理部門折舊	3,000	3,000	3,000	—0—	0.0
管理部門雜費	320	350	425	75	21.4
合　　計	$ 12,120	$ 12,000	$ 11,300	$　(700)	(5.8)
營業費用總額	$ 32,120	$ 33,000	$ 32,800	$　(200)	(0.6)
營業淨利	$ 16,880	$ 26,000	$ 41,200	$ 15,200	58.5
其他非營業費用：					
利息費用	3,300	3,000	2,750	(250)	(8.3)
稅前淨利	$ 13,580	$ 23,000	$ 38,450	$ 15,450	67.2
所 得 稅	2,700	4,600	7,700	3,100	67.4
淨　利	$ 10,880	$ 18,400	$ 30,750	$ 12,350	67.1
期初保留盈餘(1月1日)	9,000	10,880	18,000	7,120	65.4
合　　計	$ 19,880	$ 29,280	$ 48,750	$ 19,470	66.5
股　利	9,000	11,280	12,300	1,020	9.0
期末保留盈餘(12月31日)	$ 10,880	$ 18,000	$ 36,450	$ 18,450	102.5
每股盈餘	$　1.10	$　1.84	$　2.82	$　0.98	53.3

表 21-3

美 濃 公 司

趨勢百分率比較損益表

	19A 0 年度	19A 1 年度	19A 2 年度
銷貨淨額	100％	123％	160％
銷貨成本	100％	124％	166％
毛　利	100％	120％	151％
營業費用總額	100％	99％	93％
稅前淨利	100％	169％	283％
所 得 稅	100％	170％	285％
淨　利	100％	169％	283％

　　當相對應年度的數字大於基期的數字時，趨勢百分比將大於 100
％；反之，當相對應年度的數字小於基期的數字時，趨勢百分比將小
於100％。

　　趨勢百分率比較損益表，可將一項比較損益表的絕對數字，透過
同一基數，化為易於比較的百分率，對於企業管理上頗有效用。

　　趨勢百分率比較財務報表，僅能顯示一企業財務狀況及經營成果
消長的程度，卻無法指出其中原因。儘管如此，它可提供企業管理者
一項不利或有利的發展趨勢，俾作為進一步分析與探討的根據。

21-4　營運資金分析

　　一企業營運資金的多寡，以及資產變現速度之高低，實為決定該
企業短期償債能力的基本要素。因此，一般人往往將短期償債能力之
分析，逕稱為營運資金分析 (working capital analysis)。營運資金分
析最常被採用者計有下列各項比率:

　　1.　流動比率 (current ratio)。

　　2.　速動或酸性測驗比率 (quick or acid-test ratio)。

3. 存貨週轉率 (inventory turnover)。

4. 應收帳款週轉率 (account receivable turnover)。

上列衡量短期償債能力的各項比率，吾人將依序說明之。

一、流動比率

流動比率係指流動資產與流動負債的比率關係，用以表示每元之流動負債，究竟有幾元的流動資產來抵償，故又稱為償債能力比率 (liquidity ratio)。二十世紀初期，美國一般銀行家均以流動比率作為核定貸款的根據，而且要求此項比率應維持在200%以上；因此，一般人乃將流動比率另稱為「銀行家比率」(banker's ratio) 或「二對一比率」(two to one ratio)。流動比率的基本功能，在於顯示短期債權人安全邊際 (margin safety of short-term creditors) 的大小。其計算公式如下：

$$流動比率 = \frac{流動資產}{流動負債}$$

設某公司的流動資產為$200,000，流動負債為$100,000，則流動比率為200%，其計算如下：

$$流動比率 = \frac{\$200,000}{\$100,000}$$
$$= 200\%$$

茲列示上述美濃公司 19A1 年及 19A2 年12月31日之流動比率如下：

	12月31日	
	19A1年	19A2年
(a) 流動資產合計	$ 78,000	$111,000
(b) 流動負債合計	51,000	56,550
(c) 流動比率(a)÷(b)	153%	196%

　　美濃公司之流動比率，由19Ａ1年12月31日之153％，增加為19Ａ2年12月31日之196％，頗接近一般200％的標準。

　　一般財務報表分析專家均認為：僅分析一種比率是不夠的，必須還要考慮其他因素，例如企業的性質，營業受季節性變化的影響，流動資產各項組成因素的比率，以及企業管理者的能力等。事實上，一項較高的流動比率，並不見得就比較好，蓋企業因維持較高的流動比率，將使流動資產失去投資於獲利較高營業之機會。

　　此外，大多數的資金授予者，特別強調由各項流動資產轉換為現金的「轉換速度」大小。茲另假定Ａ公司及Ｂ公司某年底之流動比率均為2：1，惟所包含的內容不同如下：

	Ａ 公 司	Ｂ 公 司
流動資產：		
現　　金	$　　　500	$ 10,000
應收帳款	700	14,000
存　　貨	28,800	6,000
流動資產合計	$ 30,000	$ 30,000
流動負債：		
應付帳款	$ 15,000	$ 15,000
流動比率	2：1	2：1

　　雖然每個公司的流動比率均為2：1，惟Ｂ公司的短期償債能力顯然優於Ａ公司。蓋Ａ公司首先要出售存貨$28,800，轉換為應收帳款後，其次再收回應收帳款，轉換為現金，其輾轉時間較長，應付流動負債的能力也相對減少。也許Ａ公司可將存貨直接變現，惟在急於求現以償還短期債務的壓力之下，不免要降價求售，將使現金收入低於其帳面價值。反觀Ｂ公司的現金及應收帳款合計為$24,000，只有存貨$6,000需予變現。

　　由上述分析可知，Ａ、Ｂ兩家公司的流動比率不但相同，而且均

合乎一般標準，惟Ａ公司仍然隱藏着可能發生無法償還短期債務的危機。此項流動比率分析的缺陷，可另進行速動或稱酸性測驗分析，予以獲得彌補。

二、速動或酸性測驗比率

速動比率也是測驗一企業短期償還能力的另一項有效工具。所謂速動比率，係指速動資產對流動負債的比率關係。稱速動資產（quick assets）者，係指現金（包括等值現金），有價證券，及應收帳款等各項可迅速支付流動負債的資產。至於存貨及各項預付費用，因前者之變現性較慢，後者又常缺乏市場價值，而且其價值也不大，故一般均不予包括於速動資產的範圍內。由此可知，速動比率比流動比率更能嚴密測驗企業的短期償還能力，故一般又稱為酸性測驗比率（acid-tes ratio）或清償比率（liquid ratio）。速動比率的計算公式如下：

$$速動比率 = \frac{速動資產（流動資產－存貨－預付費用）}{流動負債}$$

由上列計算公式可知，如一企業的速動資產大於其流動負債，則速動比率大於 1 （或100%），顯示該企業償還短期債務應該不成問題。

上述美濃公司19Ａ1年及19Ａ2年12月31日的速動比率，予以列示如下：

	12月31日	
	19Ａ1年	19Ａ2年
速動資產：		
現　金	$ 16,000	$ 32,000
應收帳款	26,000	34,000
（A）速動資產合計	$ 42,000	$ 66,000
（B）流動負債合計	51,000	56,550
（C）速動比率：（A）÷（B）	82%	117%

美濃公司19Ａ2年12月31日之速動比率為117%，表示該公司無需變賣存貨，即可償還其對外的短期債務。

財務報表分析者一般均認為，一企業的速動比率，至少要維持在100%以上， 才算是具有良好的財務狀況。 惟速動比率與行業別具有密切的關係， 若干行業僅維持100%之速動比率， 即可認為滿足，若干企業雖維持 100%之速動比率，仍嫌不足。此外，為徹底瞭解一企業連續數年之短期償債能力， 可另編製歷年速動資產與流動負債比較表。

三、存貨週轉率

存貨週轉率 (inventory turnover ratio) 乃一企業某一特定期間的存貨額平均值對同期間銷貨成本的比率關係，可衡量該企業存貨週轉的速度，以測驗其推銷商品的能力及經營績效。

一般而言， 企業所擁有的流動資產中， 存貨往往佔有相當的份量；蓋企業投資於存貨的目的，在於希望從存貨中，經由銷貨的過程而獲得利益。大多數的企業，皆需維持相當數量的存貨，以配合銷貨的需要； 如存貨不足，銷貨必將減少，導致淨利之降低；反之，如存貨過多，一方面除增加對存貨之投資外，另一方面亦將增加存貨的儲存費用及磨損或陳舊損失。

存貨週轉率也如同應收帳款週轉率一樣，可補充流動比率或營運資金觀念之不足，進而測驗存貨與銷貨 (以銷貨成本代之) 間是否維持合理程度及其週轉速度，俾能對存貨的真實問題，獲得更徹底的瞭解。

存貨週轉率係以平均值的觀念，以衡量一企業銷售商品的速度；存貨週轉率通常係由下列公式計算而得：

$$存貨週轉率 = \frac{銷貨成本}{\frac{1}{2}(期初存貨＋期末存貨)}$$

上列公式係以期初及期末存貨的平均值作爲計算之基礎。倘若一企業的營業狀況，受季節性變化之影響很大時，也可按月平均，藉以消除季節性變化的因素。

假定上述美濃公司19Ａ1年1月1日之期初存貨爲$29,700，則19Ａ1年度及19Ａ2年度之存貨週轉率，列示如下：

	19Ａ1年度	19Ａ2年度
(a) 銷貨成本	$ 92,000	$123,000
(b) 平均存貨：		
期初存貨(1/1)	$ 29,700	$ 36,000
期末存貨(12/31)	36,000	45,000
合　　　計	$ 65,700	$ 81,000
平　均　值	$ 32,850	$ 40,500
(c) 存貨週轉率：(a)÷(b)	2.8次	3.0次

美濃公司19Ａ2年度存貨週轉率爲3（次），表示當年度該公司銷貨而又重新購入存貨三次，亦卽銷貨成本爲平均存貨成本的3倍。又19Ａ2年度顯然比19Ａ1年度爲佳。

一企業的存貨週轉率，亦可依該企業對存貨控制的需要程度，分別按商品的類目別或細目別計算。

一般而言，存貨週轉率愈高愈佳；蓋存貨週轉率愈高，表示存貨量愈低，存貨囤積的風險相對降低，資本應用效率也愈高。惟存貨週轉率與行業別有密切的關係，例如營建業、養殖業、及木材業之存貨週轉率較低，至於進出口貿易業、百貨業、及瓦斯供應業之存貨週轉率較高。

此外，吾人亦可根據存貨週轉率與所賴以計算的整個期間，計算

存貨週轉一次平均所需要的時間，此一時間稱為存貨週轉日數（number of days to sell inventory）；其計算公式如下：

$$存貨週轉日數 = \frac{360}{存貨週轉率}$$

為計算方便起見，上列計算乃以360天為基礎；事實上，如欲求得比較準確的效果時，亦可採用 365 天為準。然而，為便於逐年比較起見，不論以何者為基礎，一經採用後，除非有重大理由，否則必須每年一致，以便將來比較之用。

一般而言，帳款收回日數並無一定的標準，也很難樹立一項理想的比較基礎。一企業之帳款收回日數，究竟要多少日才算合理，胥視企業之政策而定，並參考同業所訂定之標準予以擬定之。

四、應收帳款週轉率

所謂應收帳款週轉率（turnover of receivables），係指一企業某特定期間之賒銷淨額與應收帳款平均值的比率關係，以測驗該企業在某特定期間內收回賒銷帳款的能力。

財務報表分析者於計算一企業的流動比率外，尚須另計算應收帳款週轉率及存貨週轉率；蓋應收帳款週轉率及存貨週轉率，可幫助報表分析者評估應收帳款及存貨的品質。倘若一企業之應收帳款及存貨的品質不佳，且其週轉速度緩慢，則儘管擁有鉅額之該等資產，表面上頗能顯示其理想的流動比率，而實質上並非如此。

應收帳款週轉率的計算方法如下：

$$應收帳款週轉率 = \frac{賒銷淨額}{\frac{1}{2}〔期初應收帳款（毛額）＋期末應收帳款（毛額）〕}$$

如一企業之營業狀況受季節性變化之影響甚鉅時，上述應收帳款可按月平均計算，藉以消除季節性因素。

假定上述美濃公司19Ａ1年１月１日之應收帳款爲$30,000，則19Ａ1年及19Ａ2年之應收帳款週轉率可計算如下：

	19Ａ1年	19Ａ2年
(a) 賒銷淨額	$151,000	$197,000
(b) 平均應收帳款：		
期初應收帳款(1/1)	$ 30,000	$ 26,000
期末應收帳款(12/31)	26,000	34,000
合　　計	$ 56,000	$ 60,000
平　均　值	$ 28,000	$ 30,000
(c) 應收帳款週轉率：(a)÷(b)	5.4 (次)	6.6 (次)

　　19Ａ2年應收帳款週轉率增加，顯示該公司已增進應收帳款之授信制度，或已加强應收帳款之催收工作，或兩者同時進行。

　　在應收帳款週轉率的計算公式中，分子應以賒銷淨額爲限，而不包括現銷在內；蓋應收帳款係由賒銷所引起。然而，一般企業之對外財務報表，很少將賒銷與現銷的數字予以揭露，故財務報表分析者，尙須進一步搜集有關資料以計算賒銷的淨額。此外，爲了解某一企業應收帳款週轉率之變化趨勢，亦可編製歷年度之比較性應收帳款週轉率趨勢分析。

　　另一項測試賒銷與應收帳款關係的方法爲帳款收回日數（days' sales in receivables）。一般又稱爲收款期間（collection period）。

　　帳款收回日數的計算方法，通常均以360天被應收帳款週轉率除之，卽可求得。茲列示其計算公式如下：

$$帳款收回日數 = \frac{360}{應收帳款週轉率}$$

茲以上述美濃公司的資料爲例，計算其帳款收回日數如下：

	19Ａ1年	19Ａ2年
(a) 全年日數	360 (天)	360 (天)
(b) 應收帳款週轉率	5.4 (次)	6.6 (次)
(c) 帳款收回日數：(a)÷(b)	67 (天)	55 (天)

上述帳款收回日數，亦可根據下列公式求得：

$$帳款收回日數 = \frac{應收帳款}{賒銷淨額 \div 360}$$

賒銷淨額除 360 所求得的結果，即表示每日平均銷貨數額；再將應收帳款除平均每日銷貨，即可求得帳款收回日數。

美濃公司的帳款收回日數亦可計算如下：

	19A 1 年	19A 2 年
（a）平均應收帳款	$ 28,000	$ 30,000
（b）賒銷淨額	$151,000	$197,000
（c）全年日數	360	360
（d）每日平均銷貨：（b）÷（c）	$ 419	$ 547
（e）帳款收回日數：（a）÷（d）	67 （天）	55 （天）

21-5　長期財務狀況分析

一企業是否擁有雄厚的資力，胥視其資本結構而定。倘若企業的資本結構健全，則其資力必然充實，財力 (financial strength) 可望穩定，其長期償債能力自不成問題。

欲分析一企業的資本結構，可透過各項比率關係，以瞭解其資本結構是否健全，進而衡量其長期償債能力；故此項資本結構的分析，對股東及長期債券持有人而言，實具有重要的意義。

稱資本結構 (capital structure) 者，乃一企業所擁有的資產與業主權益及負債各組合因素間之比率關係。蓋企業籌措長期資金的主要途徑，一方面係來自業主的投資與盈餘轉投資，另一方面則經由企業外界長期債權人所提供；因此，分析企業的資本結構比率，乃成為評估其長期償債能力的一項重要指標。

資本結構類別比率分析，係就資產、負債、及業主權益三大類別

之比率關係，加以分析。以下吾人將就負債比率、權益比率、及負債
對權益比率分別說明之。

一、負債比率

負債比率 (debt ratio) 乃負債總額對資產總額的比率關係，故
又稱為負債對總資產比率 (debt to total assets)，其計算公式如下：

$$負債比率 = \frac{負債總額}{資產總額}$$

負債比率，可衡量在企業之總資產中，由債權人所提供的百分比
究竟有若干。就債權人的立場而言，負債對總資產的比率越小，表示
股東權益的比率愈大，則企業的財力越強，債權的保障也越高。反
之，如此項比率越大，表示股東權益的比率愈小，則企業的財力愈
弱，債權的保障也越低。惟就投資人之立場而言，則希望有較高的負
債對總資產比率，蓋此項比率越高，一則可擴大企業之獲益能力，二
則以較少的投資，即可控制整個企業。如負債比率較高，當經濟不景
氣時，由於利息費用之不堪負荷，勢必遭受損失。

茲列示上述美濃公司19A1年底及19A2年底之負債比率如下：

	19A 1 年	19A 2 年
(a) 負債總額	$111,000	$111,550
(b) 資產總額	229,000	257,000
(c) 負債比率: (a)÷(b)	48.5%	43.4%

二、權益比率

權益比率(equity ratio)或稱淨值比率 (net worth ratio) 乃股東
權益總額對總資產的比率關係，故一般又稱為股東權益對總資產比率
(stockholders' equity to total assets)，或自有資本比率(self capital
ratio)。其計算公式如次頁：

$$權益比率 = \frac{股東權益總額}{資產總額}$$

茲列示上述美濃公司19Ａ1年底及19Ａ2年底之權益比率如下:

	19Ａ1年	19Ａ2年
(a) 股東權益總額	$118,000	$145,450
(b) 資產總額	229,000	257,000
(c) 權益比率(a)÷(b)	51.5%	56.6%

由上列計算可知,股東權益對總資產比率,即爲負債對總資產比率的反面;如股東權益對總資產比率越低,則負債對總資產比率將越高。

上述美濃公司19Ａ1年12月31日之負債比率爲48.5%,權益比率爲51.5%,兩者之和爲100%。由此可知,此兩者實爲一體之兩面,在實際應用時,僅求其一卽可。

三、負債對權益比率

負債對權益比率 (debt to stockholders' equities) 係指負債總額對股東權益總額的比率關係,用以表示一企業之總資產中,來自負債與來自股東投入的比率關係。其計算公式如下:

$$負債對權益比率 = \frac{負債總額}{股東權益總額}$$

負債對權益比率,在於衡量負債對股東權益的比率關係。假定此項比率爲100%比100%,則表示二元資產中,有一元係向外借入之負債,另一元則爲股東所投入。對債權人而言,負債對股東權益的比率越低,表示企業的長期償債能力越強,則對債權人越有安全感;反之,如此項比率越高,表示企業的長期償債能力越弱,則對債權人將缺乏安全感。

　　茲列示上述美濃公司19Ａ1年及19Ａ2年12月31日之負債對權益比率如下：

	19Ａ1年	19Ａ2年
(a) 負債總額	$111,000	$111,550
(b) 股東權益總額	118,000	145,450
(c) 負債對權益比率：(a)÷(b)	94.1%	76.7%

　　上述美濃公司19Ａ1年之負債權益比率為94.1%，表示每元股東權益僅負擔0.94元的負債，足見該公司擁有充裕的財力，可提供償債之用，對債權人具有相當的保障。

　　然而，由於包含在總資產內的無形資產之價值極不穩定，故一般財務分析人員均認為，應將各項無形資產從淨資產（即股東權益）中扣除，據以計算「負債對有形淨資產比率」(debt to tangible net asset)，或稱「負債對有形淨值比率」(debt to tangible net worth)。其計算公式如下：

$$負債對有形淨資產比率 = \frac{負債總額}{股東權益-無形資產}$$

　　上項負債對有形資產比率，不但可用於測驗一企業的長期償債能力，而且也可指出借款企業一旦發生週轉困難時，債權人可受保障的程度；蓋此項比率已將無形資產扣除，故比較保守。如同負債比率及負債對權益比率一樣，此項比率越低越佳。

　　為使讀者對長期財務狀況分析，易於獲得綜合性之了解，特將上述美濃公司之簡明資產負債表，及各項資本結構類目別比率，彙總列示如次頁：

表 21-4

美 濃 公 司

簡明資產負債表

19A 1 年12月31日

類　　　（項）　　　目　　　別	金　　　額	百　分　比
資產總額	$229,000	100%
負債:		
流動負債	$ 51,000	22.3%
長期負債	60,000	26.2%
負債總額	$111,000	48.5%
股東權益:		
普通股本	$100,000	43.7%
保留盈餘	18,000	7.8%
股東權益總額	$118,000	51.5%
負債及股東權益總額	$229,000	100%

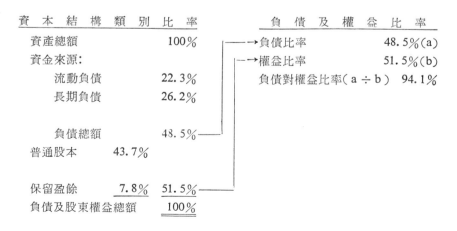

資 本 結 構 類 別 比 率

資產總額　　　　　　100%

資金來源:

　流動負債　　　　　22.3%

　長期負債　　　　　26.2%

　負債總額　　　　　48.5%

普通股本　　43.7%

保留盈餘　　7.8%　51.5%

負債及股東權益總額　100%

負 債 及 權 益 比 率

負債比率　　　48.5%(a)

權益比率　　　51.5%(b)

負債對權益比率（a÷b）94.1%

21-6　營業比率分析

經營企業的主要目的在於獲得利潤；蓋企業獲得利潤，才能謀求
生存與發展，進而善盡其對社會的責任。因此，凡與某一企業有關係
的人士，包括投資人、債權人、供應商、企業員工及一般社會大衆，
無不對企業的獲益能力，寄予莫大的關切。

欲評估一企業獲益能力之大小，其標準很多，例如毛利率、營業
淨利對銷貨比率、投資報酬率及其他各種衡量產品之數量單位等，均
爲一般所常用的方法。然而，毛利率、營業淨利對銷貨比率等，不一
定能保證利潤的增加；　同理，　產品數量的增加，　也不一定使利潤增
加。在理想的情況下，欲測度一企業利潤之增減變化，必須要以淨利
與投入資本的比率關係，　加以衡量；　此即本節所欲討論的報酬率分
析，或稱營業比率。

一、資產報酬率

資產報酬率 (return on total assets) 係指投資報酬 (利潤) 與
總資產的比率關係，用以衡量一企業的獲益能力及管理績效之最佳標
準。

在計算資產報酬率時，對於「資產」的範圍，通常係以資產負債
表內所列報的各項資產總額爲準，包括流動資產、基金及投資、廠房
及設備資產、遞延借項及無形資產等；惟對於折舊性之廠房及設備資
產，則以扣除累積折舊後的資產淨額爲準，比較合理。

至於投資報酬率，在總資產的觀念下，係指扣除利息費用前的淨
利，亦即稅後淨利加利息費用。蓋就會計平衡觀念而言，總資產實際
包括負債及股東權益而言，資產報酬率實乃涵蓋對債務人及投資人的

報酬總和；因此，應將利息費用予以加回。茲列示其計算公式如下：

$$資產報酬率 = \frac{稅後淨利 + 利息費用}{平均總資產}$$

此外，如將利息費用另考慮所得稅的因素，則上列資產報酬率的公式，可修正如下：

$$投資報酬率 = \frac{稅後淨利 + 利息費用（1 - 稅率）}{平均總資產}$$

茲以上述美濃公司的資料為例，列示其19Ａ1年度及19Ａ2年度的資產報酬率之計算如下：

	19Ａ1年度	19Ａ2年度
(a) 稅後淨利	$ 18,400	$ 30,750
(b) 利息費用	3,000	2,750
(c) 稅後淨利＋利息費用：(a)＋(b)	$ 21,400	$ 33,500
(d) 期初總資產	$201,000*	$229,000
(e) 期末總資產	229,000	257,000
合　　計	$430,000	$486,000
(f) 平均總資產	$215,000	$243,000
(g) 投資報酬率：(c)÷(f)	10.0%	13.8%

　*假定數字

美濃公司19Ａ2年度的資產報酬率為13.8%，顯然超過19Ａ1年度的10.0%達3.8%之多。

如將美濃公司的上項資產報酬率，與同一型態之另一公司或同業相互比較，對於評估該公司的獲益能力及經營績效，其實用性必然更為可觀。

二、普通股權益報酬率

普通股權益報酬率（return on common stockholder's equity）係指投資報酬（利潤）與普通股權益的比率關係，以普通股權益作為

計算投資報酬率的基數，係基於普通股投資人的立場而言；蓋對公司的債務人及特別股投資人而言，一般均有固定的利息收入及特別股股利，這些公司的投資人，已不太過份關切公司每年所獲得投資報酬率之多寡；故凡屬於各項負債及特別股權益，均應摒除於計算投資基數之外。

普通股權益包括普通股本、保留盈餘及其他各項股東權益類帳戶在內，但不包括任何屬於特別股權益類帳戶。

在計算普通股權益報酬率時，稅後淨利應再扣除特別股股利；如特別股係屬於累積性質者，不問特別股股利已否宣告，均應予以扣除。茲列示普通股權益報酬率之計算公式如下：

$$普通股權益報酬率 = \frac{稅後淨利 - 特別股股利}{\frac{1}{2}(期初普通股權益 + 期末普通股權益)}$$

上述美濃公司19Ａ1年度及19Ａ2年度之普通股權益報酬率計算如下：

	19Ａ1年度	19Ａ2年度
(a) 稅後淨利	$ 18,400*	$ 30,750*
(b) 普通股權益：		
期　　初	$109,880**	$ 118,000
期　　末	118,000	145,450
合　　計	$227,880	$ 263,450
平　　均	$113,940	$ 131,725
(c) 普通股權益報酬率：(a)÷(b)	16.1%	23.3%

　*　美濃公司未發行特別股本，故無特別股股利。

　**　$99,000＋$10,880＝$109,880

美濃公司19Ａ2年度之普通股權益報酬率為23.3%，比19Ａ1年度增加7.2%，利潤成長率達44.7%（7.2%÷16.1%）之譜。此外，如

將該公司19Ａ2年度普通股權益報酬率與資產報酬率比較，相差9.5%
(23.3%—13.8%)；19Ａ1年度普通股權益報酬率與資產報酬率僅相
差6.1% (16.1%—10.0%)，此乃由於該公司在其資本結構中，運用
一部份向外借入之資金，因借入資金之利率已事先約定，故當借入資
金所獲得之投資報酬率高於約定利率時，其剩餘的部份，卽全部歸
普通股東所享有；此項經由財務運用而增加普通股東之投資報酬率，
卽一般所稱之財務槓桿作用 (financial leverage)。

三、普通股每股盈餘

所謂普通股每股盈餘 (earnings per share on common stock)，
係指公司之每一普通股在某一會計期間內所獲得的淨利。此項資料不
但可衡量一企業獲益能力的大小，而且對於股票價格、股利發放率
及支付股利能力等，均具有密切的關係；故普通股每股盈餘已成為投
資人最關心的一項重要資料。美國會計師協會會計原則委員會於1969
年5月發表第十五號意見書硬性規定：凡一企業有流通在外之普通股
時，其損益表應揭露普通股每股盈餘的資料。從此以後，普通股每股
盈餘的資料，殆已成為財務報表的一部份，並為財務報表分析者分析
與解釋的重點之一。

公司如僅發行普通股，或雖另發行其他證券，例如特別股、公司
債、認股權 (options) 及認股證 (warrants)，惟這些證券如無潛在稀
釋 (potential dilution) 作用，或雖有潛在稀釋作用，然而對普通股
每股盈餘之稀釋影響低於3%者，在計算普通股每股盈餘時，不必考
慮其潛在稀釋之影響（亦卽於計算每股盈餘時，不包括普通股以外之
其他證券），在損益表中僅表達普通股每股盈餘的資料卽可。

所謂稀釋作用 (dilutive effect)，又稱淡化作用，係指可調換
證券一旦調換為普通股，或流通在外的認股權與認股證於購買普通股

後，將使流通在外的普通股股數增加，導致普通股每股盈餘之減少，此種影響稱爲稀釋作用。

在簡單資本結構之下，普通股每股盈餘的計算公式如下：

$$普通股每股盈餘 = \frac{稅後淨利}{普通股流通在外股數}$$

如公司另發行無潛在稀釋作用之特別股時，則淨利應先減去特別股股利，俾求出歸屬於普通股的淨利後，再據以計算普通股每股盈餘，其計算公式如下：

$$普通股每股盈餘 = \frac{稅後淨利 - 特別股股利}{普通股流通在外股數}$$

在年度進行中，如曾增資發行新股、分配股票股利，或股份分割等，使流通在外股數發生變動時，普通股每股盈餘應以流通在外加權平均股數作爲計算之基礎。在此種情況下，普通股每股盈餘的計算公式如下：

$$普通股每股盈餘 = \frac{稅後淨利 - 特別股股利}{普通股流通在外加權平均股數}$$

上述美濃公司 19A0 年度至 19A2 年度之普通股每股盈餘計算如下：

	19A0 年度	19A1 年度	19A2 年度
（a）稅後淨利*	$ 10,880	$ 18,400	$30,750
（b）普通股流通在外股數	9,900	10,000	10,900
（c）普通股每股盈餘：（a）÷（b）	$ 1.10	$ 1.84	$ 2.82

*請參閱表21-2

由上列比較得知，美濃公司於19A1年度及19A2年度，普通股每股盈餘增加的幅度相當大，表示該公司獲益能力顯著提高。

由於普通股每股盈餘及普通股每股股利的資料，已成爲投資人衡量與選擇各種不同投資機會的最佳尺度，如將普通股每股盈餘及普通股每股股利的資料，同時表達，將可顯示公司對於普通股每股盈餘，

究竟有多少用於發放股利? 有多少保留於公司內部? 下列為美濃公司
19Ａ1年度及19Ａ2年度之普通股每股股利:

	19Ａ1年度	19Ａ2年度
(a) 普通股股利	$ 11,280	$ 12,300
(b) 普通股流通在外股數	10,000	10,900
(c) 普通股每股股利	$ 1.13	$ 1.13

茲以圖形列示美濃公司19Ａ1年度及19Ａ2年度普通股每股盈餘與
普通股每股股利的比較如下:

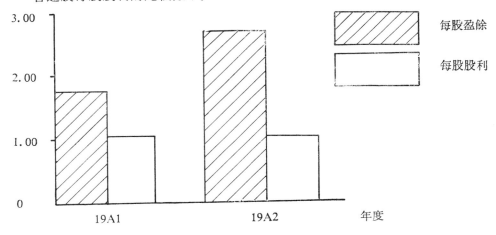

四、本益比

本益比 (price-earnings ratio), 係指普通股每股市價與普通股
每股盈餘的比率關係, 故一般又稱為股價對盈餘比率。本益比的計算
公式如下:

$$本益比 = \frac{普通股每股市價}{普通股每股盈餘}$$

本益比可提供投資人對於普通股每股市價與每股盈餘的倍數關
係。本益比越大, 表示投資人之投資報酬率越低; 反之, 本益比越
小, 表示投資人之投資報酬率越高。

上述美濃公司19Ａ1年及19Ａ2年12月31日普通股每股市價假定分別為$20.30及$45.10，則該兩年底本益比列示如下：

	12月31日	
	19Ａ1	19Ａ2
（a）普通股每股市價	$ 20.30	$ 45.10
（b）普通股每股盈餘	1.84	2.82
（c）本益比：（a）÷（b）	11（倍）	16（倍）

由上列資料顯示美濃公司19Ａ1年及19Ａ2年12月31日之本益比分別為11倍及16倍。

投資人可比較同業間各種相關或類似股票之本益比，藉以分析各種股票價格是否發生偏低或偏高的現象。此外，投資人可比較或分析各公司連續數年的本益比，必能預測股票市價的未來發展趨勢。

財務報表分析表解

財務報表分析的意義：財務報表分析乃指將一企業某一會計年度終了時所編製的財務報表，以及其他有關的會計記錄，選擇與決策有關的各項資訊，予以適當安排，俾能顯示各項資訊間隱含重要意義的相互關係，進而分析與解釋各項關係，以評估該企業之財務狀況、經營成果及其他各項有用的資訊，作為決策的依據。

財務報表分析的方法

比較財務報表：包括比較資產負債表、比較損益表及比較保留盈餘表等。

趨勢分析：包括財務狀況、經營成果及財務狀況變動之趨勢分析。

共同比分析：包括資產負債表、損益表，及保留盈餘表內個別項目對總額的百分率分析。

比率分析：包括資產、負債、業主權益，及損益各項目的比率分析。

特定分析：包括資金流量、財務狀況變動、銷貨毛利變動及利量分析等。

比較財務報表

比較資產負債表

比較損益表

乃將二期以上之資產負債表及損益表的絕對數字增減變動，及其百分比增減變動，同時併列，以利比較，是為一種橫向之分析。

營運資金分析

流動比率：乃流動資產與流動負債的比率關係，用以評估一企業的短期償債能力。

速動比率：乃速動資產(現金、有價證券及應收帳款)與流動負債的比率關係，比流動比率更能嚴密測驗企業的短期償債能力。

存貨週轉率：乃某一特定期間的平均存貨對同期間銷貨成本的比率關係，可測驗存貨與銷貨(以銷貨成本代之)間是否合理及其週轉速度。

應收帳款週轉率：乃指一企業某特定期間之賒銷淨額與平均應收帳款的比率關係，以測驗企業在該期間內收回帳款的能力。

長期財務狀況分析

負債比率：乃負債總額對資產總額的比率關係，可衡量企業之長期財務狀況及財力高低。

權益比率：乃股東權益總額對總資產的比率關係，又稱為淨值比率，此乃負債比率的相反關係，亦即權益比率＝1－負債比率。

負債對權益比率：乃負債總額對股東權益總額的比率關係，用以表示一企業的總資產中，來自負債與來自股東投入的百分比。

營業比率分析

資產報酬率：乃投資報酬與總資產的比率關係，為衡量一企業獲益能力及管理績效之有效工具。

普通股權益報酬率：乃投資報酬與普通股權益的比率關係，可評估一企業普通股本之獲益能力高低。

普通股每股盈餘：乃公司之每一普通股在某一會計期間所獲得的淨利，可用以衡量一企業每一普通股之獲益能力高低。

本益比：乃普通股每股市價與普通股每股盈餘的比率關係，可提供投資人對於普通股每股市價與每股盈餘的倍數關係，以評估股票價格是否合理。

問　　題

1. 試述財務報表分析的意義。
2. 財務報表分析的目的何在?
3. 企業的主要目標爲何?
4. 試列舉財務報表分析的範圍。
5. 一般財務報表的分析方法有那些? 略述之。
6. 表示一企業獲益能力的分析比率有那些?
7. 何謂財務結構分析? 分析財務結構的比率有那些?
8. 何謂償債能力分析? 測驗償債能力的比率有那些?
9. 流動比率係用以測驗一企業短期償債能力, 在判斷短期償債能力時, 除流動比率外, 尚應考慮何項資料?
10. 測驗一企業經營能力的比率有那些?
11. 分析一企業長期償債能力的比率爲何?
12. 何謂股票市場能力分析? 測驗股票市場能力的比率有那些?
13. 大眾公司於19A年12月31日, 以現金 \$10,000償還流動負債, 此一交易行爲對流動比率有何影響? 對營運資金又有何影響?
14. 何謂組合百分比法? 組合百分比法具有何種優點?
15. 何謂比較分析法? 比較分析法具有何種優點?
16. 解釋下列各名詞:
    (1) 投資報酬率 (return on investment)
    (2) 負債比率 (debt ratio)
    (3) 營運資金 (working capital)
    (4) 窗飾 (window showing)
    (5) 酸性測驗比率 (acid test ratio)
    (6) 帳齡分析法 (accounts receivable aging method)
    (7) 財務風險 (financial risk)
    (8) 槓桿比率 (leverage ratio)

選 擇 題

1. 某公司之資產負債表部份資料如下:

   流動資產:

現金	$ 24,000
短期投資（有價證券）	75,000
應收帳款	576,000
存貨	663,000
預付費用	12,000
流動資產合計	$1,350,000

   流動負債:

應付票據	$ 15,000
應付帳款	195,000
應付費用	130,000
長期負債一年內到期部份	35,000
流動負債合計	$ 375,000

   速動（酸性測驗）比率為:

   （a） 1.60：1 　　　（c） 1.99：1

   （b） 1.80：1 　　　（d） 3.60：1

2. 下列各項資料係摘自某公司民國七十六年度之會計記錄:

銷貨淨額	$1,800,000
銷貨成本	1,200,000
存貨: 76年1月1日	336,000
存貨: 76年12月31日	288,000

   假定該公司民國七十六年度共有300工作天。該公司之存貨週轉日數為:

   （a） 78 　　　（c） 52

   （b） 72 　　　（d） 48

3. 某公司民國七十六年十二月三十一日之若干資料如下:

　　應收帳款（淨額）：76年1月1日　　　　　　　$250,000

　　應收帳款（淨額）：76年12月31日　　　　　　　300,000

　　現銷淨額　　　　　　　　　　　　　　　　　　100,000

　　應收帳款週轉率　　　　　　　　　　　　　　5.0（次）

　　該公司民國七十六年度之總銷貨淨額（含現銷及賒銷）爲若干?

　　（a）$1,475,000　　　　　　　（c）$1,600,000

　　（b）$1,500,000　　　　　　　（d）$2,750,000

4. 某公司民國七十六年十二月三十一日之股東權益各帳戶如下:

　　八厘累積特別股：發行並流通在外500股,

　　　每股面值$100　　　　　　　　　　　　　　$ 50,000

　　普通股：發行並流通在外9,000股, 每股面值$10　　90,000

　　資本公積—普通股本發行溢價　　　　　　　　　　9,000

　　保留盈餘　　　　　　　　　　　　　　　　　　13,000

　　庫藏股票—普通股：100股成本　　　　　　　　(2,000)

　　　　　　　　　　　　　　　　　　　　　$ 160,000

　　民國七十六年度未發放特別股股利。民國七十六年十二月三十一日, 普通股
　　每股帳面價值應爲若干?

　　（a）$11.78　　　　　　　　　（c）$12.22

　　（b）$11.91　　　　　　　　　（d）$12.36

5. 某公司民國七十五年及七十六年十二月三十一日之有關資料如下:

	12月31日	
	75	76
特別股股本：每股面值$100、8%		
非累積、不可轉換。	$125,000	$125,000
普通股本	300,000	400,000
保留盈餘	75,000	185,000
發放特別股股利	10,000	10,000

淨利（稅後）	60,000	120,000

民國七十六年度該公司普通股權益報酬率應爲若干?

(a) 17%　　　　　　　　　　　(c) 23%

(b) 19%　　　　　　　　　　　(d) 25%

6. 某公司民國七十六年十二月三十一日之股本包括下列二項:

(1) 普通股: 核准發行並流通在外100,000股，每股面值$10。

(2) 特別股: 10%非累積及不可轉換; 核准發行並流通在外 5,000股，每股面值$100。該公司股票正式上市; 民國七十六年十二月三十一日每股市價$20。民國七十六年度淨利 $250,000; 七十六年度已宣告發放特別股股利，惟無其他任何股本交易發生。民國七十六年十二月三十一日之本益比爲:

(a) 8:1　　　　　　　　　　　(c) 16:1

(b) 10:1　　　　　　　　　　　(d) 20:1

下列爲解答第7題至第9題之有關資料:

甲公司民國七十六 年十二月三十一日之 資產負債表列示如下; 金額以問號（ ? ）表示者，可根據有關資料求解之。

甲公司

資產負債表

民國七十六年十二月三十一日

資產:		負債及股東權益:	
現金	$ 25,000	應付帳款	$?
應收帳款（淨額）	?	應付所得稅（76年度）	25,000
存貨	?	長期應付款	?
廠房資產及設備（淨額）	294,000	普通股股本	300,000
	?	保留盈餘	?
	$ 432,000		?

其他有關資料如下:

(1) 流動比率（76年12月31日）: 1.5（倍）

(2) 負債對權益比率: 80％

(3) 存貨週轉率（ 根據銷貨與期末存貨計算): 15（ 倍 ）

(4) 存貨週轉率（ 根據銷貨成本與期末存貨計算): 10.5（ 倍 ）

(5) 銷貨毛利（ 76年度): $315,000

7. 甲公司民國七十六年十二月三十一日之應付帳款應為若干?

（a）　$ 67,000　　　　　　　（c）　$ 182,000

（b）　$ 92,000　　　　　　　（d）　$ 207,000

8. 甲公司民國七十六年十二月三十一日之保留盈餘應為若干?

（a）　$ 60,000（ 借差 ）　　（c）　$ 132,000（ 借差 ）

（b）　$ 60,000　　　　　　　（d）　$ 132,000

9. 甲公司民國七十六年十二月三十一日之存貨應為若干?

（a）　$ 21,000　　　　　　　（c）　$ 70,000

（b）　$ 30,000　　　　　　　（d）　$ 135,000

練　習

E 21-1　某公司民國七十六年度之銷貨收入總額為$1,000。下列為某財務分析人
員根據該公司年度終了日有關資料所提供之各項比率:

負債對權益比率	$73\frac{1}{3}$%
稅後淨利對銷貨收入比率	12%
資產報酬率	6%
股東權益報酬率	10%
所得稅費用對稅前淨利比率	40%

試求:

根據上列各項資料, 試計算下列各項:

(a)　利息費用

(b)　所得稅費用

(c)　費用總額

(d)　稅後淨利

(e)　資產總額

(f)　負債總額

E 21-2　某公司民國七十六年十二月三十一日之資產總額為$100,000, 股東權益
總額為 $80,000; 另悉該公司曾於民國七十六年一月一日向外借入款項
$20,000, 年利率10%, 期間二年。又知該公司之有效所得稅率為40%。

試求:

(a)　設股東權益報酬率等於資產報酬率, 則淨利應為若干?

(b)　在上列(a)情況下, 股東權益報酬率應為若干?

(c)　扣除利息費用及所得稅費用前之淨利為若干?

(d)　另假定該公司之借入款項為$80,000而非為$20,000, 又股東
權益總額為$20,000, 而非為$80,000。請重新計算(a)、(b)、
(c)之答案。

E 21-3 下列為甲、乙二家公司民國七十六年度之有關資料:

	甲 公 司	乙 公 司
賒銷（淨額）	$4,050,000	$2,560,000
應收帳款		
期初: 76年1月1日	960,000	500,000
期末: 76年12月31日	840,000	780,000

試求:

（a） 計算甲、乙二家公司之應收帳款週轉率。

（b） 計算甲、乙二家公司之帳款收回日數。

（c） 那一家公司對於應收帳款的管理比較有效率?

E 21-4 某公司成立於七十六年初, 年終時有關營運資金的各項資料如下:

現金	$ 300,000
短期投資	160,000
應收票據（短期）	240,000
應收帳款	400,000
備抵壞帳	20,000
存貨	320,000
預付費用	40,000
應付票據（短期）	120,000
應付帳款	330,000
應計負債	30,000

試計算七十六年十二月三十一日之下列各項:

（a） 流動比率

（b） 速動比率

（c） 營運資金

E 21-5 下列為某公司19A年度及19B年度之有關資料:

	19A年度	19B年度
銷貨（付款條件2/10, N/30）	$450,000	$600,000

銷貨成本……………………………	315,000	390,000
期末存貨……………………………	78,750	71,250
期末應收帳款………………………	37,500	120,000

試求19 B年度之下列各項比率:

(a) 毛利率

(b) 存貨週轉率

(c) 應收帳款週轉率

E 21-6 某公司於民國七十六年十二月三十一日分析流動比率時為250％ (2.5:1),當時各項流動資產如下:

現金……………………………………………$		270,000
應收帳款……………………………$	630,000	
減: 備抵壞帳………………………	45,000	585,000
存貨……………………………………………		1,125,000
預付費用………………………………………		45,000
流動資產合計…………………………………$		2,025,000

試求:

(a) 營運資金為若干?

(b) 速動比率為若干?

(c) 設該公司於七十六年十二月三十一日以現金 $90,000償還應付票據,則對流動比率及營運資金各有何影響?

E 21-7 某公司於民國七十六年度按每半年分配股利給普通股東,每半年每股分配$4.80。當年度稅後淨利 $1,840,000;已知該公司在外流通之普通股數為 100,000 股, 每股面值 $100 及六厘特別股 80,000 股, 每股面值 $50。普通股每股市價$128。

試計算下列各項:

(a) 普通股每股盈餘

(b) 本益比 (price-earnings ratio)

(c) 淨利與股票市價比率 (earnings yield ratio)

習 題

P 21-1 下列資料係摘自榮光公司七十六年六月三十日資產負債表上的比率關係及有關項目:

股東權益總額(80,000股, 每股面值$10, 按$12.50發行)$1,000,000

廠房及設備(淨額)……………………………………470,000

總資產週轉率(銷貨÷總資產)………………………… 3 次

存貨週轉率……………………………………………… 6 次

應收帳款收回日數(每年按360計算)………………30次

毛利率……………………………………………………30%

流動負債對股東權益比率(無長期負債)……………1.2 : 1

速動比率…………………………………………………0.8 : 1

假定資產負債表的數字均表示平均數額, 並且所有銷貨均屬賒銷。

試編製七十六年六月三十日之資產負債表。

P 21-2 榮進公司民國七十五年及七十六年期末時財務報表的有關資料如下:

	七十五年	七十六年
銷貨淨額…………………………	$1,800,000	$2,400,000
銷貨成本…………………………	1,432,000	1,560,000
公司債利息………………………	24,000	36,000
稅後淨利…………………………	68,000	160,000
所得稅……………………………	12,000	40,000
應收帳款（未扣除備抵壞帳）	280,000	440,000
存貨—12月31日…………………	232,000	288,000
普通股本…………………………	1,152,000	1,200,000
資產總額…………………………	1,360,000	1,840,000

試求民國七十六年期末時之下列各項:

(a) 資產報酬率

- （b） 純益率（收益率）
- （c） 普通股權益報酬率
- （d） 應收帳款收回日數
- （e） 存貨週轉率
- （f） 公司債利息保障倍數

P 21-3　榮華公司七十五及七十六年度終了時之資產負債表及損益表列示如下:

榮華公司
資產負債表
七十五年及七十六年十二月三十一日　　單位: 千元

	75年12月31日	76年12月31日
資產:		
現金	$ 4,350	$ 2,750
應收帳款（淨額）	4,000	5,000
存貨	8,000	12,000
預付費用	150	250
廠房及設備	17,500	20,000
	$ 34,000	$ 40,000
負債及股東權益:		
流動負債	$ 7,000	$ 10,000
應付公司債（6%）	7,500	10,000
七厘特別股: 每股面值$50	5,000	5,000
普通股: 每股面值$50	12,500	12,500
保留盈餘	2,000	2,500
	$ 34,000	$ 40,000

榮華公司
損益表

	七十五年度及七十六年度		單位: 千元
銷貨……………………	$ 42,000		$ 50,000
銷貨成本……………	24,000		30,000
毛利……………………	$ 18,000		$ 20,000
營業費用………………$ 15,000		$ 18,000	
利息費用…………… 450	15,450	600	18,600
淨利…………………	$ 2,550		$ 1,400

另悉應付公司債係於七十六年度將結束時所增發; 又該公司為增加銷貨量, 曾降低銷貨價格。假定平均所得稅率為40%。

試求:

（a）　計算七十六年度之下列各項:

　　(1) 流動比率

　　(2) 速動比率

　　(3) 存貨週轉率

　　(4) 權益比率

　　(5) 利息費用保障倍數

　　(6) 資產報酬率

　　(7) 股東權益報酬率

（b）　計算兩年度之共同比損益表

P 21-4　下列資料係摘自榮耀公司七十五年度及七十六年年度終了時之資產負債表及損益表:

	75年12月31日	76年12月31日
流動資產	$ 180,000	$ 210,000
非流動資產	255,000	275,000
流動負債	85,000	78,000

長期負債	30,000	75,000
普通股本: 10,000股	300,000	300,000
保留盈餘	20,000	32,000

	76 年 度
稅後淨利	$ 72,000
利息費用	3,000
所得稅費用(40%)	48,000
股利	60,000

試求: 請計算下列各項:

(a) 資產報酬率

(b) 股東權益報酬率

(c) 普通股每股盈餘

(d) 流動比率(兩年度)

(e) 利息費用保障倍數

(f) 負債比率(兩年度)

附　　錄

每元終值表

$$(1+i)^n$$

n	1/2%	1%	1¼%	1½%	2%	2½%
1	1.0050 0000	1.0100 0000	1.0125 0000	1.0150 0000	1.0200 0000	1.0250 0000
2	1.0100 2500	1.0201 0000	1.0251 5625	1.0302 2500	1.0404 0000	1.0506 2500
3	1.0150 7513	1.0303 0100	1.0379 7070	1.0456 7838	1.0612 0800	1.0768 9063
4	1.0201 5050	1.0406 0401	1.0509 4534	1.0613 6355	1.0824 3216	1.1038 1289
5	1.0252 5125	1.0510 1005	1.0640 8215	1.0772 8400	1.1040 8080	1.1314 0821
6	1.0303 7751	1.0615 2015	1.0773 8318	1.0934 4326	1.1261 6242	1.1596 9342
7	1.0355 2940	1.0721 3535	1.0908 5047	1.1098 4491	1.1486 8567	1.1886 8575
8	1.0407 0704	1.0828 5671	1.1044 8610	1.1264 9259	1.1716 5938	1.2184 0290
9	1.0459 1058	1.0936 8527	1.1182 9218	1.1433 8998	1.1950 9257	1.2488 6297
10	1.0511 4013	1.1046 2213	1.1322 7083	1.1605 4083	1.2189 9442	1.2800 8454
11	1.0563 9583	1.1156 6835	1.1464 2422	1.1779 4894	1.2433 7431	1.3120 8666
12	1.0616 7781	1.1268 2503	1.1607 5452	1.1956 1817	1.2682 4179	1.3448 8882
13	1.0669 8620	1.1380 9328	1.1752 6395	1.2135 5244	1.2936 0663	1.3785 1105
14	1.0723 2113	1.1494 7421	1.1899 5475	1.2317 5573	1.3194 7876	1.4120 7382
15	1.0776 8274	1.1609 6896	1.2048 2918	1.2502 3207	1.3458 6834	1.4482 9817
16	1.0830 7115	1.1725 7864	1.2198 8955	1.2689 8555	1.3727 8571	1.4845 0562
17	1.0884 8651	1.1843 0443	1.2351 3817	1.2880 2033	1.4002 4142	1.5216 1826
18	1.0939 2894	1.1961 4748	1.2505 7739	1.3073 4064	1.4282 4625	1.5596 5872
19	1.0993 9858	1.2081 0895	1.2662 0961	1.3269 5075	1.4568 1117	1.5986 5019
20	1.1048 9558	1.2201 9004	1.2820 3723	1.3468 5501	1.4859 4740	1.6386 1644
21	1.1104 2006	1.2323 9194	1.2980 6270	1.3670 5783	1.5156 6634	1.6795 8185
22	1.1159 7216	1.2447 1586	1.3142 8848	1.3875 6370	1.5459 7967	1.7215 7140
23	1.1215 5202	1.2571 6302	1.3307 1709	1.4083 7715	1.5768 9926	1.7646 1068
24	1.1271 5978	1.2697 3465	1.3473 5105	1.4295 0281	1.6084 3725	1.8087 2595
25	1.1327 9558	1.2824 3200	1.3641 9294	1.4509 4535	1.6406 0599	1.8539 4410
26	1.1384 5955	1.2952 5631	1.3812 4535	1.4727 0953	1.6734 1811	1.9002 9270
27	1.1441 5185	1.3082 0888	1.3985 1092	1.4948 0018	1.7068 8648	1.9478 0002
28	1.1498 7261	1.3212 9097	1.4159 9230	1.5172 2218	1.7410 2421	1.9964 9502
29	1.1556 2197	1.3345 0388	1.4336 9221	1.5399 8051	1.7758 4469	2.0464 0739
30	1.1614 0008	1.3478 4892	1.4516 1316	1.5630 8022	1.8113 6158	2.0975 6758
31	1.1672 0708	1.3613 2740	1.4697 5853	1.5865 2642	1.8475 8882	2.1500 0677
32	1.1730 4312	1.3749 4068	1.4881 3051	1.6103 2432	1.8845 4059	2.2037 5694
33	1.1789 0833	1.3886 9009	1.5067 3214	1.6344 7918	1.9222 3140	2.2588 5086
34	1.1848 0288	1.4025 7699	1.5255 6629	1.6589 9637	1.9606 7603	2.3153 2213
35	1.1907 2689	1.4166 0276	1.5446 3587	1.6838 8132	1.9998 8955	2.3732 0519
36	1.1966 8052	1.4307 6878	1.5639 4382	1.7091 3954	2.0398 8734	2.4325 3532
37	1.2026 6393	1.4450 7647	1.5834 9312	1.7347 7663	2.0806 8509	2.4933 4870
38	1.2086 7725	1.4595 2724	1.6032 8678	1.7607 9828	2.1222 9879	2.5556 8242
39	1.2147 2063	1.4741 2251	1.6233 2787	1.7872 1025	2.1647 4477	2.6195 7448
40	1.2207 9424	1.4888 6373	1.6436 1946	1.8140 1841	2.2080 3966	2.6850 6384
41	1.2268 9821	1.5037 5237	1.6641 6471	1.8412 2868	2.2522 0046	2.7521 9043
42	1.2330 3270	1.5187 8989	1.6849 6677	1.8688 4712	2.2972 4447	2.8209 9520
43	1.2391 9786	1.5339 7779	1.7060 2885	1.8968 7982	2.3431 8936	2.8915 2008
44	1.2453 9385	1.5493 1757	1.7273 5421	1.9253 3302	2.3900 5314	2.9638 0808
45	1.2516 2082	1.5648 1075	1.7489 4614	1.9542 1301	2.4378 5421	3.0379 0328
46	1.2578 7892	1.5804 5885	1.7708 0797	1.9835 2621	2.4866 1129	3.1138 5086
47	1.2641 6832	1.5962 6344	1.7929 4306	2.0132 7910	2.5363 4351	3.1916 9713
48	1.2704 8916	1.6122 2608	1.8153 5485	2.0434 7829	2.5870 7039	3.2714 8956
49	1.2768 4161	1.6283 4834	1.8380 4679	2.0741 3046	2.6388 1179	3.3532 7680
50	1.2832 2581	1.6446 3182	1.8610 2237	2.1052 4242	2.6915 8803	3.4371 0872

每元終值表（續）

$$(1+i)^n$$

n \\ i	3%	3½%	4%	5%	6%	7%
1	1.0300 0000	1.0350 0000	1.0400 0000	1.0500 0000	1.0600 0000	1.0700 0000
2	1.0609 0000	1.0712 2500	1.0816 0000	1.1025 0000	1.1236 0000	1.1449 0000
3	1.0927 2700	1.1087 1788	1.1248 6400	1.1576 2500	1.1910 1600	1.2250 4300
4	1.1255 0881	1.1475 2300	1.1698 5886	1.2155 0625	1.2624 7696	1.3107 9601
5	1.1592 7407	1.1876 8631	1.2166 5290	1.2762 8156	1.3382 2558	1.4025 5173
6	1.1940 5230	1.2292 5533	1.2653 1902	1.3400 9564	1.4185 1911	1.5007 3035
7	1.2298 7387	1.2722 7926	1.3159 3178	1.4071 0042	1.5036 3026	1.6057 8148
8	1.2667 7008	1.3168 0904	1.3685 6905	1.4774 5544	1.5938 4807	1.7181 8618
9	1.3047 7318	1.3628 9735	1.4233 1181	1.5513 2822	1.6894 7896	1.8384 5921
10	1.3439 1638	1.4105 9876	1.4802 4428	1.6288 9463	1.7908 4770	1.9671 5136
11	1.3842 3387	1.4599 6972	1.5394 5406	1.7103 3936	1.8982 9856	2.1048 5195
12	1.4257 6089	1.5110 6866	1.6010 3222	1.7958 5633	2.0121 9647	2.2521 9159
13	1.4685 3371	1.5639 5606	1.6650 7351	1.8856 4914	2.1329 2826	2.4098 4500
14	1.5125 8972	1.6186 9452	1.7316 7645	1.9799 3160	2.2609 0396	2.5785 3415
15	1.5579 6742	1.6753 4883	1.8009 4351	2.0789 2818	2.3965 5819	2.7590 3154
16	1.6047 0644	1.7339 8604	1.8729 8125	2.1828 7459	2.5403 5168	2.9521 6375
17	1.6528 4763	1.7946 7555	1.9479 0050	2.2920 1832	2.6927 7279	3.1588 1521
18	1.7024 3306	1.8574 8920	2.0258 1652	2.4066 1923	2.8543 3915	3.3799 3228
19	1.7535 0605	1.9225 0132	2.1068 4918	2.5269 5020	3.0255 9950	3.6165 2754
20	1.8061 1123	1.9897 8886	2.1911 2314	2.6532 9771	3.2071 3547	3.8696 8446
21	1.8602 9457	2.0594 3147	2.2787 6807	2.7859 6259	3.3995 6360	4.1405 6237
22	1.9161 0341	2.1315 1158	2.3699 1879	2.9252 6072	3.6035 3742	4.4304 0174
23	1.9735 8651	2.2061 1448	2.4647 1554	3.0715 2376	3.8197 4966	4.7405 2986
24	2.0327 9411	2.2833 2849	2.5633 0416	3.2250 9994	4.0489 3464	5.0723 6695
25	2.0937 7793	2.3632 4498	2.6658 3633	3.3863 5494	4.2918 7072	5.4274 3264
26	2.1565 9127	2.4459 5856	2.7724 6978	3.5556 7269	4.5493 8296	5.8073 5292
27	2.2212 8901	2.5315 6711	2.8833 6858	3.7334 5632	4.8223 4594	6.2138 6763
28	2.2879 2763	2.6201 7196	2.9987 0332	3.9201 2914	5.1116 8670	6.6488 3836
29	2.3565 6551	2.7118 7798	3.1186 5145	4.1161 3560	5.4183 8790	7.1142 5705
30	2.4272 6247	2.8067 9370	3.2433 9751	4.3219 4238	5.7434 9117	7.6122 5504
31	2.5000 8035	2.9050 3148	3.3731 3341	4.5380 3949	6.0881 0064	8.1451 1290
32	2.5750 8276	3.0067 0759	3.5080 5875	4.7649 4147	6.4533 8668	8.7152 7080
33	2.6523 3524	3.1119 4235	3.6483 8110	5.0031 8854	6.8405 8988	9.3253 3975
34	2.7319 0530	3.2208 6033	3.7943 1634	5.2533 4797	7.2510 2528	9.9781 1354
35	2.8138 6245	3.3335 9045	3.9460 8899	5.5160 1537	7.6860 8679	10.6765 8148
36	2.8982 7833	3.4502 6611	4.1039 3255	5.7918 1614	8.1472 5200	11.4239 4219
37	2.9852 2668	3.5710 2543	4.2680 8986	6.0814 0694	8.6360 8712	12.2236 1814
38	3.0747 8348	3.6960 1132	4.4388 1345	6.3854 7729	9.1542 5235	13.0792 7141
39	3.1670 2698	3.8253 7171	4.6163 6599	6.7047 5115	9.7035 0749	13.9948 2041
40	3.2620 3779	3.9592 5972	4.8010 2063	7.0399 8871	10.2857 1794	14.9744 5784
41	3.3598 9893	4.0978 3381	4.9930 6145	7.3919 8815	10.9028 6101	16.0226 6989
42	3.4606 9589	4.2412 1799	5.1927 8391	7.7615 8756	11.5570 3267	17.1442 5678
43	3.5645 1677	4.3897 0202	5.4004 9527	8.1496 6693	12.2504 5463	18.3443 5475
44	3.6714 5227	4.5433 4160	5.6165 1508	8.5571 5028	12.9854 8191	19 6284 5959
45	3.7815 9584	4.7023 5855	5.8411 7568	8.9850 0779	13.7646 1083	21.0024 5176
46	3.8950 4372	4.8669 4110	6.0748 2271	9.4342 5818	14.5904 8748	22.4726 2338
47	4.0118 9503	5.0372 8404	6.3178 1562	9.9059 7109	15.4659 1673	24.0457 0702
48	4.1322 5188	5.2135 8898	6.5705 2824	10.4012 6965	16.3938 7173	25.7289 0651
49	4.2562 1944	5.3960 6459	6.8333 4937	10.9213 3313	17.3775 0403	27.5299 2997
50	4.3839 0602	5.5849 2686	7.1066 8335	11.4673 9979	18.4201 5427	29.4570 2506

每元終值表（續完）

$(1+i)^n$

n \ i	8 %	9 %	10%	11%	12%	13%	14%	15%
1	1. 080000	1. 090000	1. 100000	1. 110000	1. 120000	1. 130000	1. 140000	1. 150000
2	1. 166400	1. 188100	1. 210000	1. 232100	1. 254400	1. 276900	1. 299600	1. 322500
3	1. 259712	1. 295029	1. 331000	1. 367631	1. 404928	1. 442897	1. 481544	1. 520875
4	1. 360489	1. 411582	1. 464100	1. 518070	1. 573519	1. 630474	1. 688960	1. 749006
5	1. 469328	1. 538624	1. 610510	1. 685058	1. 762342	1. 842435	1. 925415	2. 011357
6	1. 586874	1. 677100	1. 771561	1. 870415	1. 973823	2. 081952	2. 194973	2. 313061
7	1. 713824	1. 828039	1. 948717	2. 076160	2. 210681	2. 352605	2. 502269	2. 660020
8	1. 850930	1. 992563	2. 143589	2. 304538	2. 475963	2. 658444	2. 852586	3. 059023
9	1. 999005	2. 171893	2. 357948	2. 558037	2. 773079	3. 004042	3. 251949	3. 517876
10	2. 158925	2. 367364	2. 593742	2. 839421	3. 105848	3. 394567	3. 707221	4. 045558
11	2. 331639	2. 580426	2. 853117	3. 151757	3. 478550	3. 835861	4. 226232	4. 652391
12	2. 518170	2. 812665	3. 138428	3. 498451	3. 895976	4. 334523	4. 817905	5. 350250
13	2. 719624	3. 065805	3. 452271	3. 883280	4. 363493	4. 898011	5. 492411	6. 152788
14	2. 937194	3. 341727	3. 797498	4. 310441	4. 887112	5. 534753	6. 261349	7. 075706
15	3. 172169	3. 642482	4. 177248	4. 784589	5. 473566	6. 254270	7. 137938	8. 137062
16	3. 425943	3. 970306	4. 594973	5. 310894	6. 130394	7. 067326	8. 137249	9. 357621
17	3. 700018	4. 327633	5. 054470	5. 895093	6. 866041	7. 986078	9. 276464	10. 761264
18	3. 996019	4. 717120	5. 559917	6. 543553	7. 689966	9. 024268	10. 575169	12. 375454
19	4. 315701	5. 141661	6. 115909	7. 263344	8. 612762	10. 197423	12. 055693	14. 231772
20	4. 660957	5. 604411	6. 727500	8. 062312	9. 646293	11. 523088	13. 743490	16. 366537
21	5. 033834	6. 108808	7. 400250	8. 949166	10. 803848	13. 021089	15. 667578	18. 821518
22	5. 436540	6. 658600	8. 140275	9. 933574	12. 100310	14. 713831	17. 861039	21. 644746
23	5. 871464	7. 257874	8. 954302	11. 026267	13. 552347	16. 626629	20. 361585	24. 891458
24	6. 341181	7. 911083	9. 849733	12. 239157	15. 178629	18. 788091	23. 212207	28. 625176
25	6. 848475	8. 623081	10. 834706	13. 585464	17. 000064	21. 230542	26. 461916	32. 918953
26	7. 396353	9. 399158	11. 918177	15. 079865	19. 040072	23. 990513	30. 166584	37. 856796
27	7. 983061	10. 245082	13. 109994	16. 738650	21. 324881	27. 109279	34. 389906	43. 535315
28	8. 627106	11. 167140	14. 420994	18. 579901	23. 883866	30. 633486	39. 204493	50. 065612
29	9. 317275	12. 172182	15. 863093	20. 623691	26. 749930	34. 615839	44. 693122	57. 575454
30	10. 062657	13. 267678	17. 449402	22. 892297	29. 959922	39. 115898	50. 950159	66. 211772
31	10. 867669	14. 461770	19. 194342	25. 410449	33. 555113	44. 200965	58. 083181	76. 143538
32	11. 737083	15. 763329	21. 113777	28. 205599	37. 581726	49. 947090	66. 214826	87. 565068
33	12. 676050	17. 182028	23. 225154	31. 308214	42. 091533	56. 440212	75. 484902	100. 699829
34	13. 690134	18. 728411	25. 547670	34. 752118	47. 142517	63. 777439	86. 052788	115. 804803
35	14. 785344	20. 413968	28. 102437	38. 574851	52. 799620	72. 068506	98. 100178	133. 175523
36	15. 968172	22. 251225	30. 912681	42. 818085	59. 135574	81. 437412	111. 834203	153. 151852
37	17. 245626	24. 253835	34. 003949	47. 528074	66. 231843	92. 024276	127. 490992	176. 124630
38	18. 625276	26. 436680	37. 404343	52. 756162	74. 179664	103. 987432	145. 339731	202. 543324
39	20. 115298	28. 815982	41. 144778	58. 559340	83. 081224	117. 505798	165. 687293	232. 924823
40	21. 724521	31. 409420	45. 259256	65. 000867	93. 050970	132. 781552	188. 883514	267. 863546
41	23. 462483	34. 236268	49. 785181	72. 150963	104. 217087	150. 043153	215. 327206	308. 043078
42	25. 339482	37. 317532	54. 763699	80. 087569	116. 723137	169. 548763	245. 473015	354. 249540
43	27. 366840	40. 676110	60. 240069	88. 897201	130. 729914	191. 590103	279. 839237	407. 386971
44	29. 555972	44. 336960	66. 264076	98. 675893	146. 417503	216. 496816	319. 016730	468. 495017
45	31. 920449	48. 327286	72. 890484	109. 530242	163. 987604	244. 641402	363. 679072	538. 769269
46	34. 474085	52. 676742	80. 179532	121. 578568	183. 666116	276. 444784	414. 594142	619. 584659
47	37. 232012	57. 417649	88. 197485	134. 952211	205. 706050	312. 382606	472. 637322	712. 522358
48	40. 210573	62. 585237	97. 017234	149. 796954	230. 390776	332. 992345	538. 806547	819. 400712
49	43. 427419	68. 217908	106. 718957	166. 274619	258. 037669	398. 881350	614. 239464	942. 310819
50	46. 901613	74. 357520	117. 390853	184. 564827	289. 002190	450. 735925	700. 232988	1083. 657442

每元現值表

$$(1+i)^{-n}$$

n	$1/2\%$	1%	$1^1/_4\%$	$1^1/_2\%$	2%	$2^1/_2\%$
1	0.9950 2488	0.9900 9901	0.9876 5432	0.9852 2167	0.9803 9216	0.9756 0976
2	0.9900 7450	0.9802 9605	0.9754 6106	0.9706 6175	0.9611 6878	0.9518 1440
3	0.9851 4876	0.9705 9015	0.9634 1833	0.9563 1699	0.9423 2233	0.9285 9941
4	0.9802 4752	0.9609 8034	0.9515 2428	0.9421 8423	0.9238 4543	0.9059 5064
5	0.9753 7067	0.9514 6569	0.9397 7706	0.9282 6033	0.9057 3081	0.8838 5429
6	0.9705 1808	0.9420 4524	0.9281 7488	0.9145 4219	0.8879 7138	0.8622 9687
7	0.9656 8963	0.9327 1805	0.9167 1593	0.9010 2679	0.8705 6018	0.8412 6524
8	0.9608 8520	0.9234 8322	0.9053 9845	0.8877 1112	0.8534 9037	0.8207 4657
9	0.9561 0468	0.9143 3982	0.8942 2069	0.8745 9224	0.8367 5527	0.8007 2836
10	0.9513 4794	0.9052 8695	0.8831 8093	0.8616 6723	0.8203 4830	0.7811 9840
11	0.9466 1489	0.8963 2372	0.8722 7746	0.8489 3323	0.8042 6304	0.7621 4478
12	0.9419 0534	0.8874 4923	0.8615 0860	0.8363 8742	0.7884 9318	0.7435 5589
13	0.9372 1924	0.8786 6260	0.8508 7269	0.8240 2702	0.7730 3253	0.7254 2038
14	0.9325 5646	0.8699 6297	0.8403 6809	0.8118 4928	0.7578 7502	0.7077 2720
15	0.9279 1688	0.8613 4947	0.8299 9318	0.7998 5150	0.7430 1473	0.6904 6556
16	0.9233 0037	0.8528 2126	0.8197 4635	0.7880 3104	0.7284 4581	0.6736 2493
17	0.9187 0684	0.8443 7749	0.8096 2602	0.7763 8526	0.7141 6256	0.6571 9506
18	0.9141 3616	0.8360 1731	0.7996 3064	0.7649 1159	0.7001 5937	0.6411 6591
19	0.9095 8822	0.8277 3992	0.7897 5866	0.7536 0747	0.6864 3076	0.6255 2772
20	0.9050 6290	0.8195 4447	0.7800 0855	0.7424 7042	0.6729 7133	0.6102 7094
21	0.9005 6010	0.8114 3017	0.7703 7881	0.7314 9795	0.6597 7582	0.5953 8629
22	0.8960 7971	0.8033 9621	0.7608 6796	0.7206 8763	0.6468 3904	0.5808 6467
23	0.8916 2160	0.7954 4179	0.7514 7453	0.7100 3708	0.6341 5592	0.5666 9724
24	0.8871 8567	0.7875 6613	0.7421 9707	0.6995 4392	0.6217 2149	0.5528 7535
25	0.8827 7181	0.7797 6844	0.7330 3414	0.6892 0583	0.6095 3087	0.5393 9059
26	0.8783 7991	0.7720 4796	0.7239 8434	0.6790 2052	0.5975 7928	0.5262 3472
27	0.8740 0986	0.7644 0392	0.7150 4626	0.6689 8745	0.5858 6204	0.5133 9973
28	0.8696 6155	0.7568 3557	0.7062 1853	0.6590 9925	0.5743 7455	0.5008 7778
29	0.8653 3488	0.7493 4215	0.6974 9978	0.6493 5887	0.5631 1231	0.4886 6125
30	0.8610 2973	0.7419 2292	0.6888 8867	0.6397 6243	0.5520 7089	0.4767 4269
31	0.8567 4600	0.7345 7715	0.6803 8387	0.6303 0781	0.5412 4597	0.4651 1481
32	0.8524 8358	0.7273 0411	0.6719 8407	0.6209 9292	0.5306 3330	0.4537 7055
33	0.8482 4237	0.7201 0307	0.6636 8797	0.6118 1568	0.5202 2873	0.4427 0298
34	0.8440 2226	0.7129 7334	0.6554 9429	0.6027 7407	0.5100 2817	0.4319 0534
35	0.8398 2314	0.7059 1420	0.6474 0177	0.5938 6608	0.5000 2761	0.4213 7107
36	0.8356 4492	0.6989 2495	0.6394 0916	0.5850 8974	0.4902 2315	0.4110 9372
37	0.8314 8748	0.6920 0490	0.6315 1522	0.5764 4309	0.4806 1093	0.4010 6705
38	0.8273 5073	0.6851 5337	0.6237 1873	0.5679 2423	0.4711 8719	0.3912 8492
39	0.8232 3455	0.6783 6967	0.6160 1850	0.5595 3126	0.4619 4822	0.3817 4139
40	0.8191 3886	0.6716 5314	0.6084 1334	0.5512 6232	0.4528 9042	0.3724 3062
41	0.8150 6354	0.6650 0311	0.6009 0206	0.5431 1559	0.4440 1021	0.3633 4695
42	0.8110 0850	0.6584 1892	0.5934 8352	0.5350 8925	0.4353 0413	0.3544 8483
43	0.8069 7363	0.6518 9992	0.5861 5656	0.5271 8153	0.4267 6875	0.3458 3886
44	0.8029 5884	0.6454 4546	0.5789 2006	0.5193 9067	0.4184 0074	0.3374 0376
45	0.7989 6402	0.6390 5492	0.5717 7290	0.5117 1494	0.4101 9680	0.3291 7440
46	0.7949 8907	0.6327 2764	0.5647 1397	0.5041 5265	0.4021 5373	0.3211 4576
47	0.7910 3390	0.6264 6301	0.5577 4219	0.4967 0212	0.3942 6836	0.3133 1294
48	0.7870 9841	0.6202 6041	0.5508 5649	0.4893 6170	0.3865 3761	0.3056 7116
49	0.7831 8250	0.6141 1921	0.5440 5579	0.4821 2975	0.3789 5844	0.2982 1576
50	0.7792 8607	0.6080 3882	0.5373 3905	0.4750 0468	0.3715 2788	0.2909 4221

每元現值表（續完）

$$(1+i)^{-n}$$

n \ i	8 %	9 %	10%	11%	12%	13%	14%	15%
1	0. 925926	0. 917431	0. 909091	0. 900901	0. 892857	0. 884956	0. 877193	0. 869565
2	0. 857339	0. 841680	0. 826446	0. 811622	0. 797194	0. 783147	0. 769468	0. 756144
3	0. 793832	0. 772183	0. 751315	0. 731191	0. 711780	0. 693050	0. 674972	0. 657516
4	0. 735030	0. 708425	0. 683013	0. 658731	0. 635518	0. 613319	0. 592080	0. 571753
5	0. 680583	0. 649931	0. 620921	0. 593451	0. 567427	0. 542760	0. 519369	0. 497177
6	0. 630170	0. 596267	0. 564474	0. 534641	0. 506631	0. 480319	0. 455587	0. 432328
7	0. 583490	0. 547034	0. 513158	0. 481658	0. 452349	0. 425061	0. 399637	0. 375937
8	0. 540269	0. 501866	0. 466507	0. 433926	0. 403883	0. 376160	0. 350559	0. 326902
9	0. 500249	0. 460428	0. 424098	0. 390925	0. 360610	0. 332885	0. 307508	0. 284262
10	0. 463193	0. 422411	0. 385543	0. 352184	0. 321973	0. 294588	0. 269744	0. 247185
11	0. 428883	0. 387533	0. 350494	0. 317283	0. 287476	0. 260698	0. 236617	0. 214943
12	0. 397114	0. 355535	0. 318631	0. 285841	0. 256675	0. 230706	0. 207559	0. 186907
13	0. 367698	0. 326179	0. 289664	0. 257514	0. 229174	0. 204165	0. 182069	0. 162528
14	0. 340461	0. 299246	0. 263331	0. 231995	0. 204620	0. 180677	0. 159710	0. 141329
15	0. 315242	0. 274538	0. 239392	0. 209004	0. 182696	0. 159891	0. 140096	0. 122894
16	0. 291890	0. 271870	0. 217629	0. 188292	0. 163122	0. 141496	0. 122892	0. 106865
17	0. 270269	0. 231073	0. 197845	0. 169633	0. 145644	0. 125218	0. 107800	0. 092926
18	0. 250249	0. 211994	0. 178859	0. 152822	0. 130040	0. 110812	0. 094561	0. 080805
19	0. 231712	0. 194490	0. 163508	0. 137678	0. 116107	0. 090864	0. 082948	0. 070265
20	0. 214548	0. 178431	0. 148644	0. 124034	0. 103667	0. 086782	0. 072762	0. 061100
21	0. 198656	0. 163698	0. 135131	0. 111742	0. 092560	0. 076798	0. 063826	0. 053131
22	0. 183941	0. 150182	0. 122846	0. 100669	0. 082643	0. 067963	0. 055988	0. 046201
23	0. 170315	0. 137781	0. 111678	0. 090693	0. 073788	0. 060144	0. 049112	0. 040174
24	0. 157699	0. 126405	0. 101526	0. 081705	0. 065882	0. 053225	0. 043081	0. 034934
25	0. 146018	0. 115968	0. 092296	0. 073608	0. 058823	0. 047102	0. 037790	0. 030378
26	0. 135202	0. 106393	0. 083905	0. 066314	0. 052521	0. 041683	0. 033149	0. 026415
27	0. 125187	0. 097608	0. 076278	0. 059742	0. 046894	0. 036888	0. 029078	0. 022970
28	0. 115914	0. 089548	0. 069343	0. 053822	0. 041869	0. 032644	0. 025507	0. 019974
29	0. 107328	0. 082155	0. 063039	0. 048488	0. 037383	0. 028889	0. 022375	0. 017369
30	0. 099377	0. 075371	0. 057309	0. 043683	0. 033378	0. 025565	0. 019627	0. 015103
31	0. 092016	0. 069148	0. 052099	0. 039354	0. 029802	0. 022624	0. 017217	0. 013133
32	0. 085200	0. 063438	0. 047362	0. 035454	0. 026609	0. 020021	0. 015102	0. 011420
33	0. 078889	0. 058200	0. 043057	0. 031940	0. 023758	0. 017718	0. 013248	0. 009931
34	0. 073045	0. 053395	0. 039143	0. 028775	0. 021212	0. 015680	0. 011621	0. 008635
35	0. 067635	0. 048986	0. 035584	0. 025924	0. 018940	0. 013876	0. 010194	0. 007509
36	0. 062625	0. 044941	0. 032349	0. 023355	0. 016910	0. 012279	0. 008942	0. 006529
37	0. 057986	0. 041231	0. 029408	0. 021040	0. 015098	0. 010867	0. 007844	0. 005678
38	0. 053690	0. 037826	0. 026735	0. 018955	0. 013481	0. 009617	0. 006880	0. 004937
39	0. 049713	0. 034703	0. 024304	0. 017077	0. 012036	0. 008510	0. 006035	0. 004293
40	0. 046031	0. 031838	0. 022095	0. 015384	0. 010747	0. 007531	0. 005294	0. 003733
41	0. 042621	0. 029209	0. 020086	0. 013860	0. 009595	0. 006665	0. 004644	0. 003246
42	0. 039464	0. 026797	0. 018260	0. 012486	0. 008567	0. 005898	0. 004074	0. 002823
43	0. 036541	0. 024584	0. 016600	0. 011249	0. 007649	0. 005219	0. 003573	0. 002455
44	0. 033834	0. 022555	0. 015091	0. 010134	0. 006830	0. 004619	0. 003135	0. 002134
45	0. 031328	0. 020692	0. 013719	0. 009130	0. 006098	0. 004088	0. 002750	0. 001856
46	0. 029007	0. 018984	0. 012472	0. 008225	0. 005445	0. 003617	0. 002412	0. 001614
47	0. 026859	0. 017416	0. 011338	0. 007410	0. 004861	0. 003201	0. 002116	0. 001403
48	0. 024869	0. 015978	0. 010307	0. 006676	0. 004340	0. 002833	0. 001856	0. 001220
49	0. 023027	0. 014659	0. 009370	0. 006014	0. 003875	0. 002507	0. 001628	0. 001061
50	0. 021321	0. 013449	0. 008519	0. 005418	0. 003460	0. 002219	0. 001428	0. 000923

每元年金終值表

$$S_{\overline{n}|i} = \frac{(1+i)^n - 1}{i}$$

n \ i	1/2%	1%	1¼%	1½%	2%	2½%
1	1.0000 0000	1.0000 0000	1.0000 0000	1.0000 0000	1.0000 0000	1.0000 0000
2	2.0050 0000	2.0100 0000	2.0125 0000	2.0150 0000	2.0200 0000	2.0250 0000
3	3.0150 2500	3.0301 0000	3.0376 5625	3.0452 2500	3.0604 0000	3.0756 2500
4	4.0301 0013	4.0604 0100	4.0756 2695	4.0909 0338	4.1216 0800	4.1525 1563
5	5.0502 5063	5.1010 0501	5.1265 7229	5.1522 6693	5.2040 4016	5.2563 2852
6	6.0755 0188	6.1520 1506	6.1906 5444	6.2295 5093	6.3081 2096	6.3877 3673
7	7.1058 7939	7.2135 3521	7.2680 3762	7.3229 9419	7.4342 8338	7.5474 3015
8	8.1414 0879	8.2856 7056	8.3588 8809	8.4328 3911	8.5829 6905	8.7361 1590
9	9.1821 1583	9.3685 2727	9.4633 7420	9.5593 3169	9.7546 2343	9.9545 1880
10	10.2280 2641	10.4622 1254	10.5816 6637	10.7027 2167	10.9497 2100	11.2033 8177
11	11.2791 6654	11.5668 3467	11.7139 3720	11.8632 6249	12.1687 1542	12.4834 6631
12	12.3355 6237	12.6825 0301	12.8603 6142	13.0412 1143	13.4120 8973	13.7955 5297
13	13.3972 4018	13.8093 2804	14.0211 1594	14.2368 2960	14.6803 3152	15.1404 4179
14	14.4642 2639	14.9474 2132	15.1963 7988	15.4503 8205	15.9739 3815	16.5189 5284
15	15.5365 4752	16.0968 9554	16.3863 3463	16.6821 3778	17.2934 1692	17.9319 2666
16	16.6142 3026	17.2578 6449	17.5911 6382	17.9323 6984	18.6392 8525	19.3802 2483
17	17.6973 0141	18.4304 4314	18.8110 5336	19.2013 5539	20.0120 7096	20.8647 3045
18	18.7857 8791	19.6147 4757	20.0461 9153	20.4893 7572	21.4123 1238	22.3863 4871
19	19.8797 1685	20.8108 9504	21.2967 6893	21.7967 1636	22.8405 5863	23.9460 0743
20	20.9791 1544	22.0190 0399	22.5629 7854	23.1236 6710	24.2973 6980	25.5446 5761
21	22.0840 1100	23.2391 9403	23.8450 1577	24.4705 2211	25.7833 1719	27.1832 7405
22	23.1944 3107	24.4715 8598	25.1430 7847	25.8375 7994	27.2989 8354	28.8628 5590
23	24.3104 0322	25.7163 0183	26.4573 6695	27.2251 4364	28.8449 6321	30.5844 2730
24	25.4319 5524	26.9734 6485	27.7880 8403	28.6335 2080	30.4218 6247	32.3490 3798
25	26.5591 1502	28.2431 9950	29.1354 3508	30.0630 2361	32.0302 9972	34.1577 6393
26	27.6919 1059	29.5256 3150	30.4996 2802	31.5139 6896	33.6709 0572	36.0117 0803
27	28.8303 7015	30.8208 8781	31.8808 7337	32.9866 7850	35.3443 2383	37.9120 0073
28	29.9745 2200	32.1290 9669	33.2793 8429	34.4814 7867	37.0512 1031	39.8598 0075
29	31.1243 9461	33.4503 8766	34.6953 7659	35.9987 0085	38.7922 3451	41.8562 9577
30	32.2800 1658	34.7848 9153	36.1290 6880	37.5386 8137	40.5680 7921	43.9027 0316
31	33.4414 1666	36.1327 4045	37.5806 8216	39.1017 6159	42.3794 4079	46.0002 7074
32	34.6086 2375	37.4940 6785	39.0504 4069	40.6882 8801	44.2270 2961	48.1502 7751
33	35.7816 6686	38.8690 0853	40.5385 7120	42.2986 1233	46.1115 7020	50.3540 3445
34	36.9605 7520	40.2576 9862	42.0453 0334	43.9330 9152	48.0338 0160	52.6128 8531
35	38.1453 7807	41.6602 7560	43.5708 6963	45.5920 8789	49.9944 7763	54.9282 0744
36	39.336\ 0496	43.0768 7836	45.1155 0550	47.2759 6921	51.9943 6719	57.3014 1263
37	40.5327 8549	44.5076 4714	46.6794 4932	48.9851 0874	54.0342 5453	59.7339 4794
38	41.7354 4942	45.9527 2361	48.2926 4243	50.7198 8538	56.1149 3962	62.2272 9664
39	42.9441 2666	47.4122 5085	49.8862 2921	52.4486 8366	58.2372 3841	64.7829 7906
40	44.1588 4730	48.8863 7336	51.4895 5708	54.2678 9391	60.4019 8318	67.4025 5354
41	45.3796 4153	50.3752 3709	53.1331 7654	56.0819 1232	62.6100 2284	70.0876 1737
42	46.6065 3974	51.8789 8946	54.7973 4125	57.9231 4100	64.8622 2330	72.8398 0781
43	47.8395 7244	53.3977 7936	56.4823 0801	59.7919 8812	67.1594 6777	75.6608 0300
44	49.0787 7030	54.9317 5715	58.1883 3687	61.6888 6794	69.5026 5712	78.5523 2308
45	50.3241 6415	56.4810 7472	59.9156 9108	63.6142 0096	71.8927 1027	81.5161 3116
46	51.5757 8497	58.0458 8547	61.6646 3721	65.5684 1398	74.3305 6447	84.5540 3443
47	52.8336 6390	59.6263 4432	63.4354 4518	67.5519 4018	76.8171 7576	87.6678 8530
48	54.0978 3222	61.2226 0777	65.2283 8824	69.5652 1929	79.3535 1927	90.8595 8243
49	55.3683 2138	62.8348 3385	67.0437 4310	71.6086 9758	81.9405 8966	94.1310 7199
50	56.6451 6299	64.4631 8218	68.8817 8989	73.6828 2804	84.5794 0145	97.4843 4879

每元年金終值表（續）

$$S_{\overline{n}|i} = \frac{(1+i)^n - 1}{i}$$

$\frac{i}{n}$	3 %	3½%	4 %	5 %	6 %	7 %
1	1.0000 0000	1.0000 0000	1.0000 0000	1.0000 0000	1.0000 0000	1.0000 0000
2	2.0300 0000	2.0350 0000	2.0400 0000	2.0500 0000	2.0600 0000	2.0700 0000
3	3.0909 0000	3.1062 2500	3.1216 0000	3.1525 0000	3.1836 0000	3.2149 0000
4	4.1836 2700	4.2149 4288	4.2464 6400	4.3101 2500	4.3746 1600	4.4399 4300
5	5.3091 3581	5.3624 6588	5.4163 2256	5.5256 3125	5.6370 9296	5.7507 3901
6	6.4684 0988	6.5501 5218	6.6329 7546	6.8019 1281	6.9753 1854	7.1532 9074
7	7.6624 6218	7.7794 0751	7.8982 9448	8.1420 0845	8.3938 3765	8.6540 2109
8	8.8923 3605	9.0516 8677	9.2142 2626	9.5491 0888	9.8974 6791	10.2598 0257
9	10.1591 0613	10.3684 9581	10.5827 9531	11.0265 6432	11.4913 1598	11.9779 8875
10	11.4638 7931	11.7313 9316	12.0061 0712	12.5778 9254	13.1807 9494	13.8164 4796
11	12.8077 9569	13.1419 9192	13.4863 5141	14.2067 8716	14.9716 4264	15.7835 9932
12	14.1920 2956	14.6019 6164	15.0258 0546	15.9171 2652	16.8699 4120	17.8884 5127
13	15.6177 9045	16.1130 3030	16.6268 3768	17.7129 8285	18.8821 3767	20.1406 4286
14	17.0863 2416	17.6769 8636	18.2919 1119	19.5986 3199	21.0150 6593	22.5504 8786
15	18.5989 1389	19.2956 8088	20.0235 8764	21.5785 6359	23.2759 6988	25.1290 2201
16	20.1568 8130	20.9710 2971	21.8245 3114	23.6574 9177	25.6725 2808	27.8880 5355
17	21.7615 8774	22.7050 1575	23.6975 1239	25.8403 6636	28.2128 7976	30.8402 1730
18	23.4144 3537	24.4996 9130	25.6454 1288	28.1323 8467	30.9056 5255	33.9990 3251
19	25.1168 6844	26.3571 8050	27.6712 2940	30.5390 0391	33.7599 9170	37.3789 6479
20	26.8703 7449	28.2796 8181	29.7780 7858	33.0659 5410	36.7855 9120	40.9954 9232
21	28.6764 8572	30.2694 7068	31.9692 0172	35.7192 5181	39.9927 2668	44.8651 7678
22	30.5367 8030	32.3289 0215	34.2479 6979	38.5052 1440	43.3922 9028	49.0057 3916
23	32.4528 8370	34.4604 1373	36.6178 8858	41.4304 7512	46.9958 2769	53.4361 4090
24	34.4264 7022	36.6665 2821	39.0826 0412	44.5019 9887	50.8155 7735	58.1766 7076
25	36.4592 6432	38.9498 5669	41.6459 0829	47.7270 9882	54.8645 1200	63.2490 3772
26	38.5530 4225	41.3131 0168	44.3117 4462	51.1134 5376	59.1563 8272	68.6764 7036
27	40.7096 3352	43.7590 6024	47.0842 1440	54.6691 2645	63.7057 6568	74.4838 2328
28	42.9309 2252	46.2906 2734	49.9675 8298	58.4025 8277	68.5281 1162	80.6976 9091
29	45.2188 5020	48.9107 9930	52.9662 8630	62.3227 1191	73.6397 9832	87.3465 2927
30	47.5754 1571	51.6226 7728	56.0849 3775	66.4388 4750	79.0581 8622	94.4607 8632
31	50.0026 7818	54.4294 7098	59.3283 3526	70.7607 8988	84.8016 7739	102.0730 4137
32	52.5027 5852	57.3345 0247	62.7014 6867	75.2988 2937	90.8897 7803	110.2181 5426
33	55.0778 4128	60.3412 1005	66.2095 2742	80.0637 7084	97.3431 6471	118.9334 2506
34	57.7301 7652	63.4531 5240	69.8579 0851	85.0669 5938	104.1837 5460	128.2587 6481
35	60.4620 8181	66.6740 1274	73.6522 2486	90.3203 0735	111.4347 7987	138.2368 7835
36	63.2759 4427	70.0076 0318	77.5983 1385	95.8363 2272	119.1208 6666	148.9134 5984
37	66.1742 2259	73.4578 6930	81.7022 4640	101.6281 3886	127.2681 1866	160.3374 0202
38	69.1594 4927	77.0288 9472	85.9703 3626	107.7095 4580	135.9042 0578	172.5610 2017
39	72.2342 3275	80.7249 0604	90.4091 4971	114.0950 2309	145.0584 5813	185.6402 9158
40	75.4012 5973	84.5502 7775	95.0255 1570	120.7997 7424	154.7619 6562	199.6351 1199
41	78.6632 9753	88.5495 3747	99.8265 3633	127.8397 6295	165.0476 8356	214.6095 6983
42	82.0231 9645	92.6073 7128	104.8195 9778	135.2317 5110	175.9505 4457	230.6322 3972
43	85.4838 9234	96.8486 2928	110.0123 8169	142.9933 3866	187.5075 7724	247.7764 9650
44	89.0484 0911	101.2383 3130	115.4128 7696	151.1430 0559	199.7580 3188	266.1208 5125
45	92.7198 6139	105.7816 7290	121.0293 9204	159.7001 5587	212.7435 1379	285.7493 1084
46	96.5014 5723	110.4840 3145	126.8705 6772	168.6851 6366	226.5081 2462	306.7517 6260
47	100.3965 0095	115.3509 7255	132.9453 9043	178.1194 2185	241.0986 1210	329.2243 8598
48	104.4083 9598	120.3882 5659	139.2632 0604	188.0253 9294	256.5645 2882	353.2700 9300
49	108.5406 4785	125.6018 4557	145.8337 3429	198.4266 6259	272.9584 0055	378.9989 9951
50	112.7968 6729	130.9979 1016	152.6670 8366	209.3479 9572	290.3359 0458	406.5289 2947

每元年金終值表（續完）

$$S_{\overline{n}|i} = \frac{(1+i)^n - 1}{i}$$

n \ i	8%	9%	10%	11%	12%	13%	14%	15%
1	1.000000	1.000000	1.000000	1.000000	1.000000	1.000000	1.000000	1.000000
2	2.080000	2.090000	2.100000	2.110000	2.120000	2.130000	2.140000	2.150000
3	3.246400	3.278100	3.310000	3.342100	3.374400	3.406900	3.439600	3.472500
4	4.506112	4.573129	4.641000	4.709731	4.779328	4.849797	4.921144	4.993375
5	5.866601	5.984711	6.105100	6.227801	6.352847	6.480271	6.610104	6.742381
6	7.335929	7.523335	7.715610	7.912860	8.115189	8.322706	8.535519	8.753738
7	8.922803	9.200435	9.487171	9.783274	10.089012	10.404658	10.730491	11.066799
8	10.636628	11.028474	11.435888	11.859434	12.299693	12.757263	13.232760	13.726819
9	12.487558	13.021036	13.579477	14.163972	14.775656	15.415707	16.085347	16.785842
10	14.486562	15.192930	15.937425	16.722009	17.548735	18.419749	19.337295	20.303718
11	16.645487	17.560293	18.531167	19.561430	20.654583	21.814317	23.044516	24.349276
12	18.977126	20.140720	21.384284	22.713187	24.133133	25.650178	27.270749	29.001667
13	21.495297	22.953385	24.522712	26.211638	28.029109	29.984701	32.088654	34.351917
14	24.214920	26.019189	27.974983	30.094918	32.392602	34.882712	37.581065	40.504705
15	27.152114	29.360916	31.772482	34.405359	37.279715	40.417464	43.842414	47.580411
16	30.324283	33.003399	35.949730	39.189948	42.753280	46.671735	50.980352	55.717472
17	33.750226	36.973705	40.544703	44.500843	48.883674	53.739060	59.117601	65.075093
18	37.450244	41.301338	45.599173	50.395936	55.749715	61.725138	68.394066	75.836357
19	41.446263	46.018458	51.159090	56.939488	63.439681	70.749406	78.969235	88.211811
20	45.761964	51.160120	57.274999	64.202832	72.052442	80.946829	91.024928	102.443583
21	50.422921	56.764530	64.002499	72.265144	81.698736	92.469917	104.768418	118.810120
22	55.456755	62.873338	71.402749	81.214309	92.502584	105.491006	120.435996	137.631638
23	60.893296	69.531939	79.543024	91.147884	104.602894	120.204837	138.297035	159.276384
24	66.764759	76.789813	88.497327	102.174151	118.155241	136.831465	158.658620	184.167841
25	73.105940	84.700896	98.347059	114.413307	131.333870	155.619556	181.870827	212.793017
26	79.954415	93.323977	109.181765	127.998771	150.333934	176.850098	208.332743	245.711970
27	87.350768	102.723135	121.099942	141.078636	169.374007	200.840611	238.499327	283.568766
28	95.338830	112.968217	134.209936	159.817286	190.698887	227.949890	272.889233	327.104080
29	103.965936	124.135356	148.630930	178.397187	214.582754	258.583376	312.093725	377.169693
30	113.283211	136.307539	164.494023	199.020878	241.332684	293.199215	356.786847	434.745146
31	123.345868	149.575217	181.943425	221.913174	271.292606	332.315113	407.737006	500.956918
32	134.213537	164.036987	201.137767	247.323624	304.847719	376.516078	465.820186	577.100456
33	145.950620	179.800315	222.251544	275.529222	342.429446	426.463168	532.035012	644.665525
34	158.626670	196.982344	245.476699	306.837437	384.520979	482.903380	607.519914	765.365353
35	172.316804	215.710755	271.024368	341.589555	431.663496	546.680819	693.572702	881.170156
36	187.102148	236.124723	299.126805	380.164406	484.463116	618.749325	791.672881	1014.345680
37	203.070320	258.375948	330.039486	422.982490	543.598690	700.186738	903.507084	1167.497532
38	220.315945	282.629783	364.043434	470.510564	609.830533	792.211014	1030.998076	1343.622161
39	238.941221	309.066463	401.447778	523.266726	684.010197	896.198445	1176.337806	1546.165485
40	259.056519	337.882445	442.592556	581.826066	767.091420	1013.704243	1342.025099	1779.090308
41	280.781040	369.291865	487.851811	646.826934	860.142391	1146.485795	1530.908613	2046.953854
42	304.243523	403.528133	537.636992	718.977896	964.359478	1296.528948	1746.235819	2354.996933
43	329.583005	440.845665	592.400692	799.065465	1081.082615	1466.077712	1991.708833	2709.246473
44	356.949646	481.521775	652.640761	887.962666	1211.812529	1657.667814	2271.548070	3116.633443
45	386.505617	525.858734	718.904837	986.638559	1358.230032	1874.164630	2590.564800	3585.128460
46	418.426067	574.186021	791.795321	1096.168801	1522.217636	2118.806032	2954.243872	4123.897729
47	452.900152	626.862762	871.974853	1217.747369	1705.883752	2395.250816	3368.838014	4743.482388
48	490.132164	684.280411	960.172338	1352.699580	1911.589803	2707.633422	3841.475336	5466.004746
49	530.342737	746.865648	1057.189572	1502.496534	2141.980579	3060.625767	4380.281883	6275.405458
50	573.770156	815.083556	1163.908529	1668.771152	2400.018249	3459.507117	4994.521346	7217.716277

每元年金現值表

$$P_{\overline{n}|i} = \frac{1-(1+i)^{-n}}{i}$$

n \ i	1/2%	1%	1¼%	1½%	2%	2½%
1	0.9950 2488	0.9900 9901	0.9875 5432	0.9852 2167	0.9803 9216	0.9756 0976
2	1.9850 9938	1.9703 9506	1.9631 1538	1.9558 8342	1.9415 6094	1.9274 2415
3	2.9702 4814	2.9409 8521	2.9265 3371	2.9122 0042	2.8838 8327	2.8560 2356
4	3.9504 9566	3.9019 6555	3.8780 5798	3.8543 8465	3.8077 2870	3.7619 7421
5	4.9258 6633	4.8534 3124	4.8178 3504	4.7826 4497	4.7134 5951	4.6458 2850
6	5.8963 8441	5.7954 7647	5.7460 0992	5.6971 8717	5.6014 3089	5.5081 2536
7	6.8620 740+	6.7281 9453	6.6627 2585	6.5982 1396	6.4719 9107	6.3493 9060
8	7.8229 5924	7.6516 7775	7.5681 2429	7.4859 2508	7.3254 8144	7.1701 3717
9	8.7790 6392	8.5660 1758	8.4623 4498	8.3605 1732	8.1622 3671	7.9708 6553
10	9.7304 1186	9.4713 0453	9.3455 2591	9.2221 8455	8.9825 8501	8.7520 6393
11	10.6770 2673	10.3676 2825	10.2178 0337	10.0711 1779	9.7868 4805	9.5142 0871
12	11.6189 3207	11.2550 7747	11.0793 1197	10.9075 0521	10.5753 4122	10.2577 6460
13	12.5561 5131	12.1337 4007	11.9301 8466	11.7315 3222	11.3483 7375	10.9831 8497
14	13.4887 0777	13.0037 0304	12.7705 5275	12.5433 8150	12.1062 4877	11.6909 1217
15	14.4166 2465	13.8650 5252	13.6005 4592	13.3432 3301	12.8492 6350	12.3813 7773
16	15.3399 2502	14.7178 7378	14.4202 9227	14.1312 6405	13.5777 0931	13.0550 0266
17	16.2586 3186	15.5622 5127	15.2299 1829	14.9076 4931	14.2918 7183	13.7121 9772
18	17.1727 6802	16.3982 6858	16.0295 4893	15.6725 6089	14.9920 3125	14.3533 6363
19	18.0823 5624	17.2260 0850	16.8193 0759	16.4261 6873	15.6784 6201	14.9788 9134
20	18.9874 1915	18.0455 5297	17.5993 1613	17.1686 3879	16.3514 3334	15.5891 6229
21	19.8879 7925	18.8569 8313	18.3696 9495	17.9001 3673	17.0112 0916	16.1845 4857
22	20.7840 5896	19.6603 7934	19.1305 6291	18.6208 2437	17.6580 4820	16.7654 1324
23	21.6756 8055	20.4558 2113	19.8820 3744	19.3308 6145	18.2922 0412	17.3321 1048
24	22.5628 6622	21.2433 8726	20.6242 3451	20.0304 0537	18.9139 2560	17.8849 8583
25	23.4456 3803	22.0231 5570	21.3572 6865	20.7196 1120	19.5234 5647	18.4243 7642
26	24.3240 1794	22.7952 0366	22.0812 5299	21.3986 3172	20.1210 3576	18.9506 1114
27	25.1980 2780	23.5596 0759	22.7962 9925	22.0676 1746	20.7068 9780	19.4640 1087
28	26.0676 8936	24.3164 4316	23.5025 1778	22.7267 1611	21.2812 7236	19.9648 8866
29	26.9330 2423	25.0657 8530	24.2000 1756	23.3760 7558	21.8443 8466	20.4535 4991
30	27.7940 5397	25.8077 0822	24.8889 0623	24.0158 3801	22.3964 5555	20.9302 9259
31	28.6507 9997	26.5422 8537	25.5692 9010	24.6461 4582	22.9377 0152	21.3954 0741
32	29.5032 8355	27.2695 8947	26.2412 7418	25.2671 3874	23.4683 3482	21.8491 7796
33	30.3515 2592	27.9896 9255	26.9049 6215	25.8789 5442	23.9885 6355	22.2918 8094
34	31.1955 4818	28.7026 6589	27.5604 5644	26.4817 2849	24.4985 9172	22.7237 8628
35	32.0353 7132	29.4085 8009	28.2078 5822	27.0755 9458	24.9986 1933	23.1451 5734
36	32.8710 1624	30.1075 0504	28.8472 6737	27.6606 8341	25.4888 4248	23.5562 5107
37	33.7025 0372	30.7995 0994	29.4787 8259	28.2371 2740	25.9694 5341	23.9573 1812
38	34.5298 5445	31.4846 6330	30.1025 0133	28.8050 5163	26.4406 4060	24.3486 0304
39	35.3530 8900	32.1630 3298	30.7185 1983	29.3645 8288	26.9025 8883	24.7303 4443
40	36.1772 2786	32.8346 8611	31.3269 3316	29.9158 4520	27.3554 7924	25.1027 7505
41	36.9872 9141	33.4996 8922	31.9278 3522	30.4589 6079	27.7994 8945	25.4661 2200
42	37.7982 9991	34.1581 0814	32.5213 1874	30.9940 5004	28.2347 9358	25.8206 0683
43	38.6052 7354	34.8100 0806	33.1074 7530	31.5212 3157	28.6615 6233	26.1664 4569
44	39.4082 3238	35.4554 5352	33.6863 9536	32.0406 2223	29.0799 6307	26.5038 4945
45	40.2071 9640	36.0945 0844	34.2581 6825	32.5523 3718	29.4901 5987	26.8330 2386
46	41.0021 8547	36.7272 3608	34.8228 8222	33.0564 8983	29.8923 1360	27.1541 6962
47	41.7932 1937	37.3536 9909	35.3806 2442	33.5531 9195	30.2865 8196	27.4674 8255
48	42.5803 1778	37.9739 5949	35.9314 8091	34.0425 5365	30.6731 1957	27.7731 5371
49	43.3635 0028	38.5880 7871	36.4755 3670	34.5246 8339	31.0520 7801	28.0713 6947
50	44.1427 8635	39.1961 1753	37.0128 7574	34.9996 8807	31.4236 0589	28.3623 1168

每元年金現值表（續）

$$P_{\overline{n}|i} = \frac{1-(1+i)^{-n}}{i}$$

$\frac{i}{n}$	3 %	3½%	4 %	5 %	6 %	7 %
1	0.9708 7379	0.9661 8357	0.9615 3846	0.9523 8095	0.9433 9623	0.9345 7944
2	1.9134 6970	1.8996 9428	1.8860 9467	1.8594 1043	1.8333 9267	1.8080 1817
3	2.8286 1135	2.8016 3698	2.7750 9103	2.7232 4803	2.6730 1195	2.6243 1604
4	3.7170 9840	3.6730 7921	3.6298 9522	3.5459 5050	3.4651 0561	3.3872 1126
5	4.5797 0719	4.5150 5238	4.4518 2233	4.3294 7667	4.2123 6379	4.1001 9744
6	5.4171 9144	5.3285 5302	5.2421 3686	5.0756 9206	4.9173 2433	4.7665 3966
7	6.2302 8296	6.1145 4398	6.0020 5467	5.7863 7340	5.5823 8144	5.3892 8940
8	7.0196 9219	6.8739 5554	6.7327 4487	6.4632 1276	6.2097 9381	5.9712 9851
9	7.7861 0892	7.6076 8651	7.4353 3161	7.1078 2168	6.8016 9227	6.5152 3225
10	8.5302 0284	8.3116 0532	8.1108 9578	7.7217 3493	7.3600 8705	7.0235 8154
11	9.2526 2411	9.0015 5104	8.7604 7671	8.3064 1442	7.8868 7458	7.4986 7434
12	9.9540 0399	9.6633 3433	9.3850 7376	8.8632 5164	8.3838 4394	7.9426 8630
13	10.6349 5533	10.3027 3849	9.9856 4785	9.3935 7299	8.8526 8296	8.3576 5074
14	11.2960 7314	10.9205 2028	10.5631 2293	9.8986 4094	9.2949 8393	8.7454 6799
15	11.9379 3509	11.5174 1090	11.1183 8743	10.3796 5804	9.7122 4899	9.1079 1401
16	12.5611 0203	12.0941 1681	11.6522 9561	10.8377 6956	10.1058 9527	9.4466 4860
17	13.1661 1847	12.6513 2059	12.1656 6885	11.2740 6625	10.4772 5969	9.7632 2299
18	13.7535 1308	13.1896 8173	12.6592 9697	11.6895 8690	10.8276 0348	10.0590 8691
19	14.3237 9911	13.7098 3742	13.1339 3940	12.0853 2086	11.1581 1649	10.3355 9524
20	14.8774 7486	14.2124 0330	13.5903 2634	12.4622 1034	11.4699 2122	10.5940 1425
21	15.4150 2414	14.6979 7420	14.0291 5995	12.8211 5271	11.7640 7662	10.8355 2733
22	15.9369 1664	15.1671 2484	14.4511 1533	13.1630 0258	12.0415 8172	11.0612 4050
23	16.4436 0839	15.6204 1047	14.8568 4167	13.4885 7388	12.3033 7898	11.2721 8738
24	16.9355 4212	16.0583 6760	15.2469 6314	13.7986 4179	12.5503 5753	11.4693 3400
25	17.4131 4769	16.4815 1459	15.6220 7994	14.0939 4457	12.7833 5616	11.6535 8318
26	17.8768 4242	16.8903 5226	15.9827 6918	14.3751 8530	13.0031 6619	11.8257 7867
27	18.3270 3147	17.2853 6451	16.3295 8575	14.6430 3362	13.2105 3414	11.9867 0904
28	18.7641 0823	17.6670 1885	16.6630 6322	14.8981 2726	13.4061 5428	12.1371 1115
29	19.1884 5459	18.0357 6700	16.9837 1463	15.1410 7358	13.5907 2102	12.2776 7407
30	19.6004 4135	18.3920 4541	17.2920 3330	15.3724 5103	13.7648 3115	12.4090 4118
31	20.0004 2849	18.7362 7576	17.5884 9356	15.5928 1050	13.9290 8599	12.5318 1419
32	20.3887 6553	19.0688 6547	17.8735 5150	15.8026 7667	14.0840 4339	12.6465 5532
33	20.7657 9178	19.3902 0818	18.1476 4567	16.0025 4921	14.2302 2961	12.7537 9002
34	21.1318 3668	19.7006 8423	18.4111 9776	16.1929 0401	14.3681 4114	12.8540 0936
35	21.4872 2007	20.0006 6110	18.6646 1323	16.3741 9429	14.4982 4636	12.9476 7230
36	21.8322 5250	20.2904 9381	18.9082 8195	16.5468 5171	14.6209 8713	13.0352 0776
37	22.1672 3544	20.5705 2542	19.1425 7880	16.7112 8734	14.7367 8031	13.1170 1660
38	22.4924 6159	20.8410 8736	19.3678 6423	16.8678 9271	14.8460 1916	13.1934 7345
39	22.8082 1513	21.1024 0987	19.5844 8484	17.0170 4067	14.9490 7468	13.2649 2846
40	23.1147 7197	21.3550 7234	19.7927 7388	17.1590 8635	15.0462 9687	13.3317 0884
41	23.4123 9997	21.5991 0371	19.9930 5181	17.2943 6796	15.1380 1592	13.3941 2041
42	23.7013 5920	21.8348 8281	20.1856 2674	17.4232 0758	15.2245 4332	13.4524 4898
43	23.9819 0213	22.0626 8870	20.3707 9494	17.5459 1198	15.3061 7294	13.5069 6167
44	24.2542 7392	22.2827 9102	20.5488 4129	17.6627 7331	15.3831 8202	13.5579 0810
45	24.5187 1254	22.4954 5026	20.7200 3970	17.7740 6982	15.4558 3209	13.6055 2159
46	24.7754 4907	22.7009 1813	20.8846 5356	17.8800 6650	15.5243 6990	13.6500 2018
47	25.0247 0783	22.8994 3780	21.0429 3612	17.9810 1571	15.5890 2821	13.6916 0764
48	25.2667 0664	23.0912 4425	21.1951 3088	18.0771 5782	15.6500 2661	13.7304 7443
49	25.5016 5693	23.2765 6450	21.3414 7200	18.1687 2173	15.7075 7227	13.7667 9853
50	25.7297 6401	23.4556 1787	21.4821 8462	18.2559 2546	15.7618 6064	13.8007 4629

每元年金現值表（續完）

$$P_{\overline{n}|i} = \frac{1-(1+i)^{-n}}{i}$$

n＼i	8%	9%	10%	11%	12%	13%	14%	15%
1	0.925926	0.917431	0.909091	0.900901	0.892857	0.884956	0.877193	0.869565
2	1.783265	1.759111	1.735537	1.712523	1.690051	1.668102	1.646661	1.625709
3	2.577097	2.531295	2.486852	2.443715	2.401831	2.361153	2.321632	2.283225
4	3.312127	3.239720	3.169865	3.102446	3.037349	2.974471	2.913712	2.854978
5	3.992710	3.889651	3.790787	3.695897	3.604776	3.517231	3.433081	3.352155
6	4.622880	4.485919	4.355261	4.230538	4.111407	3.997550	3.888668	3.784483
7	5.206370	5.032953	4.868419	4.712196	4.563757	4.422610	4.283305	4.160420
8	5.746639	5.534819	5.334926	5.146123	4.967640	4.798770	4.638864	4.487322
9	6.246888	5.995247	5.759024	5.537048	5.328250	5.131655	4.946372	4.771584
10	6.710081	6.417658	6.144567	5.889232	5.650223	5.426243	5.216116	5.018769
11	7.138964	6.805191	6.495061	6.206515	5.937699	5.686941	5.452733	5.233712
12	7.536078	7.160725	6.813692	6.492356	6.194374	5.917647	5.660292	5.420619
13	7.903776	7.486904	7.103356	6.749870	6.423548	6.121812	5.842362	5.583147
14	8.244237	7.786150	7.366687	6.981865	6.628168	6.302488	6.002072	5.724476
15	8.559479	8.060688	7.606080	7.190870	6.810864	6.462379	6.142168	5.847370
16	8.851369	8.312558	7.823709	7.379162	6.973986	6.603875	6.265060	5.954235
17	9.121638	8.543631	8.021553	7.548794	7.119630	6.729093	6.372859	6.047161
18	9.371887	8.755625	8.201412	7.701617	7.249670	6.839905	6.467420	6.127966
19	9.603599	8.950115	8.364920	7.839294	7.365777	6.937969	6.550369	6.198231
20	9.818147	9.128546	8.513564	7.963328	7.469444	7.024752	6.623131	6.259331
21	10.016803	9.292244	8.648694	8.075070	7.562003	7.101550	6.686957	6.312462
22	10.200744	9.442425	8.771540	8.175739	7.644646	7.169513	6.742944	6.358663
23	10.371059	9.580207	8.883218	8.266432	7.718434	7.229658	6.792056	6.398837
24	10.528758	9.706612	8.984744	8.348137	7.784316	7.282883	6.835137	6.433771
25	10.674776	9.822580	9.077040	8.421745	7.843139	7.329985	6.872927	6.464149
26	10.809978	9.928972	9.160945	8.488058	7.895660	7.371668	6.906077	6.490564
27	10.935165	10.026580	9.237223	8.547800	7.942554	7.408556	6.935155	6.513534
28	11.051078	10.116128	9.306567	8.601622	7.984423	7.441200	6.960662	6.533508
29	11.158406	10.198283	9.369606	8.650110	8.021806	7.470088	6.983037	6.550877
30	11.257783	10.273654	9.426914	8.693793	8.055184	7.495653	7.002664	6.565980
31	11.349799	10.342802	9.479013	8.733146	8.084986	7.518277	7.019881	6.579113
32	11.434999	10.406240	9.526376	8.768600	8.111594	7.538299	7.034983	6.590533
33	11.513888	10.464441	9.569432	8.800541	8.135352	7.556016	7.048231	6.600463
34	11.586934	10.517835	9.608575	8.829316	8.156564	7.571696	7.059852	6.609099
35	11.654568	10.566821	9.644159	8.855240	8.175504	7.585572	7.070045	6.616607
36	11.717193	10.611763	9.676508	8.878594	8.192414	7.597851	7.078987	6.623137
37	11.775179	10.652993	9.705917	8.899635	8.207513	7.608718	7.086831	6.628815
38	11.828869	10.690820	9.732651	8.918590	8.220993	7.618334	7.093711	6.633752
39	11.878582	10.725523	9.756956	8.935666	8.233030	7.626844	7.099747	6.638045
40	11.924613	10.757360	9.779051	8.951051	8.243777	7.634376	7.105041	6.641778
41	11.967235	10.786569	9.799137	8.964911	8.253372	7.641040	7.109685	6.645025
42	12.006699	10.813366	9.817397	8.977397	8.261939	7.646938	7.113759	6.647848
43	12.043240	10.837900	9.833998	8.988646	8.269589	7.652158	7.117332	6.650302
44	12.077074	10.860505	9.849089	8.998780	8.276418	7.656777	7.120467	6.652437
45	12.108402	10.881197	9.862808	9.007910	8.282516	7.660864	7.123217	6.654293
46	12.137409	10.900181	9.875280	9.016135	8.287961	7.664482	7.125629	6.655907
47	12.164267	10.917597	9.886618	9.023545	8.292822	7.667683	7.127744	6.657310
48	12.189136	10.933575	9.896926	9.030221	8.297163	7.670516	7.129600	6.658531
49	12.212163	10.948234	9.906296	9.036235	8.301038	7.673023	7.131228	6.659592
50	12.233405	10.961683	9.914814	9.041653	8.304498	7.675242	7.132656	6.660515

三民大專用書書目——會計・審計・統計